Methoden
Wichtige Arbeitsweisen der Physik werden als *Methoden* Schritt für Schritt erklärt.

Blickpunkt
Themen, die die Physik lebendig machen: Energie, Umwelt, Geschichte, Gesundheit und mehr – mit Texten, Abbildungen und Aufgaben, die Sie tiefer in die Anwendungsbereiche der Physik einsteigen lassen.

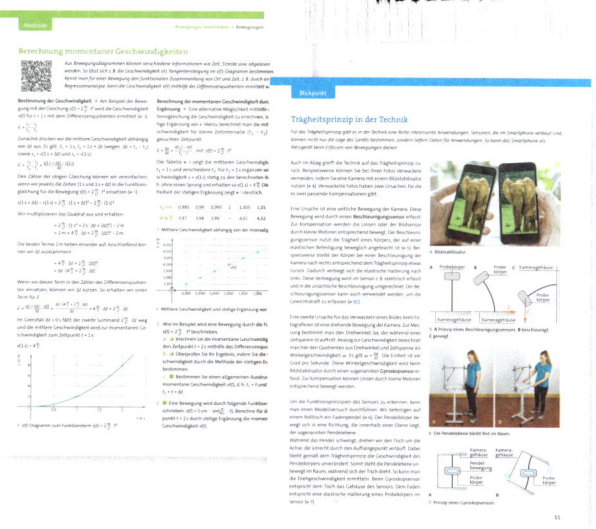

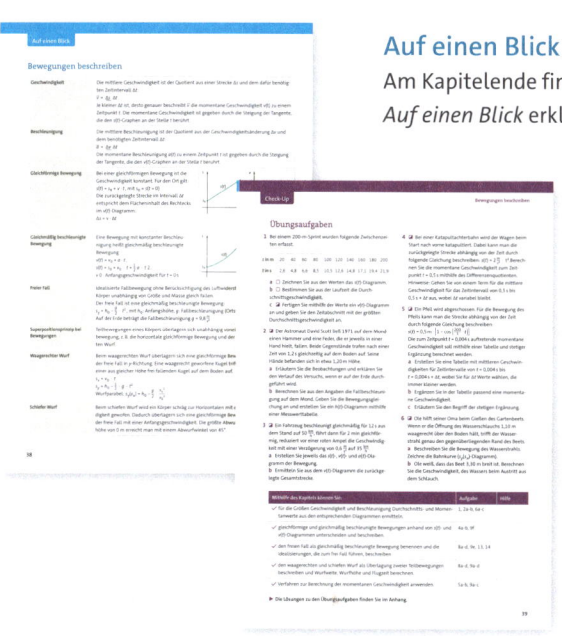

Auf einen Blick
Am Kapitelende finden Sie die wichtigsten Fachbegriffe *Auf einen Blick* erklärt.

Check-up
Die *Check-up-Seiten* bieten zusätzliche Aufgaben zur Überprüfung des Grundwissens mit den Lösungen im Anhang. Anhand der Kompetenzübersicht können Sie Ihr erworbenes Wissen sicher einschätzen.

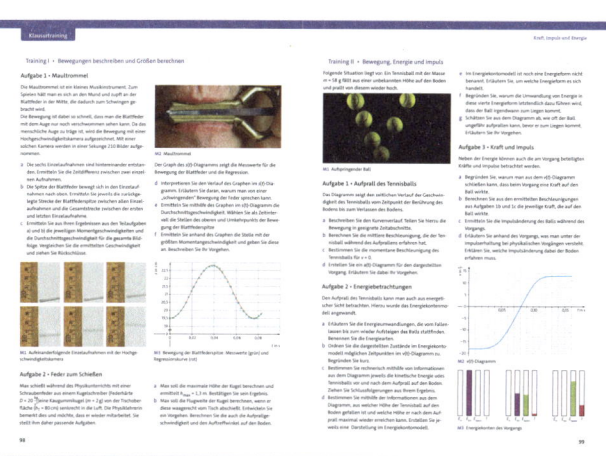

Klausurtraining
Training fürs Abitur: Ähnlich wie im Abitur werden Sie mit diesen Aufgaben herausgefordert! Beschäftigen Sie sich zuerst mit dem vorgestellten Material, damit Sie die Aufgaben lösen können.

Universum

Physik — Einführungsphase

Nordrhein-Westfalen

Physik

Einführungsphase Nordrhein-Westfalen

Autorinnen und Autoren: Dr. Hans-Otto Carmesin, Anneke Emse, Ulf Konrad, Inka Katharina Pröhl

Teile dieses Werkes beruhen auf Arbeiten von: Dr. Christian Burisch, Dr. Reiner Kienle

Redaktion: SvenWilhelm
Umschlaggestaltung: klein & halm Grafikdesign Studio, Berlin, SOFAROBOTNIK GbR, Augsburg & München (Logo)
Umschlagfoto: Foto Hochspringer: stock.adobe.com/sportpoint; Grafik Hintergrund: Cornelsen/Hannes von Goessel
Layoutkonzept: klein & halm Grafikdesign Studio, Berlin
Technische Umsetzung: Reemers Publishing Services
Grafik: Karin Mall, Berlin; Tom Menzel, Klingberg; Bernhard Peter, Pattensen, NewVISION.de; Werner Wildermuth, Würzburg

Begleitmaterialien zu Universum Physik Einführungsphase Nordrhein-Westfalen

E-Book mit Medien	1100030099
Lösungen zum Schulbuch	978-3-06-011283-8
Unterrichtsmanager Plus - mit Download für Offline-Nutzung inkl. E-Book als Zugabe und Begleitmaterialien auf cornelsen.de	1100030104

www.cornelsen.de

Soweit in diesem Lehrwerk Personen fotografisch abgebildet sind und ihnen von der Redaktion fiktive Namen, Berufe, Dialoge und Ähnliches zugeordnet oder diese Personen in bestimmte Kontexte gesetzt werden, dienen diese Zuordnungen und Darstellungen ausschließlich der Veranschaulichung und dem besseren Verständnis des Inhalts.

Dieses Werk enthält Vorschläge und Anleitungen für Untersuchungen und Experimente. Vor jedem Experiment sind mögliche Gefahrenquellen zu besprechen. Beim Experimentieren sind die Richtlinien zur Sicherheit im Unterricht einzuhalten.

Die Webseiten Dritter, deren Internetadressen in diesem Lehrwerk angegeben sind, wurden vor Drucklegung sorgfältig geprüft. Der Verlag übernimmt keine Gewähr für die Aktualität und den Inhalt dieser Seiten und solcher, die mit ihnen verlinkt sind.

1. Auflage, 1. Druck 2023

Alle Drucke dieser Auflage sind inhaltlich unverändert und können im Unterricht nebeneinander verwendet werden.

© 2023 Cornelsen Verlag GmbH, Berlin

Das Werk und seine Teile sind urheberrechtlich geschützt. Jede Nutzung in anderen als den gesetzlich zugelassenen Fällen bedarf der vorherigen schriftlichen Einwilligung des Verlages.

Hinweis zu §§ 60 a, 60 b UrhG: Weder das Werk noch seine Teile dürfen ohne eine solche Einwilligung an Schulen oder in Unterrichts- und Lehrmedien (§ 60 b Abs. 3 UrhG) vervielfältigt, insbesondere kopiert oder eingescannt, verbreitet oder in ein Netzwerk eingestellt oder sonst öffentlich zugänglich gemacht oder wiedergegeben werden. Dies gilt auch für Intranets von Schulen.

Druck: Mohn Media Mohndruck, Gütersloh

ISBN 978-3-06-011282-1

PEFC zertifiziert
Dieses Produkt stammt aus nachhaltig bewirtschafteten Wäldern und kontrollierten Quellen.
www.pefc.de

Inhalt

1 Grundlagen der Mechanik 6

1.1	Die Geschwindigkeit 8		Methode Auswertung von Messungen mithilfe der Regression 51
	Methode Berechnung momentaner Geschwindigkeiten 11	1.8	Der waagerechte Wurf 52
	Material 12		Material 55
1.2	Die Beschleunigung 14	1.9	Der schiefe Wurf 56
	Methode Umgang mit physikalischen Größen 17		Material 59
	Material 18	1.10	Wechselwirkungsprinzip 60
1.3	Bewegungen in einer Ebene 20		Material 63
	Methode Umgang mit Vektoren 22	1.11	Impuls und Impulserhaltung 64
	Material 23		Material 67
1.4	Kraft, Beschleunigung und Masse 24	1.12	Erhaltungssätze 68
	Material 28		Methode Herleitung der Geschwindigkeiten nach dem zentralen elastischen Stoß 72
1.5	Reibung und Trägheit 30		Material 73
	Blickpunkt Trägheitsprinzip in der Technik 33	1.13	Lösungsstrategie: Bilanzieren 74
	Material 34		Methode Bilanzieren mit dem Energiekontenmodell 76
	Blickpunkt Dynamik im Straßenverkehr 36		Material 77
1.6	Reibungskräfte 38	1.14	Modellierung 78
	Material 41		Material 81
	Methode Zerlegen und Addieren von Kräften 42		
	Methode Durchführen einer Fehlerbetrachtung 43		Auf einen Blick 82
1.7	Fallbewegungen 44		Check-up 84
	Blickpunkt Geschichte und Physik – der freie Fall 48		Klausurtraining 86
	Material 49		
	Methode Einsatz der Soundkarte im Physikunterricht 50		

Inhalt

2 Kreisbewegung, Gravitation und physikalische Weltbilder ... 90

2.1 Kreisbewegungen beschreiben ... 92
　Material ... 96
2.2 Kreisbewegungen im Alltag ... 98
　Material ... 101
2.3 Weltbilder und Planetenbahnen ... 102
　Material ... 106
2.4 Das Gravitationsgesetz ... 108
　Material ... 112
2.5 Gravitationsfeld und Energie ... 114
　Material ... 118
2.6 Postulate der Relativität ... 120
　Material ... 123
2.7 Relativistische Phänomene ... 124
　Material ... 127

Auf einen Blick ... 128
Check-up ... 129
Klausurtraining ... 130

Anhang ... 134

Lösungen der Check-up-Aufgaben ... 134
Tabellen ... 138
Stichwortverzeichnis ... 142
Bildnachweis ... 144

Digitale Anreicherung

Animationen, Videos und 3D-Moleküle fördern das Verständnis für komplexe fachliche Inhalte oft mehr, als es das gedruckte Bild allein im Buch vermitteln kann. Über QR-Codes erhalten Sie deshalb zu zentralen Themen zusätzliche digitale Materialien, die Ihren Wissenshorizont erweitern.

 Hinter diesem QR-Code finden Sie eine Gesamtübersicht über alle digitalen Materialien zu diesem Buch.

Internationales Einheitensystem (SI)

Die Generalkonferenz für Maß und Gewicht legte sieben Basiseinheiten fest, deren Wert seit 2019 von definierten Naturkonstanten bestimmt ist. Wenn eine physikalische Größe in einer Basiseinheit gemessen wird, dann muss die jeweilige Naturkonstante den definierten Wert haben. Während man also früher über festgelegte Einheiten die Naturkonstanten bestimmt hat, bestimmt man heute umgekehrt über festgelegte Naturkonstanten einheitliche Basiseinheiten.

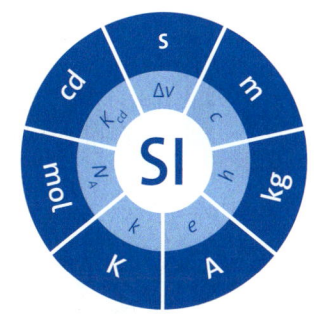

Um beispielsweise festzustellen, wie lang eine Sekunde ist, wird ein striktes Messverfahren vorgegeben, bei dem die Frequenz der Strahlung, die beim Übergang zwischen den Hyperfeinstrukturniveaus des Grundzustandes des Caesium-Nuklids ^{133}Cs entsteht, genau $\Delta\nu_{Cs} = 9\,192\,631\,770\,\text{s}^{-1}$ annimmt.

Alle weiteren Einheiten können aus diesen Basiseinheiten abgeleitet werden. Die elektrische Spannung hat die Einheit Volt (1 V). Sie kann als Energie pro Ladung durch die Einheiten Joule pro Coulomb $\left(1\,\text{V} = 1\,\frac{\text{J}}{\text{C}}\right)$ ausgedrückt werden. Die Einheit Joule basiert auf dem Kilogramm, dem Meter und der Sekunde, das Coulomb entspricht einer Amperesekunde:

$$1\,\text{V} = 1\,\frac{\text{J}}{\text{C}} = 1\,\frac{\text{kg}\cdot\text{m}^2\cdot\text{s}^{-2}}{\text{A}\cdot\text{s}} = 1\,\frac{\text{kg}\cdot\text{m}^2}{\text{A}\cdot\text{s}^3}$$

Basiseinheiten

Größe	Einheit	beruht auf der festgelegten Naturkonstante	verwendet
Zeit	Sekunde (s)	Strahlung des Caesium-Atoms $\Delta\nu_{Cs} = 9\,192\,631\,770\,\text{s}^{-1}$	$\Delta\nu_{Cs}$
Länge	Meter (m)	Lichtgeschwindigkeit $c = 299\,792\,458\,\text{m}\cdot\text{s}^{-1}$	$c, \Delta\nu_{Cs}$
Masse	Kilogramm (kg)	Plancksches Wirkungsquantum $h = 6{,}626\,070\,15\cdot 10^{-34}\,\text{kg}\cdot\text{m}^2\cdot\text{s}^{-1}$	$h, c, \Delta\nu_{Cs}$
Stromstärke	Ampere (A)	Elementarladung $e = 1{,}602\,176\,634\cdot 10^{-19}\,\text{A}\cdot\text{s}$	$e, \Delta\nu_{Cs}$
Temperatur	Kelvin (K)	Boltzmann-Konstante $k_B = 1{,}380\,649\cdot 10^{-23}\,\text{kg}\cdot\text{m}^2\cdot\text{s}^{-2}\cdot\text{K}^{-1}$	$k_B, h, \Delta\nu_{Cs}$
Stoffmenge	Mol (mol)	Avogadro-Konstante $N_A = 6{,}022\,140\,76\cdot 10^{23}\,\text{mol}^{-1}$	N_A
Lichtstärke	Candela (cd)	Photometrisches Strahlungsäquivalent $K_{cd} = 683\,\text{cd}\cdot\text{sr}\cdot\text{s}^3\cdot\text{kg}^{-1}\cdot\text{m}^{-2}$	$K_{cd}, \Delta\nu_{Cs}, h$

Präfixe

Faktor	Vorsatz	Präfix	Faktor	Vorsatz	Präfix
10^1	Deka	da	10^{-1}	Dezi	d
10^2	Hekto	h	10^{-2}	Zenti	c
10^3	Kilo	k	10^{-3}	Milli	m
10^6	Mega	M	10^{-6}	Mikro	µ
10^9	Giga	G	10^{-9}	Nano	n
10^{12}	Tera	T	10^{-12}	Piko	p
10^{15}	Peta	P	10^{-15}	Femto	f
10^{18}	Exa	E	10^{-18}	Atto	a
10^{21}	Zetta	Z	10^{-21}	Zepto	z
10^{24}	Yotta	Y	10^{-24}	Yokto	y

1 Grundlagen der Mechanik

- Durch die Untersuchung, Beschreibung und Charakterisierung von Bewegungen entwickelten sich die ersten naturwissenschaftlichen Methoden. Dabei können Bewegungen durch physikalische Größen wie den Ort, die Geschwindigkeit und die Beschleunigung beschrieben werden.

- Anhand von besonderen Bewegungen wie dem freien Fall oder dem waagerechten Wurf lassen sich wichtige Erkenntnisse wie das Superpositionsprinzip ableiten sowie für die Physik elementare mathematische Methoden zeigen und anwenden.

- Bewegungen können nicht nur durch verschiedene Größen wie Ort, Geschwindigkeit und Beschleunigung beschrieben werden. Setzt sich ein Körper in Bewegung, muss es dafür eine Ursache geben.

- Bewegungen lassen sich auch unter dem Aspekt der Energie betrachten. So lassen sich nicht nur physikalische Vorgänge beschreiben, sondern es können bestimmte Probleme mithilfe der Energieerhaltung gelöst werden.

Ein Seeadler im Sturzflug erreicht Geschwindigkeiten von weit über $100\,\frac{km}{h}$.

1.1 Die Geschwindigkeit

1 Start bei einem 100-m-Lauf

Ort: Startlinie im Olympiastadion in Berlin. Datum: 16. 8. 2009. Usain Bolt stellt einen neuen Weltrekord im 100-m-Lauf auf. Er legt die Strecke von 100 m in einer Zeitspanne von nur 9,58 s zurück. Würde er in einer 30-$\frac{km}{h}$-Zone geblitzt werden?

Umrechnung:

$1\frac{km}{h} = \frac{1000\,m}{3600\,s} = \frac{1\,m}{3,6\,s}$

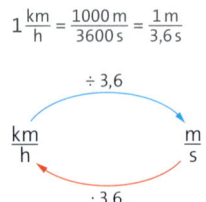

Die mittlere Geschwindigkeit • Dem Einleitungstext unter dem Foto (▶ **1**) entnehmen wir, dass Usain Bolt die Strecke $\Delta s = 100$ m in einem Zeitintervall von $\Delta t = 9{,}58$ s zurückgelegt hat. Daraus bestimmen wir durch Quotientenbildung seine **mittlere Geschwindigkeit** $\bar{v}$, die auch **Durchschnittsgeschwindigkeit** genannt wird:

$\bar{v} = \frac{\Delta s}{\Delta t} = \frac{100\,m}{9{,}58\,s} = 10{,}44\,\frac{m}{s} = 37{,}58\,\frac{km}{h}$.

Hätte er diesen Sprint in einer 30-$\frac{km}{h}$-Zone gemacht, könnte Bolt also tatsächlich wegen seiner „Geschwindigkeitsüberschreitung" geblitzt werden.

Die mittlere Geschwindigkeit gibt nur einen groben Eindruck, wie schnell Usain Bolt war, weil er nach dem Start erst allmählich schneller wurde. Um seine Geschwindigkeit genauer zu bestimmen, benötigen wir die Zwischenzeiten, die bei seinem Weltrekordlauf aufgezeichnet wurden (▶ **2**).

Tabelliert sind neben den Zwischenzeiten auch das jeweilige Zeitintervall, das in diesem Steckabschnitt gelaufen wurde. Man berechnet das Zeitintervall als Differenz aufeinanderfolgender Zwischenzeiten. Um Bolts maximale Geschwindigkeit zu finden, suchen wir das kleinste Zeitintervall Δt. Die kleinste Differenz beträgt $\Delta t = 1{,}61$ s und entsteht bei den Zwischenzeiten $t_4 = 6{,}31$ s und $t_5 = 7{,}92$ s:

$\Delta t = t_5 - t_4 = 7{,}92\,s - 6{,}31\,s = 1{,}61\,s$.

Die zugehörige Strecke berechnet man ebenso als Differenz:

$\Delta s = s_5 - s_4 = 80\,m - 60\,m = 20\,m$.

Die mittlere Geschwindigkeit im kleinsten Zeitintervall ist gegeben durch den **Differenzenquotienten**:

$\bar{v} = \frac{\Delta s}{\Delta t} = \frac{s_5 - s_4}{t_5 - t_4} = \frac{20\,m}{1{,}61\,s} = 12{,}42\,\frac{m}{s}$.

Bolt lief also deutlich schneller als $10{,}44\,\frac{m}{s}$.

> Die mittlere Geschwindigkeit (Durchschnittsgeschwindigkeit) ist $\bar{v} = \frac{s_2 - s_1}{t_2 - t_1} = \frac{\Delta s}{\Delta t}$. Je kleiner dabei das Zeitintervall Δt ist, desto genauer beschreibt die mittlere Geschwindigkeit die Geschwindigkeit zu einem Zeitpunkt.

2 Gemessene Zwischenzeiten bei Usain Bolts Lauf und daraus berechnete Zeitintervalle auf den jeweiligen Streckenabschnitten

s in m	0	20	40	60	80	100
t in s	0	2,89	4,64	6,31	7,92	9,58
Δs in m	–	20	20	20	20	20	–
Δt in s	–	2,89	1,75	1,67	1,61	1,66	–

Grundlagen der Mechanik • Die Geschwindigkeit

Die momentane Geschwindigkeit • Auch mit den Daten aus der Tabelle können wir nicht mit Sicherheit sagen, dass es sich um die Maximalgeschwindigkeit handelt. Hierzu müssten wir zu jedem Zeitpunkt t seine **momentane Geschwindigkeit** $v(t)$ kennen bzw. bestimmen.
Betrachtet man den Differenzenquotienten für die mittlere Geschwindigkeit, bedeutet das mathematisch, dass man das Zeitintervall Δt beliebig klein wählen müsste. Das hat aber Grenzen in der Messtechnik. Es gibt jedoch eine Möglichkeit, die momentane Geschwindigkeit grafisch zu bestimmen.

Hierzu betrachten wir ein t-s-Diagramm, bei dem zu jedem Zeitpunkt t der zugehörige Ort $s(t)$ eingezeichnet ist (▶ 3). Auch in diesem Diagramm liegt zwischen zwei Messwerten ein Zeitintervall, das größer als null ist ($\Delta t > 0$ s).
Hat man aber genügend Messwerte, kann man eine sogenannte **Regression** durchführen (▶ S. 51). Dabei ermittelt man für die Messungen einen funktionalen Zusammenhang, indem man eine **Ausgleichsgerade** oder eine **Ausgleichskurve** in das Diagramm einzeichnet. Man erhält so ein lückenloses t-s-Diagramm (▶ 3).
Erstellt man das Diagramm mithilfe eines Tabellenkalkulationsprogramms, wird diese Ausgleichskurve im Programm auch als Trendlinie bezeichnet.

Grafische Bestimmung von Geschwindigkeiten in einem t-s-Diagramm • Aus der Ausgleichskurve im t-s-Diagramm können wir zu beliebigen Zeitpunkten t den Ort s ablesen, z. B. $t_1 = 1$ s, $s_1 = 2$ m und $t_2 = 2{,}5$ s, $s_2 = 12{,}25$ m. Daraus kann man mithilfe des Differenzenquotienten wieder die mittlere Geschwindigkeit für dieses Zeitintervall ermitteln:

$$\overline{v} = \frac{\Delta s}{\Delta t} = \frac{s_2 - s_1}{t_2 - t_1} = \frac{12{,}25\,\text{m} - 2\,\text{m}}{2{,}5\,\text{s} - 1\,\text{s}} = 6{,}8\,\frac{\text{m}}{\text{s}}.$$

Im Diagramm entspricht dieser Differenzenquotient gerade der Steigung m der schwarzen Sekante zwischen den beiden Punkten (▶ 3):

$$m(\Delta t) = \frac{10{,}25\,\text{m}}{1{,}5\,\text{s}} = 6{,}8\,\frac{\text{m}}{\text{s}}.$$

Umgekehrt kann aus der Steigung einer Sekante im Diagramm die mittlere Geschwindigkeit auf dem Zeitintervall ermittelt werden. Für die violette Sekante gilt:

$$m(\Delta t) = \overline{v} = \frac{8\,\text{m} - 2\,\text{m}}{2\,\text{s} - 1\,\text{s}} = \frac{6\,\text{m}}{1\,\text{s}} = 6\,\frac{\text{m}}{\text{s}}.$$

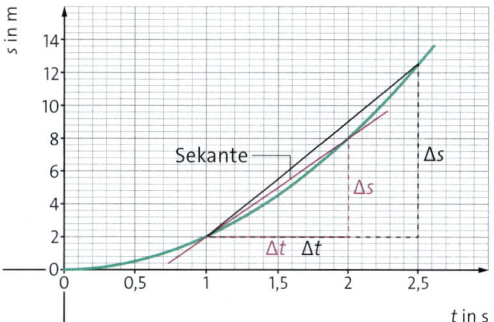

3 Mittlere Geschwindigkeit entspricht der Sekantensteigung

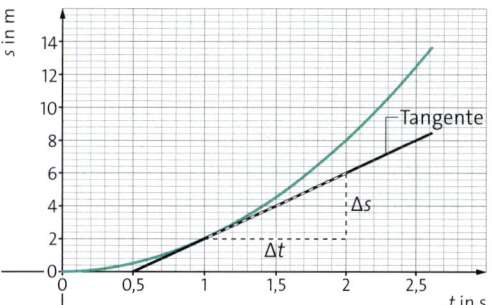

4 Momentane Geschwindigkeit gleich Tangentensteigung

Verkleinert man das Zeitintervall bis zum **Grenzfall** $\Delta t = 0$ s, hat man eine Gerade, die den Graphen an einem Punkt berührt. Die Sekanten gehen über in diese Tangente (▶ 4). Die Steigung der Tangente entspricht dabei gerade der momentanen Geschwindigkeit an diesem Punkt: $m = v(t)$. Mit dem Steigungsdreieck der Tangente kann die momentane Geschwindigkeit berechnet werden: ▶ 4:

$$m = v(t) = \frac{6\,\text{m} - 2\,\text{m}}{2\,\text{s} - 1\,\text{s}} = \frac{4\,\text{m}}{1\,\text{s}} = 4\,\frac{\text{m}}{\text{s}}.$$

> Die momentane Geschwindigkeit $v(t)$ ist gegeben durch die Steigung m der Tangente, die den $s(t)$-Graphen an der Stelle t berührt.

1 ☐ Ein Falke legt während 0,5 s eine Strecke von 50 m zurück. Bestimmen Sie die mittlere Geschwindigkeit in $\frac{\text{m}}{\text{s}}$ und in $\frac{\text{km}}{\text{h}}$.

1 ☐ Ein Jumbojet legt die 6200 km von Frankfurt nach New York in 7 h 45 min zurück.
a Berechnen Sie die Geschwindigkeit.
b Der Jet fliegt mit der gleichen Geschwindigkeit in 11 h 24 min von Frankfurt nach San Francisco. Berechnen Sie die Entfernung.

1 Riesige Containerschiffe transportieren mit einer Geschwindigkeit von mehr als $40 \frac{km}{h}$ große Menge Fracht über die Weltmeere. Über weite Strecken bleibt die Geschwindigkeit dabei nahezu konstant.

Gleichförmige Bewegung • Wenn ein Frachtschiff von Shanghai (China) Waren nach Europa z. B. über den Hafen in Rotterdam transportiert, legt es eine Distanz von über 22 000 km zurück. Für große Teile des Weges gilt, dass das Schiff mit gleichbleibender Geschwindigkeit unterwegs ist.

Die Bewegung auf so einem Abschnitt beschreibt man idealerweise als eine geradlinige Bewegung mit konstanter Geschwindigkeit – es ist eine **gleichförmige Bewegung.** Bei solchen Bewegungen sind Durchschnitts- und Momentangeschwindigkeit gleich. Man kann auf die Intervallbetrachtung verzichten. Für den Ort $s(t)$ zum Zeitpunkt t gilt in diesem Fall:

$s(t) = v \cdot t$; mit v = konst.

Für eine gleichförmige Bewegung gilt somit, dass in gleichen Zeitintervallen immer gleiche Strecken zurückgelegt werden. Strecke und Zeit sind proportional zueinander ($s \sim t$).
Wenn die Bewegung zum Zeitpunkt $t = 0$ s bei einem Ort $s_0 \neq 0$ m startet, ergibt sich für den Ort zum Zeitpunkt t (▶2):

$s(t) = s_0 + v \cdot t$.

> Bei der gleichförmigen Bewegung ist die Geschwindigkeit konstant. Falls die Bewegung bei einem Ort $s_0 \neq 0$ m startet, gilt: $s(t) = s_0 + v \cdot t$.

t-s- und t-v-Diagramme • Da der Graph einer gleichförmigen Bewegung im t-s-Diagramm eine Gerade ist, entspricht deren Anstieg der Geschwindigkeit der Bewegung und kann über ein Steigungsdreieck bestimmt werden. Im t-v-Diagramm ist der Graph eine Gerade parallel zur t-Achse. Geschwindigkeit v und Zeitspanne Δt bilden die Seiten eines Rechtecks (▶3). Der Flächeninhalt des Rechtecks entspricht dann der zurückgelegten Strecke Δs.

$\Delta s = v \cdot \Delta t$

1 ◪ Begründen Sie, dass für beide in ▶2 dargestellten Bewegungen die in 20 s zurückgelegte Strecke jeweils 100 m beträgt.

2 ◻ Ein Flugzeug fliegt gleichförmig mit $850 \frac{km}{h}$ über den Atlantik.
  a Erstellen Sie ein passendes t-s-Diagramm.
  b Erstellen Sie ebenfalls das t-v-Diagramm und zeichnen Sie darin die zurückgelegte Strecke nach 4 h und 20 min ein.

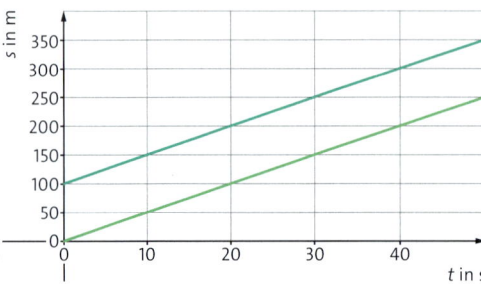

2 Bewegungen mit der Geschwindigkeit $v = 5 \frac{m}{s}$

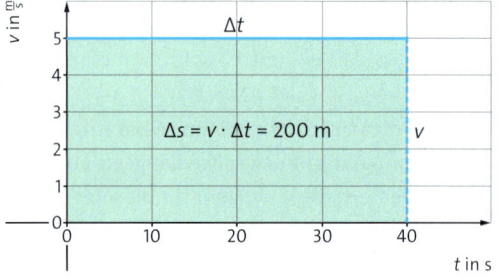

3 Strecke als Flächeninhalt im t-v-Diagramm

Methode

Grundlagen der Mechanik • Die Geschwindigkeit

Berechnung momentaner Geschwindigkeiten

Aus Bewegungsdiagrammen können verschiedene Informationen wie Zeit, Strecke usw. abgelesen werden. So lässt sich z. B. die Geschwindigkeit als Tangentensteigung im t-s-Diagramm bestimmen. Kennt man für einer Bewegung den funktionalen Zusammenhang von Ort und Zeit, z. B. durch eine Regressionsanalyse, kann die Geschwindigkeit v(t) mithilfe des Differenzenquotienten ermittelt werden.

Bestimmung der Geschwindigkeit • Am Beispiel der Bewegung mit der Gleichung $s(t) = 2\frac{m}{s^2} \cdot t^2$ wird die Geschwindigkeit $v(t)$ für $t = 1\,s$ mit dem Differenzenquotienten ermittelt (▶4).

$$\bar{v} = \frac{s_2 - s_1}{t_2 - t_1}$$

Zunächst drücken wir die mittlere Geschwindigkeit abhängig von Δt aus. Es gilt: $t_1 = 1\,s$, $t_2 = 1\,s + \Delta t$ (wegen: $\Delta t = t_2 - t_1$) sowie $s_2 = s(1\,s + \Delta t)$ und $s_1 = s(1\,s)$:

$$\bar{v} = \frac{s_2 - s_1}{t_2 - t_1} = \frac{s(1\,s + \Delta t) - s(1\,s)}{\Delta t}.$$

Den Zähler der obigen Gleichung können wir vereinfachen, wenn wir jeweils die Zeiten (1 s und 1 s + Δt) in die Funktionsgleichung für die Bewegung $s(t) = 2\frac{m}{s^2} \cdot t^2$ einsetzen:

$$s(1\,s + \Delta t) - s(1\,s) = 2\frac{m}{s^2} \cdot (1\,s + \Delta t)^2 - 2\frac{m}{s^2} \cdot (1\,s)^2.$$

Wir multiplizieren das Quadrat aus und erhalten:

$$= 2\frac{m}{s^2} \cdot (1\,s^2 + 2\,s \cdot \Delta t + (\Delta t)^2) - 2\,m$$
$$= 2\,m + 4\frac{m}{s} \cdot \Delta t + 2\frac{m}{s^2} \cdot (\Delta t)^2 - 2\,m.$$

Die beiden Terme 2 m heben einander auf. Anschließend können wir Δt ausklammern:

$$= 4\frac{m}{s} \cdot \Delta t + 2\frac{m}{s^2} \cdot (\Delta t)^2$$
$$= \Delta t \cdot (4\frac{m}{s} + 2\frac{m}{s^2} \cdot \Delta t).$$

Wenn wir diesen Term in den Zähler des Differenzenquotienten einsetzen, können wir Δt kürzen. So erhalten wir einen Term für $\bar{v}$:

$$\bar{v} = \frac{s(t + \Delta t) - s(t)}{\Delta t} = \frac{\Delta t \cdot (4\frac{m}{s} + 2\frac{m}{s^2} \cdot \Delta t)}{\Delta t} = 4\frac{m}{s} + 2\frac{m}{s^2} \cdot \Delta t.$$

Im Grenzfall $\Delta t = 0\,s$ fällt der zweite Summand $2\frac{m}{s^2} \cdot \Delta t$ weg und die mittlere Geschwindigkeit wird zur momentanen Geschwindigkeit zum Zeitpunkt $t = 1\,s$:

$$v(1\,s) = 4\frac{m}{s}.$$

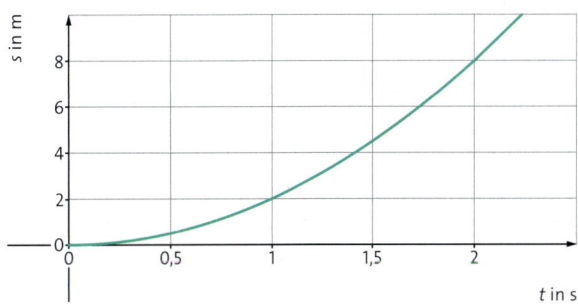

4 t-s-Diagramm zum Funktionsterm $s(t) = 2\frac{m}{s^2} \cdot t^2$

Berechnung der momentanen Geschwindigkeit durch stetige Ergänzung • Eine alternative Möglichkeit mithilfe der Funktionsgleichung die Geschwindigkeit zu errechnen, ist die stetige Ergänzung von v. Hierzu berechnet man die mittlere Geschwindigkeit für kleine Zeitintervalle ($t_1 - t$) um den gesuchten Zeitpunkt:

$$\bar{v} = \frac{\Delta s}{\Delta t} = \frac{s(t_1) - s(t)}{t_1 - t}, \text{ mit } s(t) = 2\frac{m}{s^2} \cdot t^2.$$

Die Tabelle ▶5 zeigt die mittleren Geschwindigkeiten für $t_1 = 1\,s$ und verschiedene t. Für $t_1 = 1\,s$ ergänzen wir die Geschwindigkeit $v = v(1\,s)$ stetig zu den berechneten Werten, d. h. ohne einen Sprung und erhalten so $v(1\,s) = 4\frac{m}{s}$. Die Sprungfreiheit der stetigen Ergänzung zeigt ▶6 deutlich.

t_1 in s	0,985	0,99	0,995	1	1,005	1,01	1,015
$\bar{v}$ in $\frac{m}{s}$	3,97	3,98	3,99	–	4,01	4,02	4,03

5 Mittlere Geschwindigkeit abhängig von der Intervallgrenze t_1

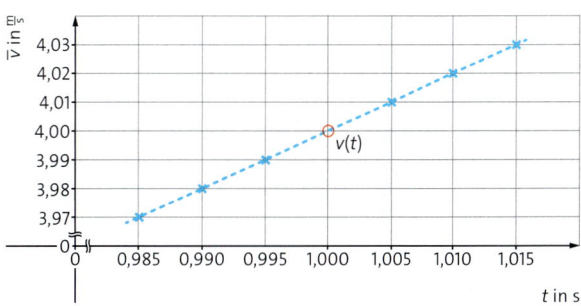

6 Mittlere Geschwindigkeit und stetige Ergänzung von $v(t)$

1 Wie im Beispiel wird eine Bewegung durch die Funktion $s(t) = 2\frac{m}{s^2} \cdot t^2$ beschrieben.

a Berechnen Sie die momentane Geschwindigkeit für den Zeitpunkt $t = 2\,s$ mithilfe des Differenzenquotienten.

b Überprüfen Sie Ihr Ergebnis, indem Sie die Geschwindigkeit durch die Methode der stetigen Ergänzung bestimmen.

c Bestimmen Sie einen allgemeinen Ausdruck für die momentane Geschwindigkeit $v(t)$, d. h. $t_1 = t$ und $t_2 = t + \Delta t$.

2 Eine Bewegung wird durch folgende Funktion beschrieben: $s(t) = 5\,cm \cdot \sin(\frac{\pi}{4\,s} \cdot t)$. Berechne für den Zeitpunkt $t = 2\,s$ durch stetige Ergänzung die momentane Geschwindigkeit $v(t)$.

Material

Versuch A: Messen von Geschwindigkeiten bei verschiedenen Bewegungen

V1 Rosinen im Hefeteig

1 Hefeteig mit Rosinen

Materialien: Hefeteig, Rosinen, Lineal, Uhr

Arbeitsauftrag:
- Anhand der Geschwindigkeit, mit der sich die Rosinen im Teig voneinander entfernen, wird bestimmt, ob der Teig gleichmäßig aufgeht.
- Machen Sie einen Hefeteig, der Rosinen enthält. Markieren Sie an der Oberfläche die Mitte und bestimmen Sie für vier Rosinen die Entfernungen zur Mitte.
- Messen Sie nach zwei Stunden wieder die vier Entfernungen und bestimmen Sie die vier mittleren Geschwindigkeiten.
- Teilen Sie für jede Rosine die Geschwindigkeit durch den Abstand. Wenn die vier Quotienten gleich sind, dann ist der Teig gleichmäßig aufgegangen.

V2 Radtour

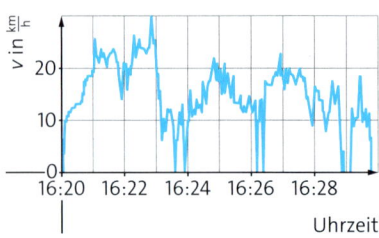

2 Radtour: t-v-Diagramm

Materialien: Fahrrad, Smartphone

Arbeitsauftrag:
- Installieren Sie auf Ihrem Smartphone eine App zur Aufzeichnung des Ortes und der Geschwindigkeit mithilfe von GPS. Fahren Sie mit dem Fahrrad bei aktivierter App einige Kilometer weit.
- Versuchen Sie, eine Teilstrecke mit möglichst konstanter Geschwindigkeit zu fahren und eine andere Teilstrecke möglichst schnell zu fahren.
- Übertragen Sie die Messdaten, um Sie mithilfe einer Tabellenkalkulation grafisch darzustellen.
- Bestimmen Sie Ihre maximale Geschwindigkeit wie in ▶2.
- Bestimmen Sie für die erste Teilstrecke die mittlere Geschwindigkeit und die größte Abweichung vom Mittelwert.

V3 Abgeschossener Fußball

Materialien: Fußball, Digitalkamera, Maßband oder Gliedermaßstab

Arbeitsauftrag:
- Legen Sie auf dem Sportplatz den Ball auf den Boden und stellen Sie in Schussrichtung eine Markierung 1 m vor dem Ball als Maßstab auf. Schießen Sie den Ball flach ab, während eine andere Person von der Seite ein Video vom Schuss aufzeichnet.
- Bestimmen Sie die Zeitspanne in Sekunden zwischen zwei aufeinanderfolgenden Bildern. Finden Sie dazu mithilfe von Herstellerangaben heraus, wie viele Bilder Ihre Kamera pro Sekunde aufnimmt.
- Bestimmen Sie für zwei aufeinanderfolgende Einzelbilder mithilfe des Maßstabs die Strecke, die der Ball zurückgelegt hat.
- Bestimmen Sie daraus die Geschwindigkeit des Balls und erörtern Sie, inwiefern dies als momentane Geschwindigkeit genutzt werden kann.

Material A: Auswerten eines t-s-Diagramms

Material ▶A1 zeigt die gefahrene Strecke eines ICE als t-s-Diagramm.

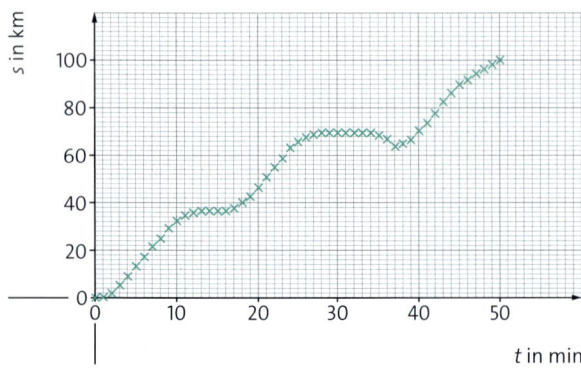

A1 Bahnfahrt: t-s-Diagramm

1 a ☐ Bestimmen Sie die mittlere Geschwindigkeit für die Zeitspanne von $t = 0$ min bis $t = 10$ min.
b ☐ Ermitteln Sie die mittlere Geschwindigkeit für die ganze Zeitspanne.

2 a ☐ Geben Sie eine Zeitspanne an, während der der Zug stand.
b ☐ Bestimmen Sie eine Zeitspanne, während der der Zug zurückfuhr.
c ☐ Geben Sie eine Zeitspanne an, während der die Geschwindigkeit konstant war.

3 ☐ Bestimmen Sie eine Zeitspanne, während der der Zug
a schneller,
b langsamer wurde.

Grundlagen der Mechanik • Die Geschwindigkeit

Material B: Luftkissenbahn

Auf einer Luftkissenbahn bewegt sich ein Gleiter zwischen zwei Lichtschranken. An der ersten beginnt die Zeit- und Ortsmessung. Beim Durchgang durch die zweite Schranke hat der Wagen die Strecke s in der Zeit t zurückgelegt. Auf dem Gleiter ist ein Pappstreifen der Breite Δs = 2,0 cm befestigt. Solange sich der Streifen durch die zweite Lichtschranke bewegt, unterbricht er den Lichtstrahl der Schranke. Diese Zeitspanne Δt wird von der zweiten Lichtschranke gemessen.

t in s	s in m	Δt in s
0,621	0,055	0,104
0,755	0,091	0,081
0,904	0,130	0,069
1,115	0,191	0,058
1,336	0,267	0,049
1,550	0,356	0,043
1,753	0,449	0,038
1,928	0,534	0,035
2,113	0,642	0,033
2,522	0,912	0,027

1 ☐ Zeichnen Sie das t-s-Diagramm.

2 ▧ Bestimmen Sie aus der Messung für die Zeitspanne der Unterbrechung die Geschwindigkeit an den einzelnen Messstellen.

3 ▧ Erstellen Sie ein t-v-Diagramm und interpretieren Sie es. Bestimmen Sie auf zweierlei Weise die Beschleunigung: geometrisch aus dem t-v-Diagramm und rechnerisch aus den Messwerten. Geben Sie die t-v-Funktion an, die diese Bewegung beschreibt.

4 ▪ Überprüfen Sie Ihr Ergebnis durch Linearisierung, indem Sie die Werte der Ortsmessung über die Quadrate der Zeit auftragen. Bestimmen Sie damit eine t-s-Funktion, die sich an die Messwerte gut anpasst.

B1 Messwerte für das Experiment auf der Luftkissenbahn

Material C: Metronom

Bei einem Metronom schwingt ein Zeiger in einer einstellbaren Zeitspanne hörbar hin und her.

Mit dem Gerät kann man so beim Üben eines Instruments eine bestimmte Spielgeschwindigkeit einhalten.

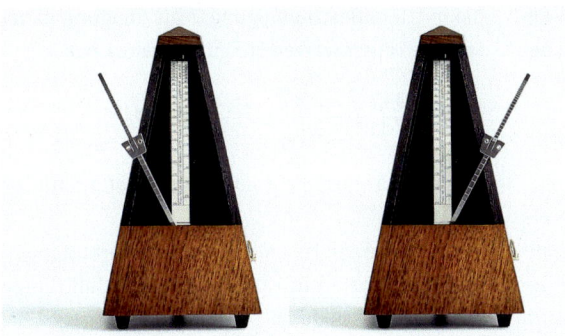

C1 Schwingung des Zeigers beim Metronom (zwei Momentaufnahmen)

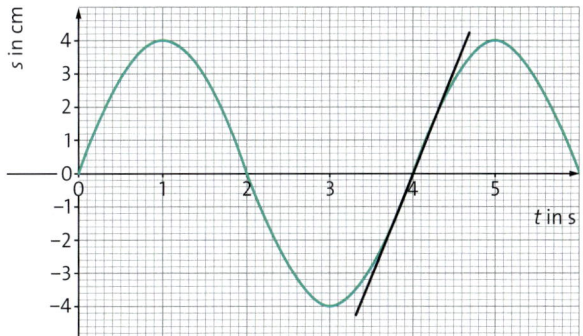

C2 t-s-Diagramm der Schwingung zeigt die Auslenkung des Zeigers aus seiner Mittelstellung (Ruhelage)

1 ▧ Beschreiben und deuten Sie das t-s-Diagramm (▶C2) der Bewegung des Zeigers beim Metronom (▶C1).

2 a ☐ Bestimmen Sie die mittlere Geschwindigkeit für die Zeitspanne von t = 3 s bis t = 5 s.

b ☐ Bestimmen Sie die momentane Geschwindigkeit v(t) für den Zeitpunkt t = 4 s.

c ▧ Vergleichen Sie die Ergebnisse aus a) und b) und erklären Sie, wie es zu dem Unterschied kommt.

1.2 Die Beschleunigung

1 In 3,7 s von 0 auf 100 $\frac{km}{h}$

Aus dem Stand erreichte das Auto innerhalb von 3,7 Sekunden eine Geschwindigkeit von 100 $\frac{km}{h}$ und nach 11,5 Sekunden 160 $\frac{km}{h}$. War die Geschwindigkeitszunahme immer gleichmäßig?

Die Einheit der Beschleunigung wird nach den Regeln der Bruchrechnung bestimmt. Im Zähler steht die Einheit der Geschwindigkeit, im Nenner die der Zeit:
$$\frac{1\frac{m}{s}}{1\,s}$$
Vereinfachen ergibt: $1\frac{m}{s} \cdot \frac{1}{s} = 1\frac{m}{s^2}$.

Die mittlere Beschleunigung • Schon aus den angegebenen Zeiten ist zu erkennen, dass das Auto nicht gleichmäßig schneller wurde. Zur genaueren Untersuchung können wir ähnlich wie bei der Ermittlung der mittleren Geschwindigkeit mithilfe des Differenzenquotienten $\frac{\Delta s}{\Delta t}$ aus der Geschwindigkeitsänderung Δv und dem Zeitintervall Δt einen Quotienten bilden. Er heißt **mittlere Beschleunigung** $\bar{a}$ (oder Durchschnittsbeschleunigung) und gibt die auftretende Geschwindigkeitsänderung für ein bestimmtes Zeitintervall an:

$$\bar{a} = \frac{\Delta v}{\Delta t} = \frac{v_2 - v_1}{t_2 - t_1} = \frac{100\,\frac{km}{h}}{3,7\,s} = \frac{27,8\,\frac{m}{s}}{3,7\,s} = 7,5\,\frac{m}{s^2}.$$

In der Rechnung wurde die Geschwindigkeit in die Einheit $\frac{m}{s}$ umgerechnet. Eine mittlere Beschleunigung von 7,5 $\frac{m}{s^2}$ bedeutet anschaulich, dass die Geschwindigkeit des Fahrzeugs in jeder Sekunde um 7,5 $\frac{m}{s}$ (27 $\frac{km}{h}$) zugenommen hat.

> Die mittlere Beschleunigung ist die Änderung der Geschwindigkeit Δv pro Zeitintervall Δt:
> $$\bar{a} = \frac{\Delta v}{\Delta t} = \frac{v_2 - v_1}{t_2 - t_1}.$$

Die momentane Beschleunigung • Die **momentane Beschleunigung** $a(t)$ für einen beliebigen Zeitpunkt t bestimmen wir wie bei der momentanen Geschwindigkeit $v(t)$ zeichnerisch. Hierzu benötigen wir ein t-v-Diagramm, das wir aus den Zwischenwerten (▶ 2) mithilfe einer Ausgleichskurve (▶ 3) konstruieren.

Zunächst berechnen wir im Intervall [3,7 s; 11,5 s] die mittlere Beschleunigung $\bar{a}$ als Steigung m der Sekante im schwarzen Steigungsdreieck in ▶ 3.

$$\bar{a} = \frac{\Delta v}{\Delta t} = \frac{44,7\,\frac{m}{s} - 27,8\,\frac{m}{s}}{11,5\,s - 3,7\,s} = \frac{16,9\,\frac{m}{s}}{7,8\,s} = 2,17\,\frac{m}{s^2}.$$

Wie erwartet, ist sie deutlich geringer als für die ersten 100 $\frac{km}{h}$.

Die momentane Beschleunigung $a(t)$ erhalten wir für den Grenzfall $\Delta t = 0\,s$. Diesen Grenzfall führen wir zeichnerisch durch, indem wir die Tangente, die den Graphen im Zeitpunkt $t = 3,7\,s$ berührt einzeichnen. Die Tangentensteigung m entspricht dann der momentane Beschleunigung $a(t)$. Diese bestimmen wir mithilfe des grünen Steigungsdreiecks in ▶ 3.

$$a(t) = m = \frac{\Delta v}{\Delta t} = \frac{33,5\,\frac{m}{s}}{8\,s} = 4,2\,\frac{m}{s^2}.$$

> Die momentane Beschleunigung $a(t)$ ist die Steigung m der Tangente, die im Zeitpunkt t den t-v-Graphen berührt.

t in s	0,0	1,5	2,1	2,8	3,7	4,8	6,4	8,5	11,5
$v(t)$ in $\frac{m}{s}$	0,0	13,4	17,9	22,4	27,8	31,3	35,8	40,2	44,7

2 Zwischenwerte für die gemessene Geschwindigkeit

Konstante Beschleunigung • Die Beschleunigung des Autos nimmt mit der Zeit immer weiter ab. Zur Vereinfachung kann man für bestimmte Zeitabschnitte diese als konstant ansehen.

Den Idealfall einer Bewegung mit konstanter Beschleunigung nennt man **gleichmäßig beschleunigte Bewegung**. Die Geschwindigkeit $v(t)$ zum Zeitpunkt t berechnet sich dann einfach wie folgt:

$v(t) = a \cdot t$, mit a = konst.

Falls zum Zeitpunkt $t = 0\,\text{s}$ eine Anfangsgeschwindigkeit v_0 vorliegt, gilt:

$v(t) = v_0 + a \cdot t$.

Das t-v-Diagramm einer gleichmäßigt beschleunigten Bewegung ohne Anfangsgeschwindigkeit entspricht einer Ursprungsgeraden (▶ 4). Mit der t-Achse bildet die Gerade zu einem Zeitpunkt t ein rechtwinkliges Dreieck. Dessen Flächeninhalt ist die zurückgelegte Wegstrecke und entspricht gerade der halben Fläche des dazugehörigen Rechtecks:

$s(t) = \frac{1}{2} \cdot v(t) \cdot t = \frac{1}{2} \cdot 13{,}4\,\frac{\text{m}}{\text{s}} \cdot 1{,}5\,\text{s} = 10{,}05\,\text{m}$.

Wenn wir für $v(t)$ den Term $a \cdot t$ einsetzen, erhalten wir eine allgemeine Gleichung für die beim Anfahren zurückgelegte Strecke:

$s(t) = \frac{1}{2} \cdot a \cdot t^2$.

Das entsprechendes t-s-Diagramm ist eine Parabel (▶ 6). Allgemein kann die beschleunigte Bewegung eines Körpers bei einem Ort s_0 und mit einer konstanten Anfangsgeschwindigkeit v_0 erfolgen. Die zum Zeitpunkt t zurückgelegte Strecke ist dann:

$s(t) = s_0 + v_0 \cdot t + \frac{1}{2} a \cdot t^2$.

> Wenn sich ein Körper mit einer konstanten Beschleunigung a bewegt, dann legt er in der Zeit t die Strecke $s(t) = s_0 + v_0 \cdot t + \frac{1}{2} a \cdot t^2$ zurück.

Ganz allgemein gilt, dass die Fläche unter dem $v(t)$-Diagramm der zurückgelegten Strecke entspricht. Bei einem Verlauf wie in ▶ 3 unterteilt man das Zeitintervall in kleinere Teilintervalle (▶ 5). Die dazugehörige Strecke stellen wir durch ein Rechteck dar und addieren die Flächeninhalte aller Rechtecke. Je kleiner die Teilintervalle sind, desto eher entspricht die Gesamtfläche der Rechtecke der zurückgelegten Strecke.

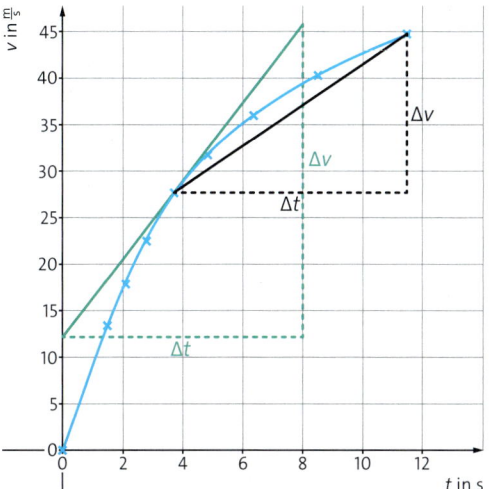

3 t-v-Diagramm des anfahrenden Autos: Annäherung der momentanen Beschleunigung durch Sekante und Tangente

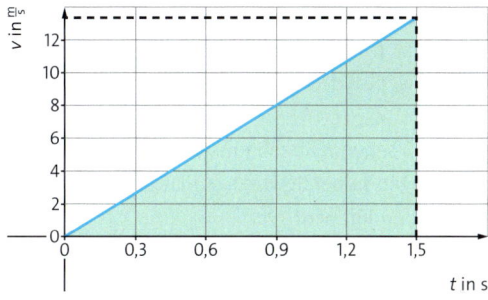

4 Im t-v-Diagramm einer Bewegung mit konstanter Beschleunigung entspricht der Flächeninhalt unter der Kurve der zurückgelegten Strecke.

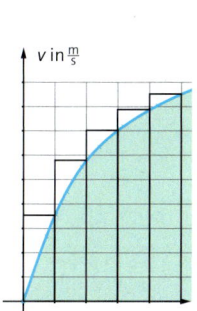

5 Zerlegung der Fläche durch Teilintervalle (Rechtecke)

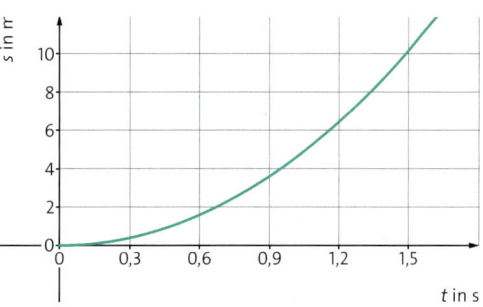

6 Dazugehörige t-s-Diagramm einer Bewegung mit konstanter Beschleunigung

1 a ☐ Bestimmen Sie für das Auto die mittlere Beschleunigung auf dem gesamten erfassten Zeitintervall.

 b 📘 Bestimmten Sie mithilfe des t-v-Diagramms die momentane Beschleunigung des Autos bei $t = 2{,}1\,\text{s}$ und $t = 8{,}5\,\text{s}$.

 c 📘 Interpretieren Sie das t-v-Diagramm.

Vollbremsung • Mithilfe einer Beschleunigungs-App kann die auftretende Beschleunigung bei der Vollbremsung mit einem Fahrrad aufgezeichnet werden. Überträgt man die Daten in eine Tabellenkalkulation, kann man die Bewegung analysieren und weitere Größen wie Geschwindigkeit und Anhalteweg berechnen.

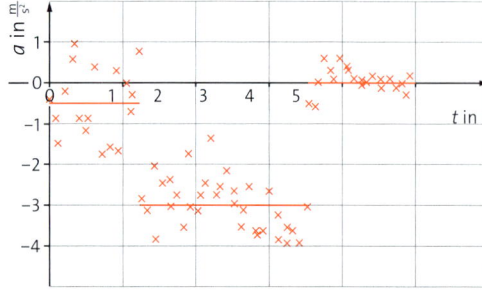

1 *t-a*-Diagramm der Vollbremsung

Im *t-a*-Diagramm sind die gemessenen Beschleunigungen zwischen *t* = [0 s; 5 s] dargestellt (▶1). Obwohl die Daten teilweise stark schwanken, kann man drei Fahrabschnitte unterscheiden. Bis zum Zeitpunkt *t* = 1,2 s rollte das Fahrrad, dabei schwankte die Beschleunigung um den Mittelwert $-0{,}5\,\frac{m}{s^2}$. Am negativen Vorzeichen erkennt man, dass die Geschwindigkeit auch schon beim Rollen geringer wird. Das Fahrrad wurde zwischen den Zeitpunkten *t* = 1,2 s und *t* = 3,5 s stark gebremst. Das zeigt sich in ▶1 an einer Beschleunigung, die um $-3\,\frac{m}{s^2}$ schwankt. Danach steht das Rad und die Beschleunigung ist praktisch null.

> Ein Körper wird abgebremst, solange er entgegen seiner Bewegungsrichtung beschleunigt wird.

Bestimmen wir den Inhalt der Fläche zwischen dem *t-a*-Graphen und der Zeitachse mithilfe einer Tabellenkalkulation, können wir die Geschwindigkeit ermitteln. Für benachbarte Zeitpunkte *t* und *t* + Δ*t* stellt die Fläche ein Trapez dar (▶4). Sie wird wie folgt berechnet:

$$A(\text{Trapez}) = \Delta v = \tfrac{1}{2} \cdot [a(t) + a(t + \Delta t)] \cdot \Delta t.$$

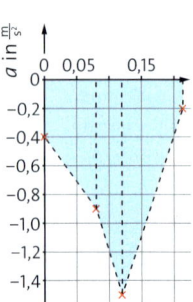

4 Die eingeschlossene Fläche zwischen zwei Messpunkten ist ein (rechtwinkeliges) Trapez.

Die negative Geschwindigkeitsänderung Δ*v* muss man zur Anfangsgeschwindigkeit v_0 addieren. Zur Ermittlung von v_0 wurde die Geschwindigkeit zum Zeitpunkt *t* = 5 s gleich null gesetzt. Daraus folgt $v_0 = 7{,}6\,\tfrac{m}{s}$. Im *t-v*-Diagramm erkennt man, dass sich die Schwankungen im *t-a*-Diagramm weitgehend wegmitteln (▶2). Die drei Phasen Rollen, Vollbremsung und Stehen sind durch drei verschiedene Steigungen des Graphen gut zu erkennen.

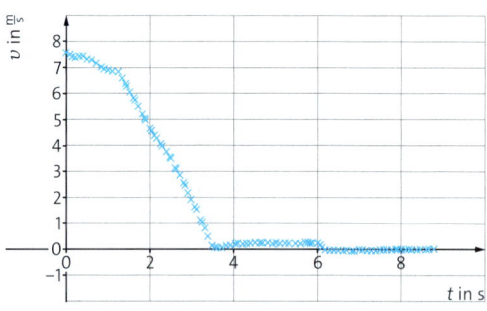

2 Auswertung: *t-v*-Diagramm aus dem *t-a*-Diagramm

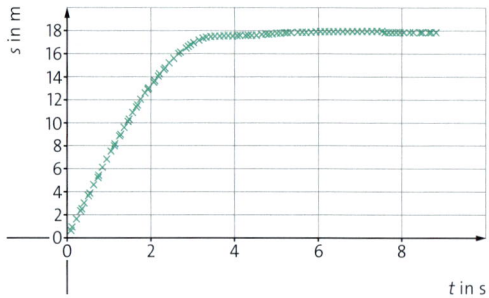

3 Auswertung: *t-s*-Diagramm aus dem *t-v*-Diagramm

Der Anhalteweg des Fahrrads beträgt etwa 17,6 m (▶3). Der reine Bremsweg s_B beträgt:

$s_B = s(3{,}5\,s) - s(1{,}2\,s) = 17{,}6\,m - 8{,}2\,m = 9{,}4\,m$.

Bei $v_0 = 7{,}6\,\tfrac{m}{s}$, also etwa $27\,\tfrac{km}{h}$, sind Bremswege von 6 m bis 8 m üblich. Unsere Untersuchung zeigt: Die Fahrradbremsen sind deutlich optimierbar.

Die zurückgelegte Strecke ermitteln wir wieder aus dem Flächeninhalt zwischen dem *t-v*-Graphen und der Zeitachse mithilfe von Trapezflächen:

$$\Delta s = \tfrac{1}{2} \cdot [v(t) + v(t + \Delta t)] \cdot \Delta t.$$

1 ◪ Berechnen Sie jeweils die Steigung des Graphen in den drei Fahrabschnitten im *t-v*-Diagramm (▶2). Vergleichen Sie mit den Mittelwerten der Beschleunigungen in ▶1.

2 ◪ Berechnen Sie den Anhalteweg, wenn das Fahrrad mit der im Fahrabschnitt 1 gemessenen Durchschnittsbeschleunigung ausgerollt wäre. Geben Sie die Zeitdauer dafür an.

Umgang mit physikalischen Größen

In der Physik werden Phänomene und Gesetzmäßigkeiten mithilfe mathematischer Zusammenhänge beschrieben. Beim Umgang der dazugehörigen physikalischen Größen, die man z. B. durch Messungen erhalten hat, gibt es einiges zu beachten.

Darstellung von Größen ● Mit physikalischen Größen kann man Objekte und Vorgänge quantitativ beschreiben. Dazu hat man für jede Größe eine **Maßeinheit** oder kurz **Einheit** festgelegt. Nur mit Zahlenwert und Einheit ist eine Größe bestimmt.
Oft sind die Zahlenwerte unanschaulich groß oder klein. Um solche Größen darzustellen, verwendet man Zehnerpotenzen oder **Präfixe** vor den Einheiten. In der **Normdarstellung** schreibt man den Zahlenwert in der Form $a \cdot 10^b$, wobei der Vorfaktor a zwischen 1 und unter 10 liegt (▶ 5).

Angabe mit Präfix	Angabe ohne Präfix	Angabe in Normdarstellung	Anzahl signifikanter Ziffern
$s = 2{,}5$ km	$s = 2500$ m	$s = 2{,}5 \cdot 10^3$ m	2
$t = 0{,}165$ ms	$t = 0{,}000\,165$ s	$t = 1{,}65 \cdot 10^{-4}$ s	3

5 Angabe von Größen mit großen und kleinen Zahlenwerten

Signifikante Ziffern ● Gemessene Größen sind nicht exakt bestimmt. Die Anzahl der sogenannten **signifikanten Ziffern** ist ein Maß für die Genauigkeit von Größen. In der Normdarstellung $a \cdot 10^b$ ist die Anzahl der signifikanten Ziffern gleich der Anzahl an bekannten Ziffern des Faktors a (▶ 5). Bei einer Angabe wie $s = 1000$ m ist die Anzahl der signifikanten Ziffern nicht eindeutig. Es ist daher besser, eine eindeutige Präfixdarstellung wie $s = 1$ km oder die Normdarstellung $s = 1 \cdot 10^3$ m zu verwenden.

Rechnen mit Größen ● Aus bekannten Größen können unbekannte Größen berechnet werden. Bei einer gleichförmigen Bewegung wird aus der gemessenen Geschwindigkeit v und der dafür benötigten Zeit t die zurückgelegte Strecke berechnet (▶ 6).

Ziffernregel ● Sowohl die Geschwindigkeit als auch die Zeitdauer sind als gemessene Größen nicht genau bekannt. Daher kann auch die daraus berechnete Strecke nicht exakt angegeben werden. Folglich muss ihr Zahlenwert gerundet werden.

Schritt	Beispiel
1 Notieren Sie die gegebenen Größen möglichst in den Grundeinheiten und mit Zehnerpotenzen.	Geg.: $v = 14{,}3\,\frac{mm}{s} = 1{,}43 \cdot 10^{-4}\,\frac{m}{s}$ $t = 0{,}12$ s
2 Notieren Sie die gesuchte Größe.	Ges.: s
3 Notieren Sie die zur Berechnung erforderliche Gleichung.	Lösung: $v = \frac{s}{t}$
4 Formen Sie die Gleichung nach der gesuchten Größe um.	$s = v \cdot t$
5 Setzen Sie die gegebenen Größen mit Zahlenwerten und Einheiten ein.	$= 1{,}43 \cdot 10^{-4}\,\frac{m}{s} \cdot 0{,}12$ s
6 Berechnen Sie den Zahlenwert und runden Sie nach der Ziffernregel.	$= 1{,}7 \cdot 10^{-5}$ m

6 Musterbeispiel zur Lösung von Aufgaben

Die **Ziffernregel** besagt, dass die berechnete Größe auf die gleiche Anzahl signifikanter Ziffern gerundet wird wie die gegebene Größe mit der kleinsten Anzahl an signifikanten Ziffern.
Im Beispiel hat die Geschwindigkeit drei und die Zeit zwei signifikante Ziffern. Also wird die Geschwindigkeit auf zwei Ziffern gerundet (▶ 6).

Einheitenkontrolle ● Eine Kontrolle der Einheiten kann auf einen Fehler in der Berechnung hinweisen. Dazu rechnet man mit den Einheiten wie mit den entsprechenden Größen.

Im Beispiel (▶ 7) ist dies leicht zu sehen, bei komplizierteren Formeln lohnt sich eine Kontrolle immer.

Einheitenkontrolle

In der Aufgabe wird die Strecke s berechnet. Die Strecke ist eine Längenangabe und hat die Einheit m (Meter). Mithilfe der benutzten Gleichung $s = v \cdot t$ kann die Einheit ermittelt werden.

$[s] = [v] \cdot [t]$
$\quad = \frac{m}{s} \cdot s \quad$ (Einheit s kürzen)
$\quad = m$

Für die Einheiten gelten die gleichen Rechenregeln wie für die Werte, z. B. können gleiche Einheiten aus Brüchen gekürzt oder in Produkten zusammengefasst werden.

7 Musterbeispiel: Einheitenkontrolle

Material

Versuch A • Messen von Beschleunigungen bei verschiedenen Bewegungen

V1 Anfahren mit dem Fahrrad

Materialien: Fahrrad, Kissen, Smartphone, App zur Aufzeichnung von Beschleunigungen

Arbeitsauftrag:
- Installieren Sie auf Ihrem Smartphone eine App zur Aufzeichnung der Beschleunigung abhängig von der Zeit.
- Befestigen Sie das Smartphone auf einem Kissen am Gepäckträger, sodass eine seiner Kanten in Fahrtrichtung zeigt.
- Aktivieren Sie die App und fahren Sie möglichst schnell an.
- Übertragen Sie nach der Fahrt die Daten auf einen Computer und stellen Sie sie mit einer Tabellenkalkulation grafisch dar.
- Bestimmen Sie die mittlere und die maximale Beschleunigung.
- Ermitteln Sie die Geschwindigkeit $v(t)$ und die Strecke $s(t)$ und erstellen Sie mit einer Tabellenkalkulation die dazugehörigen Diagramme.

V2 Bremsweg und Beschleunigung

Materialien: Fahrrad, Fahrradtachometer, Maßband oder Gliedermaßstab

Arbeitsauftrag:
- Vereinbaren Sie auf einem Radweg eine Markierung für den Beginn einer Vollbremsung.
- Bringen Sie Ihr Fahrrad auf eine Anfangsgeschwindigkeit v_0 und lesen Sie diese am Tachometer ab. Alternativ können Sie die Anfangsgeschwindigkeit auch mit einem Smartphone und einer passenden App aufzeichnen. Beginnen Sie bei der Markierung mit einer Vollbremsung und bringen Sie dabei das Fahrrad zum Stehen.
- Messen Sie die Länge des Bremswegs.
- Gehen Sie von einer gleichmäßig beschleunigten Bewegung aus und berechnen Sie mit der entsprechenden Gleichung die Dauer des Bremsvorgangs.

V3 Kugelstoßen

Materialien: Kugel, Digitalkamera, Maßband oder Gliedermaßstab, Videoanalysesoftware

Arbeitsauftrag:
- Stellen Sie eine Markierung in Stoßrichtung 1 m vor den Ort des Abstoßens als Maßstab auf. Stoßen Sie die Kugel, während eine andere Person von der Seite ein Video aufzeichnet.
- Bestimmen Sie die Zeitspanne zwischen zwei aufeinanderfolgenden Bildern. Finden Sie dazu mithilfe von Herstellerangaben heraus, wie viele Bilder Ihre Kamera pro Sekunde aufnimmt.
- Erzeugen Sie mithilfe einer Software zur Videoanalyse ein t-v-Diagramm.
- Ermitteln Sie aus dem t-v-Diagramm die momentane Beschleunigung mithilfe der Tangentensteigung. Wählen Sie dazu einen Zeitpunkt mit einer besonders großen Beschleunigung aus.

Material A • Beschleunigung, Geschwindigkeit und Strecke

Bei einem anfahrenden Zug wurden das t-a-Diagramm, das t-v-Diagramm und das t-s-Diagramm aufgezeichnet (▶ A1). In der dazugehörigen Abbildung sind die Achsenbeschriftungen unvollständig und die Reihenfolge der Diagramme ist nicht korrekt (▶ A1).

1. ☐ Ordnen Sie den drei Diagrammen die drei Größen Beschleunigung, Geschwindigkeit und Strecke zu.

3. a ▰ Bestimmen Sie jeweils einen Funktionsterm für $a(t)$, $v(t)$ und $s(t)$.
   b ☐ Bestimmen Sie die zum Zeitpunkt $t = 5\,\text{s}$ erreichte Geschwindigkeit.
   c ▰ Berechnen Sie die bis zum Zeitpunkt $t = 10\,\text{s}$ zurückgelegte Strecke.

4. a ▰ Berechnen Sie, zu welchem Zeitpunkt die Geschwindigkeit $v = 100\,\frac{\text{km}}{\text{h}}$ erreicht wird.
   b ▰ Berechnen Sie, zu welchem Zeitpunkt der Zug eine Strecke von 100 m zurückgelegt hat. Berechnen Sie auch die Geschwindigkeit, die der Zug dann erreicht hat.

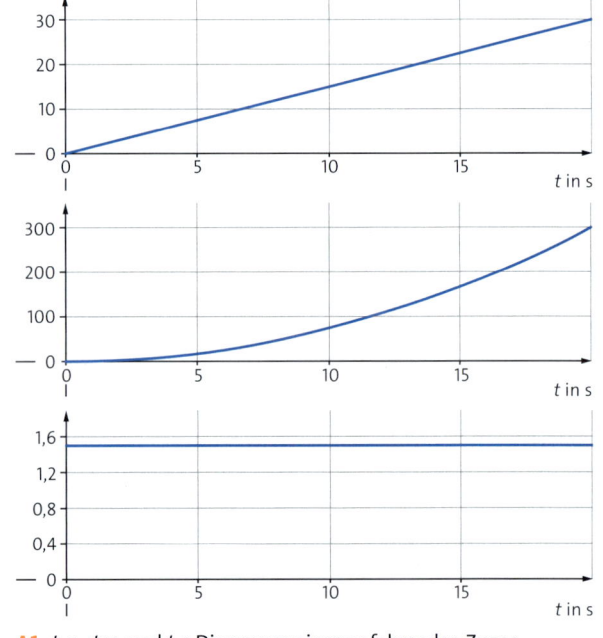

A1 t-a-, t-v- und t-s-Diagramm eines anfahrenden Zuges

Grundlagen der Mechanik • Die Beschleunigung

Material B • Auswerten eines Crashtests mit dem *t-v*-Diagramm

Um die Sicherheit von Fahrzeugen bei Unfällen zu überprüfen und zu verbessern, werden Crashtests durchgeführt. Das Fahrzeug wird dazu auf eine bestimmte Geschwindigkeit beschleunigt und dann gezielt zur Kollision gebracht, z. B. ein Frontalzusammenstoß mit einem Hindernis (▶B1). Sensoren im und am Fahrzeug messen viele verschiedene Größen für den Crash, die dann ausgewertet werden.
Im folgenden Beispiel ist das *t-v*-Diagramm eines Crashtests gegeben (▶B2), das aus den gemessenen Daten erstellt wurde.

B1 Crashtest

1 a ☐ Geben Sie die Zeitspanne an, während der das Auto aufprallte.
b ☐ Geben Sie die Anfangsgeschwindigkeit v_0 in $\frac{m}{s}$ und in $\frac{km}{h}$ an.

2 a ◪ Bestimmen Sie die mittlere Beschleunigung für die Zeitspanne des Aufpralls.
b ◪ Bestimmen Sie die momentanen Beschleunigungen für die Zeitpunkte $t = 0{,}07$ s, $t = 0{,}08$ s, $t = 0{,}09$ s, $t = 0{,}10$ s und $t = 0{,}11$ s. Zeichnen Sie dazu Tangenten an den Graphen und bestimmen Sie jeweils die Steigung.

3 ◪ Für verschiedene Körperbereiche gibt es Grenzwerte der Beschleunigung, ab denen man mit Verletzungen rechnen muss (▶B3).
Vergleichen Sie mit den in Aufgabe 2 ermittelten Beschleunigungen.

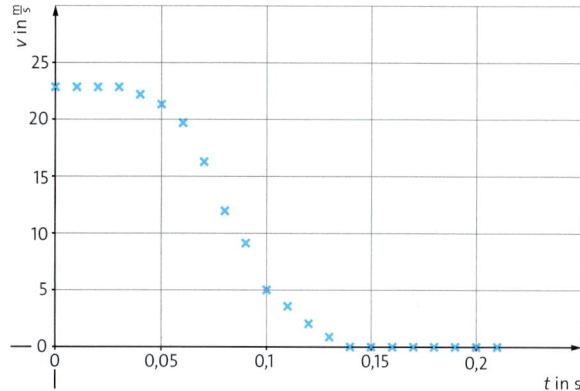

B2 *t-v*-Diagramm eines Crashtests

Köperteil	Kopf	Brustkorb	Becken	Fuß
Beschleunigung in $\frac{m}{s^2}$	800	600	800	1500

B3 Grenzwerte der Beschleunigung

Material C • Ein Verkehrsunfall wird untersucht

Bei einem Verkehrsunfall wird eine Bremsspur von 13 m Länge gemessen (▶C1). Die Polizei geht beim Bremsen von einer Beschleunigung von $-7\frac{m}{s^2}$ bis $-8\frac{m}{s^2}$ aus.

C1 Die Polizei untersucht einen Unfall

1 ◪ Nehmen Sie an, dass die Räder ab dem Beginn des Bremsvorgangs blockierten und die Bremsspur erzeugten.
a Bestimmen Sie die Geschwindigkeit, die das Auto zum Beginn der Vollbremsung mindestens hatte.
b Berechnen Sie die Geschwindigkeit, die das Auto zum Beginn der Vollbremsung höchstens hatte. Wurden 50 $\frac{km}{h}$ überschritten?

2 ☐ Bei der vorliegenden Situation benötigte der Fahrer 1,1 s bis 1,6 s, um die Gefahr zu erkennen und zu reagieren.
a Bestimmen Sie den Reaktionsweg.
b Ermitteln Sie den Anhalteweg, also die Summe aus Bremsweg und Reaktionsweg.

1.3 Bewegungen in einer Ebene

1 Containerbrücken im Hafen

Im Hafen sollen Schiffe möglichst schnell be- und entladen werden. Dazu läuft an der Containerbrücke eine sogenannte Laufkatze zwischen Schiff und Kaimauer. An der Laufkatze hängt der Container am Seil. Pro Sekunde bewegt sie sich 4 m auf die Kaimauer zu und zieht zugleich die Stahlbox 3 m nach oben. Welche Geschwindigkeit erreicht der Container?

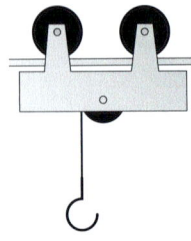

2 Laufkatze: Prinzip

Überlagerung von Bewegungen • Die Bewegung des Containers in ▶1 beschreibt man am besten als eine gleichförmige Bewegung, die von links unten nach rechts oben verläuft (▶3A). Jemand, der die Bewegung genau von vorne beobachtet, sieht allerdings nur, wie der Container von unten nach oben gezogen wird (▶3B). Von oben beobachtet, sieht man nur die Bewegung des Containers vom Schiff zur Kaimauer, aber nicht mehr, wie er dabei angehoben wird (▶3C).

Der Perspektivwechsel zeigt, dass man sich Vorgänge wie die Bewegung des Containers aus mehreren Einzelbewegungen zusammengesetzt denken kann: Der Container bewegt sich gleichzeitig nach oben und zur Kaimauer hin. Für die Beobachtungen in ▶3B und ▶3C macht es auch keinen Unterschied, ob sich der Container tatsächlich gleichzeitig auch zur Kaimauer (▶3B) oder nach oben (▶3C) bewegt. Das lässt den Schluss zu, dass sich die beiden (Einzel-)Bewegungen bei der Überlagerung nicht gegenseitig beeinflussen. Diese Tatsache bezeichnet man als Unabhängigkeitsprinzip oder **Superpositionsprinzip**.

Verkettung von Bewegungen • Bei schnellem Transport beträgt die Geschwindigkeit der Laufkatze $v_L = 4\,\frac{m}{s}$, während sie das Seilende mit der Geschwindigkeit $v_S = 3\,\frac{m}{s}$ nach oben zieht. Das Superpositionsprinzip können wir nun nutzen, um die Geschwindigkeit v des Containers aus den beiden bekannten Geschwindigkeiten zu ermitteln.

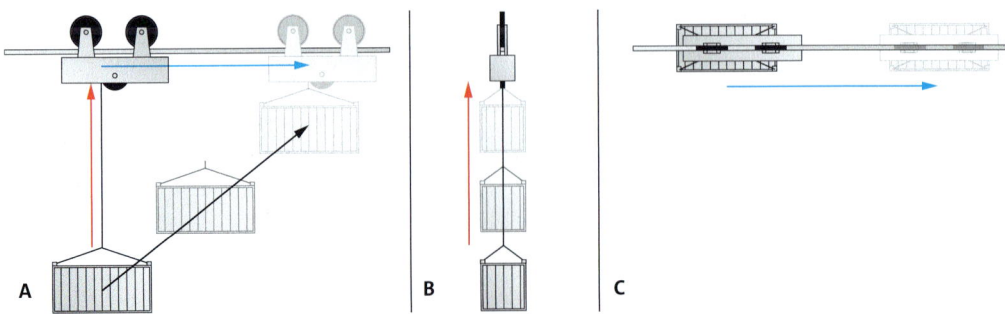

3 Perspektiven der Bewegung: **A:** Seitenansicht; **B:** Frontalansicht; **C:** Ansicht von oben (Vogelperspektive)

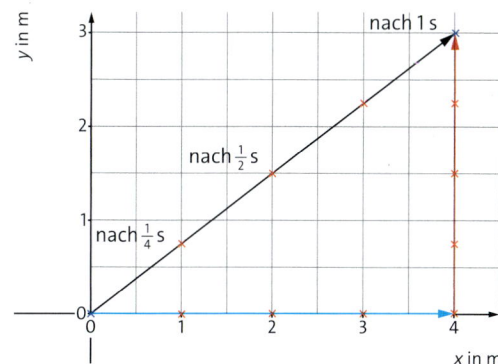

4 Verschiebung von Laufkatze und Container in 1 s

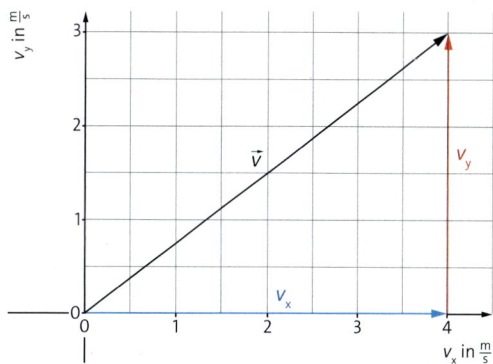

5 Geschwindigkeitsvektor und seine Komponenten

Dazu bestimmen wir die Strecke, die der Container in einer Sekunde zurücklegt. Diese tragen wir in ein Koordinatensystem ein (▶ 4). Den Ausgangspunkt legen wir in den Ursprung. Die von der Laufkatze zur Kaimauer zurückgelegte Strecke stellen wir durch einen Pfeil der Länge 4 m auf der x-Achse dar. Die von der Laufkatze gezogene Seillänge tragen wir als dazu senkrechten Pfeil der Länge 3 m ab. Dieser Pfeil geht vom Ende des ersten Pfeils aus, damit wir zu der Position gelangen, die der Container nach 1 s einnimmt.

Wir tun zunächst also so, als würde der Container erst zur Kaimauer und dann nach oben gezogen. Tatsächlich erreicht er die Endposition aber auf dem direkten geradlinigen Weg. Diesen zeichnen wir als dritten Pfeil vom Ausgangspunkt des ersten Pfeils zum Endpunkt des zweiten Pfeils. Man sagt, der erste und zweite Pfeil sind **verkettet**. Die gesamte zurückgelegte Strecke ist die Länge des dritten Pfeils im Koordinatensystem. Wir messen die Länge 5 m. Der Container hat also die Geschwindigkeit $v = 5\,\frac{m}{s}$.

Vektordarstellung • Aus der Verkettung der Bewegung können wir erkennen, dass die Geschwindigkeit eine **vektorielle Größe** ist. Weil die Darstellung in ▶ 4 gerade die Verschiebung des Containers für eine Sekunde darstellt, können wir den schwarzen Pfeil als **Geschwindigkeitsvektor** für die Bewegung des Containers deuten, dessen Länge die Geschwindigkeit (in $\frac{m}{s}$) und dessen Lage im Koordinatensystem die Richtung der Bewegung darstellen.

Einen Vektor kann man durch seine **Komponenten** beschreiben. Für den Geschwindigkeitsvektor des Containers ist das zum Beispiel:

$$\vec{v} = \begin{pmatrix} v_x \\ v_y \end{pmatrix} = \begin{pmatrix} 4 \\ 3 \end{pmatrix}\frac{m}{s}.$$

v_x und v_y sind jeweils die **x- bzw. y-Komponente** des Vektors. Zeichnet man den dazugehörigen Pfeil vom Koordinatenursprung, dann entsprechen die Komponenten den Koordinaten der Pfeilspitze (▶ 5). In der Komponentendarstellung ist der Zahlenwert der Geschwindigkeit nicht mehr zu erkennen. Er wird auch **Betrag** von $\vec{v}$ genannt und entspricht der Länge des Vektors. Da der Vektor mit seinen Komponenten ein rechtwinkliges Dreieck bildet (▶ 5), kann sein Länge als Hypotenuse mit dem Satz des Pythagoras berechnet werden:

$$v = \sqrt{v_x^2 + v_y^2} = \sqrt{(4\tfrac{m}{s})^2 + (3\tfrac{m}{s})^2} = \sqrt{4^2 + 3^2}\,\tfrac{m}{s} = 5\,\tfrac{m}{s}.$$

> Bei der Überlagerung von Bewegungen gilt das Superpositionsprinzip. Die Geschwindigkeit ist eine vektorielle Größe, die durch Zerlegung in ihre Komponenten dargestellt werden kann.

1 ☐ Beim stehenden Hubschrauber Sikorsky S-65 bewegt sich die Rotorblattspitze mit einer Geschwindigkeit von $837\,\frac{km}{h}$. Die Blattspitze darf nicht die Schallgeschwindigkeit von $1235\,\frac{km}{h}$ erreichen. Bestimmen Sie die entsprechende Höchstgeschwindigkeit des Hubschraubers im Vorwärtsflug.

2 Ein Schwimmer schwimmt mit einer Geschwindigkeit von $v_S = 1{,}2\,\frac{m}{s}$ auf das gegenüberliegende Flussufer zu, während das Wasser mit der Geschwindigkeit $v_W = 0{,}5\,\frac{m}{s}$ fließt (▶ 6). Bestimmen Sie die Geschwindigkeit v_G, mit der sich der Schwimmer über Grund bewegt.
a Lösen Sie die Aufgabe zeichnerisch durch Verkettung der beiden Geschwindigkeitsvektoren und ausmessen der Länge.
b Lösen Sie die Aufgabe rechnerisch.

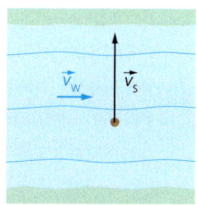

6 Schwimmer in der Strömung

Umgang mit Vektoren

In der Physik unterscheidet man grundsätzlich zwischen vektoriellen und skalaren Größen. Skalare Größen wie die Temperatur haben nur einen Zahlenwert und Einheit: So kann ein Gegenstand eine Temperatur von 30 °C oder 300 °C haben. Vektorielle Größen haben nicht nur einen Betrag, sondern auch eine Richtung, z. B. können zwei Fahrzeuge gleich schnell sein, aber in unterschiedlichen Richtungen unterwegs sein. Daher ergeben sich für vektorielle Größen einige wichtige Rechenregeln.

Darstellung von Vektoren • Vektoren können zeichnerisch als Pfeile dargestellt werden. Die Länge des Pfeils steht dann für den Zahlenwert der Größe und die Pfeilspitze zeigt in die Richtung der Größe. Hat man ein Koordinatensystem, kann man einen Vektor durch seine Komponenten darstellen (x- und y-Koordinate). Die Komponenten repräsentieren dann den „x-" und „y-Anteil" des Vektors, z. B. $\vec{v} = \begin{pmatrix} v_x \\ v_y \end{pmatrix} = \begin{pmatrix} 1 \\ 2 \end{pmatrix} \frac{km}{h}$.

Eine vektorielle physikalische Größe wird in einer Formel mit einem Pfeil über dem Größensymbol dargestellt, wenn es im Kontext auf die Richtung ankommt, z. B. $\vec{v}$, $\vec{F}$. Benötigt man nur den Betrag der Größe, lässt man den Pfeil wie gewohnt weg.

Addition und Subtraktion von Vektoren • Physikalische Größen wie die Geschwindigkeit können addiert oder subtrahiert werden – auch als vektorielle Größen.
Als Beispiel betrachten wir ein Boot, das mit der Geschwindigkeit $\vec{v}_B = \begin{pmatrix} 1 \\ 2 \end{pmatrix} \frac{km}{h}$ auf dem Wasser fährt, während das Wasser mit der Geschwindigkeit $\vec{v}_W = \begin{pmatrix} 3 \\ -5 \end{pmatrix} \frac{km}{h}$ strömt.
Die Geschwindigkeit $\vec{v}$ über dem Grund bestimmen wir rechnerisch durch die Addition der Vektoren, indem wir jeweils die Komponenten addieren:

$\vec{v} = \vec{v}_B + \vec{v}_W = \begin{pmatrix} 1 \\ 2 \end{pmatrix} \frac{km}{h} + \begin{pmatrix} 3 \\ -5 \end{pmatrix} \frac{km}{h} = \begin{pmatrix} 1+3 \\ 2+(-5) \end{pmatrix} \frac{km}{h} = \begin{pmatrix} 4 \\ -3 \end{pmatrix} \frac{km}{h}$.

Zeichnerisch kann man die Vektoren durch Verketten addieren, d. h., man hängt sie aneinander und zeichnet einen Vektor vom Anfang des ersten Pfeils zum Ende des letzten Pfeils (▶ 1A).

Betrag von Vektoren • Eine wichtige Größe von Vektoren ist ihr Betrag. Der Betrag ist die Länge des Vektors und entspricht bei einer physikalischen Größe dem Zahlenwert – bei einer Geschwindigkeit also die Zahl, die auf dem Tacho steht. Errechnet wird der Betrag aus den Komponenten des Vektors. Im Beispiel hat das Boot die Geschwindigkeit $\vec{v} = \begin{pmatrix} 4 \\ -3 \end{pmatrix} \frac{km}{h}$. Das Boot bewegt sich also mit $4 \frac{km}{h}$ in x-Richtung und mit $-3 \frac{km}{h}$ in y-Richtung. Da beide Komponenten die Katheten eines rechtwinkligen Dreiecks bilden, ist die Länge des Vektors – also sein Betrag – gerade die Hypotenuse des Dreiecks. Mit dem Satz des Satz des Pythagoras ergibt sich dann:

$v^2 = \left(4 \frac{km}{h}\right)^2 + \left(-3 \frac{km}{h}\right)^2 = 25 \left(\frac{km}{h}\right)^2 \Rightarrow v = 5 \frac{km}{h}$

Allgemein gilt für den Betrag a eines Vektors $\vec{a}$:

$a = \left| \begin{pmatrix} a_x \\ a_y \end{pmatrix} \right| = \sqrt{a_x^2 + a_y^2}$.

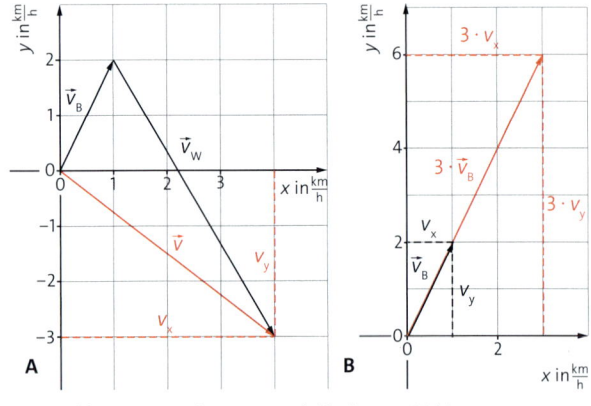

1 A: Addition von Vektoren; B: Vielfache von Vektoren

Vielfache von Vektoren • Um gegen die Strömung fahren zu können, müsste das Boot seine Geschwindigkeit erhöhen, beispielsweise verdreifachen. Wir könnten den Pfeil dreimal so lang zeichnen. Stattdessen können wir auch die Komponenten jeweils mit drei multiplizieren:

$3 \cdot \vec{v}_B = 3 \cdot \begin{pmatrix} 1 \\ 2 \end{pmatrix} \frac{km}{h} = \begin{pmatrix} 3 \cdot 1 \\ 3 \cdot 2 \end{pmatrix} \frac{km}{h} = \begin{pmatrix} 3 \\ 6 \end{pmatrix} \frac{km}{h}$.

Demnach berechnet man **Vielfache von Vektoren,** indem man jede Komponente mit dem Faktor multipliziert.

Gleichheit von Vektoren • Zwei Vektoren sind gleich, wenn sie den gleichen Betrag (Länge), die gleiche Richtung und die gleiche Orientierung haben.
Fährt ein zweites Boot mit der betragsmäßig gleichen Geschwindigkeit genau parallel zum ersten, hat es den gleichen Geschwindigkeitsvektor, auch wenn es 20 m neben dem ersten fährt. Wenn seine Geschwindigkeit einen anderen Betrag hat, es entgegengesetzt oder nicht parallel zum ersten fährt, sind die Geschwindigkeitsvektoren der beiden Boote dagegen nicht gleich.

1 📝 Bestimmen Sie den Betrag der dreifachen Geschwindigkeit des Bootes $\begin{pmatrix} 3 \\ 6 \end{pmatrix} \frac{km}{h}$ mithilfe des Satzes des Pythagoras und vergleichen Sie diesen mit der ursprünglichen Geschwindigkeit des Bootes.

2 📝 Vektoren im Raum werden genauso addiert wie Vektoren in der Ebene.
 a Addieren Sie die Vektoren $\begin{pmatrix} 1 \\ 4 \\ 6 \end{pmatrix}$ und $\begin{pmatrix} 4 \\ 3 \\ 2 \end{pmatrix}$.

 b Zeigen Sie, dass der Vektor $\begin{pmatrix} 4 \\ 4 \\ 2 \end{pmatrix}$ den Betrag 6 hat.

Versuch A • Messen von Beschleunigungen bei verschiedenen Bewegungen

V1 Ebener Verschiebungsvektor

Materialien: Smartphone, Beschleunigungsapp, Tisch, Lineal

Arbeitsauftrag:
- Installieren Sie auf Ihrem Smartphone eine App zur Aufzeichnung der Beschleunigung. Legen Sie das Phone flach auf den Tisch und starten Sie die Aufzeichnung der x-Koordinate a_x sowie der y-Koordinate a_y der Beschleunigung (▶ 2).
- Stellen Sie die Lage der x- und der y-Achse auf dem Display fest.
- Verschieben Sie das Smartphone zügig und messen Sie mit dem Lineal die Koordinaten Δx und Δy des Verschiebungsvektors.
- Ermitteln Sie mithilfe einer Tabellenkalkulation für alle aufgezeichneten Zeitpunkte die x-Koordinate der Geschwindigkeit $v_x(t)$ als entsprechende Fläche unter dem t-a_x-Graphen. Berechnen Sie analog $v_y(t)$.
- Ermitteln Sie entsprechend die Verschiebungen Δx und Δy aus den Koordinaten der Geschwindigkeit $v_x(t)$ und $v_y(t)$.
- Vergleichen Sie die mit dem Lineal und mit dem Smartphone gemessenen Verschiebungen und erörtern Sie Messungenauigkeiten.

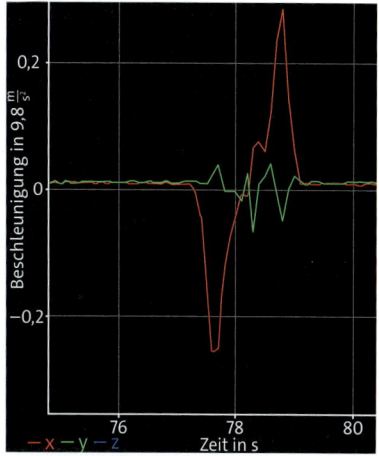

2 Aufgezeichnete Beschleunigung mithilfe einer Smartphone-App

Material A • Bordwind beim Boot

In der Seefahrt unterscheidet man wahren Wind, Fahrtwind und Bordwind. Der wahre Wind ist der vom ruhenden Beobachter gemessene Wind, der Fahrtwind ist der beim fahrenden Schiff auftretende Gegenwind und der Bordwind ist der Wind, wie er vom fahrenden Schiff aus wahrgenommen wird. An der Mastspitze eines Bootes wird daher der Bordwind $\vec{v}_B$ gemessen (▶ A1).

 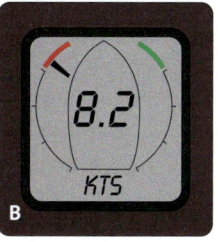

A1 **A** Messgerät, **B** Windanzeige in Knoten (kts)

1 🖉 Das Display zeigt an, dass der Bordwind $\vec{v}_B$ von vorne links kommt und einen Betrag von 8,2 Knoten hat (▶ A1B). Zeichnen Sie den Bordwind in ein Koordinatensystem. Verwenden Sie den Maßstab „1 kts = 1 cm".

2 🖉 Gleichzeitig wird über GPS für das Schiff eine Geschwindigkeit von 6,2 Knoten gemessen. Demnach hat der Fahrtwind $\vec{v}_F$ den gleichen Betrag. Zeichnen Sie den Fahrtwind in die Skizze.

3 ■ Bei einem ankernden Boot ist der wahre Wind $\vec{v}_W$ gleich dem Bordwind. Die vektorielle Summe des wahren Windes und des Fahrtwindes ergibt den Bordwind. Bestimmen Sie zeichnerisch den wahren Wind.

Material B • Flugzeugabsturz

Jeder Flugzeugabsturz wird ausführlich untersucht, damit man in Zukunft ähnliche Flugzeugabstürze verhindern und noch sicherer fliegen kann. Dabei gibt der Flugschreiber wichtige Informationen über den Flug wie Flughöhe über dem Meeresspiegel oder Geschwindigkeit in der Luft (▶ B1).

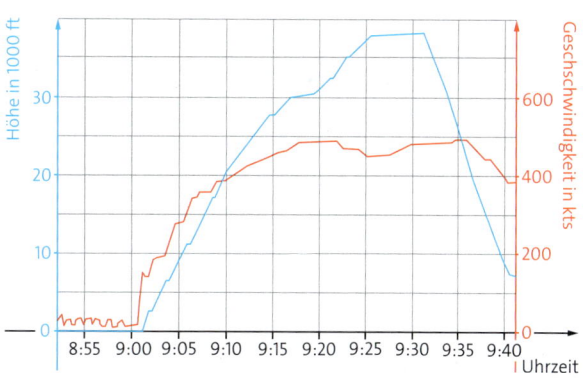

B1 Aufzeichnung der Flughöhe (blau; in Fuß, 1 ft = 30,48 cm) und Geschwindigkeit (rot; in Knoten, 1 kts = 1,852 $\frac{km}{h}$)

1 🖉 Das Flugzeug ging um 9.32 Uhr in den Sinkflug über.
  a Bestimmen Sie für den Anfang und das Ende des Sinkflugs die Geschwindigkeit. Ein Knoten (kts) entspricht 1,852 $\frac{km}{h}$.
  b Ermitteln Sie die vertikale Koordinate v_y der Geschwindigkeit.
  c Lesen Sie für den Anfang und das Ende des Sinkflugs die horizontale Koordinate v_x der Geschwindigkeit ab.

2 ■ Berechnen Sie die entsprechenden Neigungswinkel der Flugbahn des Sinkflugs.

1.4 Kraft, Beschleunigung und Masse

1 Flugzeugstart

Ein Pilot gibt Vollgas. Er beschleunigt mit der ganzen Schubkraft von 600 000 N, um die Startmasse von 240 000 kg auf die fürs Abheben nötige Geschwindigkeit von 300 $\frac{km}{h}$ zu bekommen. Die Startbahn in Gibraltar hat nur eine Länge von 1777 m. Ist sie lang genug?

Ursache der Bewegung • Bisher haben wir Bewegungen mithilfe von Strecken, Geschwindigkeiten und Beschleunigungen beschrieben und charakterisiert. Dabei interessierte noch nicht, was die Bewegung verursacht hat. Die untersuchten Beispiele ließen allerdings schon vermuten, dass Kräfte eine Rolle spielen: Beim Kugelstoßen ist z. B. die Schnellkraft im Arm ausschlaggebend dafür, wie groß die Anfangsgeschwindigkeit der Kugel beim Loslassen ist und der freie Fall wird durch die Schwerkraft zwischen fallendem Körper und Erde verursacht. Ohne die Schubkraft seiner Triebwerke würde sich ein Flugzeug beim Start nicht in Bewegung setzen (▶ 1). Daher untersuchen wir in einem Modellversuch, wie die Bewegungsänderung und die auf einen Körper mit einer Masse m wirkende Kraft F zusammenhängen.

Modellversuch • Auf einer Luftkissenbahn, auf der Bewegungen weitgehendst reibungsfrei stattfinden können, wird der Start des Flugzeugs simuliert (▶ 2). Wir nehmen die Schubkraft idealerweise als konstant an. Dies realisieren wir durch eine bestimmte Anzahl an Massestücke, die durch ihre Gewichtskraft F_G den Schlitten anziehen. Die Masse m des bewegten Körpers (Flugzeugs) entspricht nicht nur der Masse m_S des Schlittens, sondern setzt sich zusätzlich aus der Masse m_G der angehängten Massestücke zusammen: $m = m_S + m_G$.

Die Bewegung des Schlittens zeichnen wir mithilfe einer Hochgeschwindigkeitskamera auf. Wir werten die Bildfolge mit einem Videoanalyseprogramm aus und erhalten die Geschwindigkeit v in Abhängigkeit von der Zeit t nach dem Start des Schlittens (▶ 3).

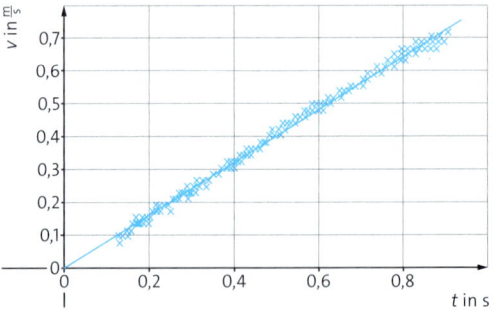

2 Modellversuch 1 zum Flugzeugstart

3 t-v-Diagramm mit Ursprungsgerade

Im dazugehörigen Diagramm ist zu erkennen, dass es zwischen den beiden Größen einen proportionalen Zusammenhang gibt. Eine lineare Regression ergibt eine Ursprungsgerade (▶ 3). Der Anstieg dieser Gerade – also die Proportionalitätskonstante für $\frac{\Delta v}{\Delta t}$ ist bekannt: Es ist eine Beschleunigung.
Das erste Ergebnis lautet damit: Wenn eine konstante Kraft F auf einen Körper der Masse m wirkt, dann erfährt der Körper eine konstante Beschleunigung. Der Körper führt dann eine gleichmäßig beschleunigte Bewegung aus.

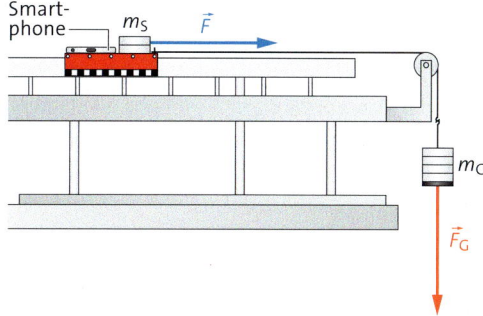

4 Modellversuch 2 zum Flugzeugstart

Wovon hängt die Beschleunigung ab? • Zum Abheben des Flugzeugs muss die Beschleunigung genügend groß sein, damit das Flugzeug am Ende der Startbahn auf die notwendige Startgeschwindigkeit kommt (▶ 1). Daher untersuchen wir die Abhängigkeit dieser Beschleunigung von der Kraft.
Im Modellversuch variieren wir die beschleunigende Kraft, lassen aber die Gesamtmasse m des beschleunigten Körpers konstant, indem wir die Massestücke vom Schlitten und angehängte Massestücke jeweils unterschiedlich aufteilen (▶ 4). Die Beschleunigung messen wir direkt, z. B. mit dem Beschleunigungssensor eines Smartphones. Die Messwerte tragen wir in einem F-a-Diagramm auf. Auch hier zeigt eine lineare Regression, dass sie auf einer Ursprungsgeraden liegen (▶ 5). Das zweite Ergebnis lautet: Wenn eine Masse m von einer Kraft F beschleunigt wird, dann ist die Beschleunigung a proportional zur Kraft: $a \sim F$ (für eine gleichbleibende Masse m).

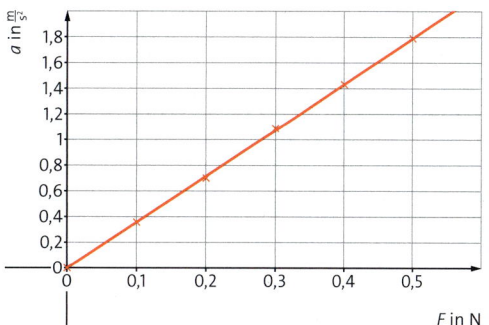

5 Beschleunigung abhängig von der Kraft

Die Beschleunigung des Flugzeugs hängt vermutlich auch von seiner Masse ab. Dabei dürfte die Beschleunigung bei kleiner Masse größer sein als bei großer Masse. Eine passende Hypothese ist $a \sim \frac{1}{m}$. Bei konstanter Kraft $F_G = 0,1\,\text{N}$ variieren wir die Masse auf dem Schlitten. Wir stellen die Messwerte der Beschleunigung a abhängig von $\frac{1}{m}$ dar. So erhalten wir eine Ursprungsgerade (▶ 6). Das dritte Resultat lautet damit: Wenn eine Masse m von einer Kraft F beschleunigt wird, dann ist die Beschleunigung a proportional zum Kehrwert der Masse: $a \sim \frac{1}{m}$ (für eine konstante Kraft F).

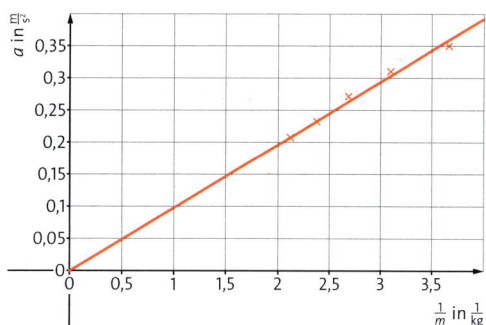

6 Beschleunigung abhängig vom Kehrwert der Masse

1 Eine Rakete erzielt mit einem Triebwerk eine Beschleunigung von $10\,\frac{m}{s^2}$.
a Ein zweites, gleichartiges Triebwerk wird gezündet. Bestimmen Sie die Beschleunigung der Rakete.
b Nach 10 Minuten hat sich die Masse der Rakete auf ein Drittel reduziert. Erklären Sie den Massenverlust und ermitteln Sie die Beschleunigung.

> Wirkt auf einen Körper eine Kraft, wird er beschleunigt. Es gilt:
> $a \sim F$; mit m = const.
> $a \sim \frac{1}{m}$; mit F = const.

2 Ein Sprinter hat eine Masse von 70 kg und erreicht eine Beschleunigung von $3\,\frac{m}{s^2}$. Bestimmen Sie die mittlere Kraft, die den Sprinter beschleunigt.

Grundgleichung der Mechanik • Wir haben durch Untersuchungen an der Luftkissenbahn herausgefunden, dass beim Einwirken einer Kraft F auf einen Körper der Masse m die die erreichte Beschleunigung a sowohl von der Kraft als auch von der Masse des Körpers abhängen. Die dazugehörigen proportionalen Zusammenhänge lauten:

$a \sim F$; für m = const.,
$a \sim \frac{1}{m}$; für F = const.

Daraus folgt, dass die Beschleunigung a auch proportional zum Produkt aus F und $\frac{1}{m}$ ist:

$a \sim F \cdot \frac{1}{m}$.

Diesen Ausdruck kann man als Gleichung für F darstellen: $F = k \cdot m \cdot a$, wobei k ein zu bestimmender Proportionalitätsfaktor ist.
Die Daten aus unserer ersten Versuchsreihe zu $a \sim F$ (▶ 5, S. 25) zeigen, dass die Kraft F praktisch den gleichen Betrag wie das Produkt $m \cdot a$ hat – zumindest, wenn man die angegebenen Einheiten nutzt (▶ 1). Passend hierzu hat man 1874 festgelegt, dass die Einheit der Kraft 1 N heißt und gleich der Einheit $1 \, \frac{kg \cdot m}{s^2}$ ist. Das gilt auch im heutigen **internationalen Einheitensystem** (**SI**, **s**ystème **i**nternational d'unités). In diesen Einheiten ist der Proportionalitätsfaktor 1 (▶ 1), sodass sich die Beziehung zur **Grundgleichung der Mechanik** vereinfacht: $F = m \cdot a$. Mit ihr kann man die Bewegungsänderung beim Einwirken einer Kraft berechnen (▶ Beispiel).

> Wenn eine Kraft F auf einen Körper der Masse m ausgeübt wird, dann erfährt er eine Beschleunigung a.
> Das ist die Grundgleichung der Mechanik: $F = m \cdot a$.

F in N	$m \cdot a$ in kg $\cdot \frac{m}{s^2}$	$\frac{F}{m \cdot a}$ in $\frac{N \cdot s^2}{kg \cdot m}$
0	0	–
0,1	0,096	1,041
0,2	0,191	1,047
0,3	0,300	1,000
0,4	0,396	1,010
0,5	0,491	1,018

1 Kraft F in Abhängigkeit vom Produkt $m \cdot a$

Kraft und Bewegungsänderung • Wir schauen uns die Grundgleichung der Mechanik einmal genauer an. Die in der Gleichung vorkommende Beschleunigung a ist gleich der Änderung der Geschwindigkeit während der Zeitspanne Δt: $a = \frac{\Delta v}{\Delta t}$.
Wir setzen dies in die Grundgleichung ein und multiplizieren beide Seiten mit Δt.

$F = m \cdot a \quad = m \cdot \frac{\Delta v}{\Delta t} \, | \cdot \Delta t$
$F \cdot \Delta t \quad\quad = m \cdot \Delta v$
„Ursache"   „Auswirkung"

Die Gleichung $F \cdot \Delta t = m \cdot \Delta v$ beschreibt die Bewegungsänderung. Auf der linken Seite steht die **Ursache** für die Änderung, auf der rechten Seite steht, welche **Auswirkung** die Kraft auf einen bestimmten Körper hat. Eine große Kraft während einer kurzen Zeitspanne hat dieselbe Auswirkung auf einen Körper wie eine kleine Kraft während einer entsprechend größeren Zeitspanne.
Bei einem Kopfball (▶ 2) ändert der Ball seine Geschwindigkeit infolge der Richtungsänderung um z. B. $\Delta v = 20 \, \frac{m}{s}$. Das geschieht entweder mit einer großen Kraft in einer kleinen Zeitspanne oder mit einer kleinen Kraft in einer großen Zeitspanne, z. B. indem ein Torwart den Ball fängt und wieder abwirft.

Wirkt eine Kraft F während eines Zeit-intervalls Δt auf einen beweglichen Körper, so bezeichnet man das Produkt $F \cdot \Delta t$ als **Kraftstoß**.

NEWTON hat die Mechanik durch drei Axiome charakterisiert. Die Grundgleichung stellt das **2. NEWTON'sche Axiom** dar. Man bezeichnet es auch als **Aktionsprinzip**.

> **Beispiel** **Grundgleichung beim Flugzeugstart**
>
> **Aufgabe:** Berechnen Sie aus der Grundgleichung der Mechanik, ob die Startbahn in Gibraltar mit 1777 m Länge für den Start des Flugzeugs reicht. Nutzen Sie hierzu die Angaben am Bild (▶ 1, S. 24).
>
> **Lösung:** Nimmt man eine konstante Beschleunigung an, kann man diese aus der Grundgleichung der Mechanik berechnen.
>
> $a = \frac{F}{m} = \frac{600\,000 \, N}{240\,000 \, kg} = 2{,}5 \, \frac{m}{s^2}$.
>
> Das Flugzeug führt eine gleichmäßig beschleunigte Bewegung aus. Die Strecke, um auf $300 \, \frac{km}{h}$ zu beschleunigen, lässt sich damit berechnen.
>
> $s = \frac{1}{2} \cdot a \cdot t^2 \quad\quad | \text{ mit } v = a \cdot t \Leftrightarrow t = \frac{v}{a}$
> $\quad = \frac{1}{2} \cdot a \cdot \left(\frac{v}{a}\right)^2 = \frac{1}{2} \cdot \frac{v^2}{a}$
> $\quad = \frac{1}{2} \cdot \frac{(83{,}3 \, \frac{m}{s})^2}{2{,}5 \, \frac{m}{s^2}} = 1388 \, m$
>
> Die Länge der Startbahn reicht mit 1777 m aus.

2 Bewegungsänderung beim Kopfball

3 Der Dummy wurde im Auto beschleunigt.

Kräfte erkennen • Kräfte kann man nicht direkt sehen. Man kann sie nur an ihren Auswirkungen erkennen.

Ändert ein Körper seinen Bewegungszustand, z. B. wird er schneller oder ändert die Richtung seiner Bewegung, kann das nur infolge einer Kraft geschehen. Man kann zudem die wirkende Kraft bestimmen, indem man die Beschleunigung misst und die Grundgleichung der Mechanik anwendet. Das erkennt man schon an der Einheit der Kraft $1\,\text{N} = 1\,\text{kg} \cdot \frac{m}{s^2}$. Sie besagt, dass eine Kraft von 1 N einen beweglichen Körper mit einer Masse von 1 kg um $1\,\frac{m}{s^2}$ beschleunigt. Beschleunigungen sind die Grundlage für den **dynamischen Kraftbegriff**.

Kräfte bewirken aber auch Verformungen z. B. von Stahlfedern. Kräfte im Inneren der Feder führen dazu, dass die äußere Kraft irgendwann ausgeglichen wird. Diese Verformungen kann man deshalb zur Kraftmessung nutzen. Bei einer gedehnten Feder gibt es aber keine Bewegung, weil ein Kräftegleichgewicht entsteht. Somit sind Verformungen die Grundlage für den **statischen Kraftbegriff**.

Grundgleichung beim Crashtest • Beim Crashtest prallt ein Auto auf eine Wand. Im Auto prallt der Dummy gegen die Windschutzscheibe (▶3). Offenbar wird der Dummy im Auto nach vorne beschleunigt. Eine solche Beschleunigung nach vorne ist dem dynamischen Kraftbegriff zufolge ein Beleg für eine nach vorne gerichtete Kraft. Beim Crash wirkt aber keine nach vorne gerichtete Kraft auf den Dummy. Das erscheint widersprüchlich. Man löst diesen scheinbaren Widerspruch, indem man zwei Beobachter unterscheidet:

Ein **ruhender Beobachter** stellt fest, dass die Wand eine der Fahrtrichtung entgegengesetzte Kraft auf das Auto ausübt. Dadurch wird die Windschutzscheibe langsamer. Diese Kraft wirkt (noch) nicht auf den Dummy. Er bewegt sich weiter und muss erst gegen die Scheibe prallen.

Ein festangeschnallter Beobachter im Auto ist beim Aufprall ein **beschleunigter Beobachter.** Er könnte den Dummy von hinten mit einem Federkraftmesser halten und am Federkraftmesser eine Kraft ablesen, obwohl gar keine Kraft auf den Dummy wirkt. Er sollte diese Kraft als **Trägheitskraft** deuten.

Je nachdem, ob ein Beobachter beschleunigt oder unbeschleunigt ist, befindet er sich in einem beschleunigten oder unbeschleunigten **Bezugssystem**. Die Grundgleichung gilt nur in unbeschleunigten Bezugssystemen.

> Die Grundgleichung der Mechanik gilt in unbeschleunigten Bezugssystemen.

Grundgleichung im Raum • Bewegungen finden im dreidimensionalen Raum statt. Gilt $F = m \cdot a$ auch dann? Ja, man kann z. B. eine Luftkissenbahn in jede Raumrichtung ausrichten und so für jede Richtung die Grundgleichung der Mechanik finden. Die Gleichung stellt man dann vektoriell dar: $\vec{F} = m \cdot \vec{a}$.

1 ☐ Bei einem Dragster-Rennen erzielt ein Auto mit der Masse 500 kg eine Beschleunigung von $60\,\frac{m}{s^2}$. Bestimmen Sie die Kraft.

2 ☐ Ein Floh hat eine Masse von 1 mg und springt mit einer Kraft von 1,7 mN ab. Ermitteln Sie seine Beschleunigung beim Absprung.

Dragster sind Fahrzeuge, die speziell für das Drag Racing (Beschleunigungsrennen) gebaut werden.

Material

Versuch A • Versuche zur Grundgleichung der Mechanik

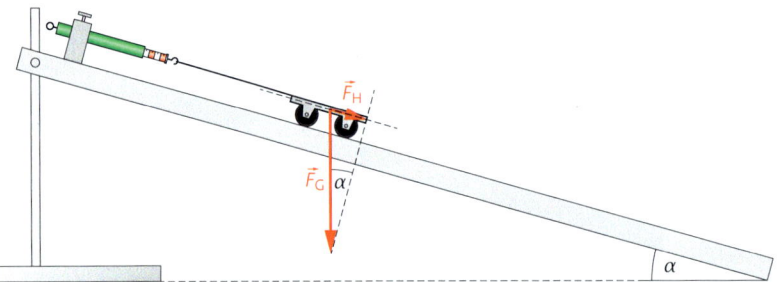

1 Hangabtriebskraft: Versuchsskizze mit Komponentenzerlegung

2 Beschleunigung beim Skateboard

V1 Hangabtriebskraft

Materialien: Wagen, Schiene, Federkraftmesser

Arbeitsauftrag:
- Bauen Sie eine geneigte Bahn auf. Messen Sie den Neigungswinkel α der Bahn und die Gewichtskraft F_G des Wagens (▶1).
- Stellen Sie den Wagen auf die Bahn. Messen Sie die Hangabtriebskraft F_H, mit der der Wagen parallel zur Schiene gehalten wird (▶1).
- Ermitteln Sie diese Kraft auch zeichnerisch mithilfe einer Komponentenzerlegung (▶1).
- Stellen Sie einen Term auf, mit dem Sie die Hangabtriebskraft abhängig von der Gewichtskraft und dem Neigungswinkel berechnen können.

V2 Hinabrollen

Materialien: Wagen, Schiene, Smartphone

Arbeitsauftrag:
- Bauen Sie eine geneigte Schiene auf, bestimmen Sie deren Neigungswinkel α (▶1). Stellen Sie einen Wagen auf die Schiene und ermitteln Sie die Hangabtriebskraft.
- Lassen Sie den Wagen hinabrollen und zeichnen Sie die Bewegung als Video auf.
- Bestimmen Sie mithilfe einer Videoanalyse die Geschwindigkeit $v(t)$ und stellen Sie diese in einem t-v-Diagramm dar.
- Ermitteln Sie die mittlere Beschleunigung.
- Führen Sie den Versuch für verschiedene Neigungswinkel und Massen des Wagens durch und zeigen Sie, dass dabei immer $F = m \cdot a$ gilt.

V3 Beschleunigen

Materialien: Skateboard, Expander, Smartphone

Arbeitsauftrag:
- Messen Sie Ihre Masse und installieren Sie auf Ihrem Smartphone eine App zur Aufzeichnung von Beschleunigungen.
- Bestimmen Sie für einen Expander die Federkonstante D.
- Stellen Sie sich auf ein Skateboard und starten Sie die App zur Messung der Beschleunigung. Halten Sie ein Ende des Expanders, an dem Sie ein Mitschüler beschleunigt (▶1), während Sie ein anderer absichert. Dabei soll der Expander fotografiert werden. Ermitteln Sie die beschleunigende Kraft.
- Untersuchen Sie quantitativ und erörtern Sie die Genauigkeit, mit der $F = m \cdot a$ hier erfüllt ist.

Material A • Kraftstoß

Ein Ball mit der Masse 400 g fällt aus 1,5 m Höhe auf den Boden und springt wieder hoch. Beim Aufprall wirkt dabei vom Boden auf den Ball eine Kraft $F(t)$ (▶A1).

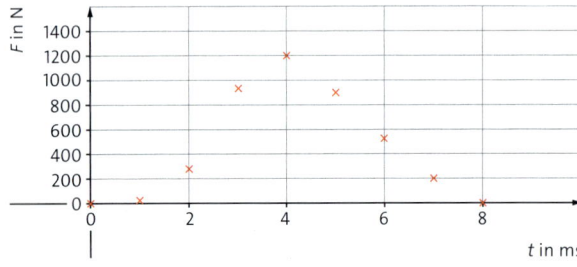

A1 t-F-Diagramm

1 ◨ Das Produkt $F \cdot \Delta t$ entspricht im Diagramm gerade der Fläche unter dem Graphen (▶A1).
  a Bestimmen Sie mit einer geeigneten Methode die Fläche unter dem Graphen.
  b Ermitteln Sie daraus die Änderung der Geschwindigkeit Δv des Balls.

2 ◨ Der Ball fällt zuvor mit einer bestimmten Geschwindigkeit auf den Boden.
  a Bestimmen Sie die Geschwindigkeit des Balls beim Aufprall. Nehmen Sie hierzu einen freien Fall an.
  b Bestimmen Sie die Geschwindigkeit, mit der der Ball vom Boden abhebt. Vergleichen Sie beide Werte.

Material B • Start der Saturn-V-Rakete

Am 21. Juli 1969 landeten mit NEIL ARMSTRONG und EDWIN ALDRIN die ersten Menschen auf dem Mond. Sie flogen mit der Saturn-V-Rakete dorthin. Diese Rakete hatte eine Startmasse von 2770 t.

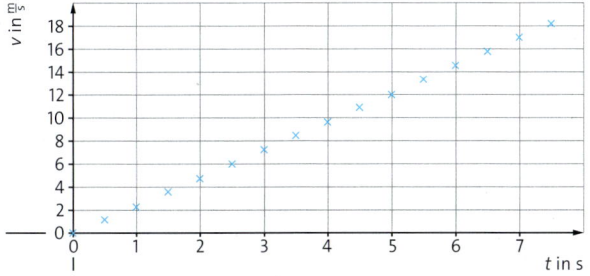
B1 Raketenstart: t-v-Diagramm

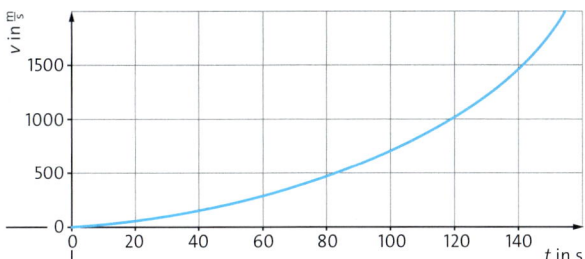
B2 Stufe 1 des Raketenstarts: t-v-Diagramm

1. Die Rakete startete am 16. Juli senkrecht nach oben. Dabei nahm die Geschwindigkeit anfangs zu (▶B1).
   a Begründen Sie anhand des Diagramms, dass die Bewegung in der Startphase gleichmäßig beschleunigt war und bestimmen Sie die Beschleunigung.
   b Ermitteln Sie die Schubkraft der Rakete und beachten Sie dabei auch deren Gewichtskraft ($F_G = m \cdot g$).

2. Die erste Stufe der Rakete arbeitete 150 s lang. Dabei verbrannte sie gleichmäßig sehr viel Treibstoff und stieg weitgehend senkrecht auf. Die Geschwindigkeit wurde dabei aufgezeichnet (▶B2).
   a Erklären Sie, warum die Geschwindigkeit in ▶B2 mit der Zeit überproportional zunimmt.
   b Ermitteln Sie die momentane Beschleunigung der Rakete zum Zeitpunkt $t = 100$ s.
   c Bestimmen Sie die Masse, die die Rakete zum Zeitpunkt $t = 100$ s hat.
   d Berechnen Sie daraus, wie viel Treibstoff die Rakete pro Sekunde verbrennt und welche Masse die Rakete zum Zeitpunkt $t = 150$ s noch hat.
   e Trotz gleichmäßiger Verbrennung nimmt die von der Rakete aufgenommene Leistung mit der Zeit zu. Begründen Sie dies.

Material C • Anwendungen zur Grundgleichung der Mechanik

Bei der Anwendung der Grundgleichung der Mechanik gelten folgende zwei Punkte:
1. Falls auf den betrachteten Körper mehrere Kräfte wirken, dann muss F deren resultierende Kraft sein.
2. Man muss aus einem unbeschleunigten Bezugssystem die Beschleunigung messen.

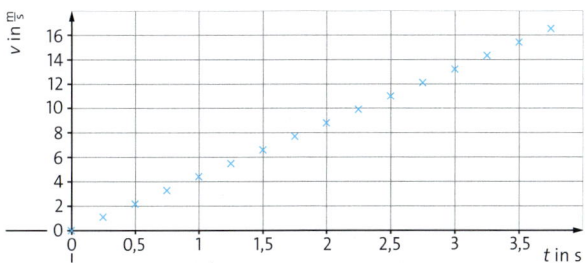
C1 t-v-Diagramm des Skifahrers

C2 Das Rohr schoss durch die Fahrerkabine.

1. Ein Skifahrer mit der Masse 80 kg fährt einen Hang mit einem Neigungswinkel von 30° hinab.
   a Ermitteln Sie aus dem Geschwindigkeitsverlauf seine Beschleunigung (▶C1).
   b Zeigen Sie, dass hier für die folgenden drei Größen $F_H < m \cdot a$ gilt. (Hinweis: Nutzen Sie ▶1, S. 28).
   c Erklären Sie dies durch die Wirkung einer weiteren Kraft und bestimmen Sie deren Betrag.

2. Auf der B 58 hatte ein abbiegender Bus einen Lkw übersehen. Dessen Fahrer bremste stark. Dabei schoss ein Rohr von hinten durch die Fahrerkabine (▶C2).
   a Aus Sicht des Lkw-Fahrers wurde das Rohr nach vorne beschleunigt. Nach der Grundgleichung der Mechanik müsste hierfür eine Kraft die Ursache gewesen sein. Begründen Sie, dass dies nicht die Bremskraft sein kann. Begründen Sie mit dem Ausschlussverfahren, dass hier niemand eine Kraft auf das Rohr ausgeübt hat.
   b Beschreiben Sie den Vorgang aus der Perspektive eines am Straßenrand stehenden Beobachters.
   c Deuten Sie den Vorgang im Rahmen der Grundgleichung sowohl aus der Sicht des Fahrers als auch aus der des stehenden Beobachters.

1.5 Reibung und Trägheit

1 Curling: Bei der WM 2017

Die Spielerin schiebt den Curlingstein an, sodass er über das Eis gleitet. In 45,72 m oder 150 Fuß Entfernung befindet sich das Ziel, in dem der Stein zum Stehen kommen muss. Mit welcher Geschwindigkeit muss der Stein angeschoben werden?

Die Reibungskraft bewirkt ein Abbremsen, weshalb F_R und a hierbei negative Werte haben. Durch das negative Vorzeichen wird insgesamt die Strecke s positiv.

Reibungskraft • Durch das Anschieben des Steins zu Beginn wird dieser auf eine bestimmte Anfangsgeschwindigkeit beschleunigt. Nach dem Loslassen wirken eigentlich keine Kräfte mehr auf den Stein und er sollte sich gleichförmig fortbewegen. Alltagserfahrungen zeigen uns, dass solche Bewegungen irgendwann stoppen, denn auch zwischen dem Stein und der Eisoberfläche gibt es Reibung. Auf den Curlingstein wirkt eine **Reibungskraft**.

Diese Reibungskraft ist entgegengesetzt zur Bewegungsrichtung des Steins gerichtet. Das führt zu einer negativen Beschleunigung, also zum Abbremsen. Der Curlingstein bleibt irgendwann liegen. Den Betrag der Reibungskraft kann man experimentell bestimmen. Dazu zieht man mithilfe eines Zugschlittens den Stein an einem Federkraftmesser mit konstanter Geschwindigkeit über das Eis (▶ **2**). Der Federkraftmesser zeigt hier eine Reibungskraft von 3 N an.

> Reale Bewegungen sind nie gleichförmig. In der Realität wirkt immer eine Reibungskraft. Dadurch kommt ein Körper irgendwann zum Stillstand, wenn auf ihn keine weitere Kraft ausgeübt wird.

Gleiten – eine gleichmäßig beschleunigte Bewegung • Beim Gleiten wird auf den Curlingstein die Reibungskraft $F_R = -3\,N$ gegen die Bewegungsrichtung des Steins ausgeübt. Der Stein hat eine Masse von 20 kg. Also beträgt die Beschleunigung:

$$a = \frac{F_R}{m} = \frac{-3\,N}{20\,kg} = -0{,}15\,\frac{m}{s^2}.$$

Der Stein startet mit der gesuchten Geschwindigkeit v_0 und bewegt sich nach dem Loslassen mit einer Geschwindigkeit $v(t)$ weiter. Für $v(t)$ gilt:

$$v(t) = v_0 + a \cdot t = v_0 - 0{,}15\,\frac{m}{s^2} \cdot t.$$

Der Stein führt somit eine gleichmäßig beschleunigte Bewegung mit Anfangsgeschwindigkeit aus. Also nimmt die Geschwindigkeit linear mit der Zeit ab. Das ist beispielhaft für eine Anfangsgeschwindigkeit $v_0 = 4{,}5\,\frac{m}{s}$ in ▶ **3** gezeigt.

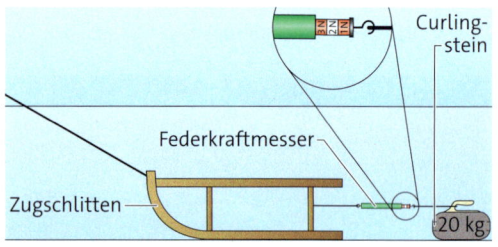

2 Skizze zur Messung der Reibungskraft

Grundlagen der Mechanik • Reibung und Trägheit

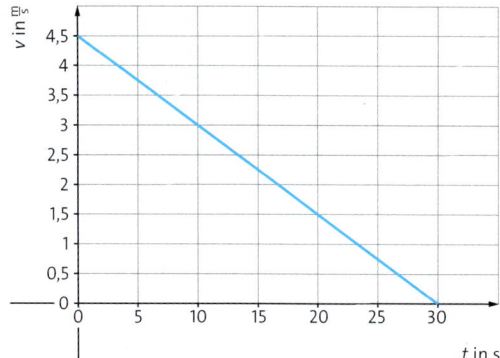

3 $v(t)$ beim Curlingstein beispielhaft für $v_0 = 4{,}5\,\frac{m}{s}$

Dauer und Strecke des Gleitens • Die Spielerin möchte den Stein so nah wie möglich an das Ziel bringen, d. h. er soll nach genau 45,72 m zum Stillstand kommen. Mithilfe der bekannten Bewegungsgesetze können wir daraus die Anfangsgeschwindigkeit, mit der der Stein losgelassen werden muss, berechnen.

Hierzu kann man sich folgende Überlegungen machen: Der Stein bleibt zu dem Zeitpunkt t_1 stehen, an dem der Graph in ▶3 die Zeitachse schneidet. Seine Geschwindigkeit ist dann null, sodass gilt:

$$0 = v(t_1) = v_0 + a \cdot t_1 = v_0 - 0{,}15\,\tfrac{m}{s^2} \cdot t_1.$$

Auflösen nach t_1 ergibt:

$$t_1 = \frac{v_0}{-a} = \frac{v_0}{0{,}15\,\tfrac{m}{s^2}}.$$

Zwischen der Gleitdauer t_1 und der Anfangsgeschwindigkeit besteht eine einfache Proportionalität: Der Stein gleitet umso länger, je größer die Anfangsgeschwindigkeit v_0 ist. Um mithilfe der Gleitdauer t_1 die zurückgelegte Strecke zu bestimmen, sollte man sich in Erinnerung rufen, dass die Fläche unter dem Graphen im t-v-Diagramm gerade dieser Strecke entspricht (▶3).
Es ist die Fläche eines Dreiecks. Das Dreieck wird durch die Schnittstellen des Graphen mit der x- und y-Achse gebildet. Die Höhe ist die Anfangsgeschwindigkeit v_0 und die Grundseite ist die Dauer t_1 des Gleitens. Also gilt für die zurückgelegte Strecke:

$$s(t_1) = \tfrac{1}{2} \cdot v_0 \cdot t_1.$$

Wir setzen für t_1 den obigen Term ein und für $s(t_1)$ die gewünschte Strecke von 45,72 m:

$$45{,}72\,m = \tfrac{1}{2} \cdot \frac{v_0^2}{0{,}15\,\tfrac{m}{s^2}} = \frac{v_0^2}{0{,}30\,\tfrac{m}{s^2}}.$$

Auflösen nach v_0 ergibt die gesuchte Anfangsgeschwindigkeit:

$$v_0 = \sqrt{45{,}72\,m \cdot 0{,}3\,\tfrac{m}{s^2}} = 3{,}7\,\tfrac{m}{s}.$$

Damit haben wir unsere Ausgangsfrage beantwortet. Die Spielerin sollte den Curlingstein mit der Anfangsgeschwindigkeit $3{,}7\,\tfrac{m}{s}$ ($13{,}3\,\tfrac{km}{h}$) anschieben.

Bei dieser Geschwindigkeit handelt es sich natürlich nur um einen idealisierten Wert. In der Realität ist es nicht möglich, den Stein so exakt loszulassen, und die Reibungskraft ist auch nicht über die gesamte Strecke gleich. Durch Polieren der Eisfläche vor dem Stein kann diese sogar verändert werden (▶1). Welche Auswirkungen hat das genau?

Verringerung der Reibung • Statt konkrete Werte in die hergeleitete Gleichung für die Strecke einzusetzen, formulieren wir eine allgemein gültige Beziehung:

$$s(t_1) = \tfrac{1}{2} \cdot v_0 \cdot t_1 = \tfrac{1}{2} \cdot \frac{v_0^2}{-a} = \tfrac{1}{2} \cdot v_0^2 \cdot \frac{m}{-F_R}.$$

Wenn wir den Curlingstein mit einer Geschwindigkeit v_0 anschieben, dann ist die insgesamt zurückgelegte Strecke also proportional zum Kehrwert des Betrages der Reibungskraft: $s(t) \sim \tfrac{1}{F_R}$.
Beispielsweise verdoppelt sich die zurückgelegte Strecke, wenn man die Reibungskraft halbiert. Das Polieren der Eisfläche kann also wirksam die vom Stein zurückgelegte Strecke vergrößern. Die Proportionalität deckt auch die ursprüngliche Ausgangssituation ab, bei der es keine Reibungskraft gibt ($F_R = 0$). Der Curlingstein würde sich in einer gleichförmigen Bewegung eine unendliche Strecke zurücklegen können. Dabei hätte der Stein zu jedem Zeitpunkt die Anfangsgeschwindigkeit v_0. Diesen Idealfall beschrieb bereits GALILEI (1564–1642) als das **Trägheitsprinzip**:

> Ein Körper behält seine geradlinig gleichförmige Bewegung bei – oder er bleibt in Ruhe –, solange keine Kraft auf ihn ausgeübt wird.

NEWTON hat die Mechanik durch drei Axiome charakterisiert. Das Trägheitsprinzip bezeichnet man als **1. NEWTON'sches Axiom**.

1 📝 Ein Radler hat zusammen mit dem Fahrrad eine Masse von 80 kg. Er fährt mit $36\,\tfrac{km}{h}$ und macht eine Vollbremsung. Er steht nach 12 m.
  a Bestimmen Sie die Bremskraft.
  b Erläutern Sie, warum der Radler dabei fühlt, eine Beschleunigung nach vorne zu erfahren.

Trägheit und Kraftstoß • Das Trägheitsprinzip können wir durch einen Schlag auf eine Holzleiste deutlich machen. Wir kleben eine Holzleiste an den Enden mit Klebestreifen lose an zwei Stativstangen fest (▶1). Anschließend versuchen wir, die Leiste mit einer breiten Holzlatte zu durchschlagen. Wenn wir die Latte langsam bewegen, dann lösen sich die Klebestreifen und die Leiste fällt herunter. Bewegen wir dagegen die Latte schnell, dann bricht die Leiste in zwei Teile (▶1). Was genau geschieht hier?

Die dünne Leiste kann von der Mitte aus nur eine kleine Kraft an die Enden übertragen. Da außerdem die Zeitspanne Δt sehr klein ist, erfahren die Enden der Leiste nur einen kleinen Kraftstoß $F \cdot \Delta t$. Aus diesem ergibt sich wegen $F \cdot \Delta t = m \cdot \Delta v$ eine nur kleine Geschwindigkeitsänderung Δv für die Enden der Leiste. Diese bewegen sich daher kaum, während die Leistenmitte durch die Latte weit nach unten gedrückt wird. Das führt zum Bruch der Holzleiste.

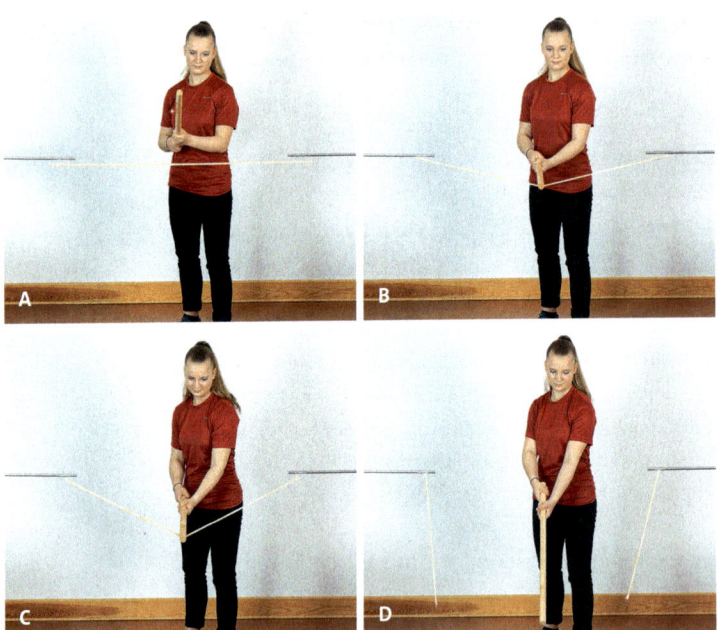

1 Eine lose angeklebte Holzleiste wird durchschlagen.

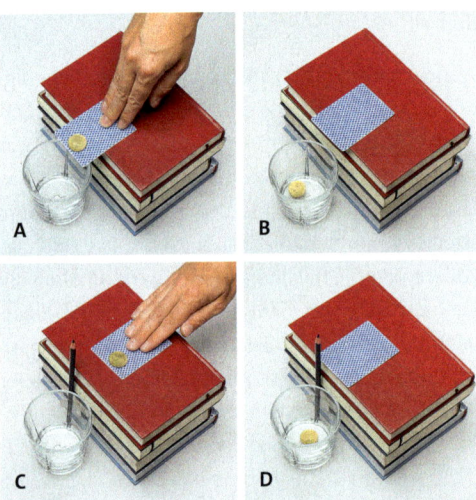

2 Die träge Münze fällt ins Glas.

3 Der träge Hammer treibt den Nagel in die Wand.

1 ⬛ Erläutern Sie mithilfe des Trägheitsprinzips, weshalb die Holzleiste (▶1A) beim Versuch, sie langsam mit der Latte zu durchschlagen, nur herunterfällt.

2 ⬛ Jemand legt auf ein Glas erst eine Karte und darauf eine Münze (▶2A). Dann zieht er die Karte so weg, dass die Münze
 • ins Glas fällt,
 • nicht ins Glas fällt.
 a Erklären Sie die beiden Versuche.
 b Probieren Sie es selbst aus.

3 ⬛ Jemand legt auf ein Podest eine Karte und darauf eine Münze (▶2C). Dann schiebt er die Karte so, dass die Münze
 • ins Glas fällt,
 • nicht ins Glas fällt.
 a Probieren Sie es selbst aus.
 b Begründen Sie den Unterschied zu ▶2A.

4 Die Person in ▶3 möchte mit einem Hammer einen Nagel waagerecht in eine Wand schlagen.
 a ⬛ Erläutern Sie mit dem Trägheitsprinzip, wie die Person mit dem Hammer schlagen muss, damit sich der Nagel vorwärts bewegt.
 b ⬛ Entscheiden Sie begründet, ob der Nagel mithilfe der Gewichtskraft des Hammers bewegt wird.

Blickpunkt

Grundlagen der Mechanik • Reibung und Trägheit

Trägheitsprinzip in der Technik

Für das Trägheitsprinzip gibt es in der Technik eine Reihe interessanter Anwendungen. Sensoren, die im Smartphone verbaut sind, können nicht nur die Lage des Geräts bestimmen, sondern liefern Daten für Anwendungen. So kann das Smartphone als Messgerät beim Erfassen von Bewegungen dienen.

Auch im Alltag greift die Technik auf das Trägheitsprinzip zurück. Beispielsweise können Sie bei Ihren Fotos Verwackeln vermeiden, indem Sie eine Kamera mit einem Bildstabilisator nutzen (▶ 4). Verwackelte Fotos haben zwei Ursachen, für die es zwei passende Kompensationen gibt.

Eine Ursache ist eine seitliche Bewegung der Kamera. Diese Bewegung wird durch einen **Beschleunigungssensor** erfasst. Zur Kompensation werden die Linsen oder der Bildsensor durch kleine Motoren entsprechend bewegt. Der Beschleunigungssensor nutzt die Trägheit eines Körpers, der auf einer elastischen Befestigung beweglich angebracht ist (▶ 5). Beispielsweise bleibt der Körper bei einer Beschleunigung der Kamera nach rechts entsprechend dem Trägheitsprinzip etwas zurück. Dadurch verbiegt sich die elastische Halterung nach links. Diese Verbiegung wird im Sensor z. B. elektrisch erfasst und in die ursächliche Beschleunigung umgerechnet. Der Beschleunigungssensor kann auch verwendet werden, um die Gewichtskraft zu erfassen (▶ 5C).

Eine zweite Ursache für das Verwackeln eines Bildes beim Fotografieren ist eine drehende Bewegung der Kamera. Zur Messung bestimmt man den Drehwinkel $\Delta\alpha$, der während einer Zeitspanne Δt auftritt. Analog zur Geschwindigkeit bezeichnet man hier den Quotienten aus Drehwinkel und Zeitspanne als Winkelgeschwindigkeit ω. Es gilt $\omega = \frac{\Delta\alpha}{\Delta t}$. Die Einheit ist ein Grad pro Sekunde. Diese Winkelgeschwindigkeit wird beim Bildstabilisator durch einen sogenannten **Gyroskopsensor** erfasst. Zur Kompensation können Linsen durch kleine Motoren entsprechend bewegt werden.

Um die Funktionsprinzipien des Sensors zu erkennen, kann man einen Modellversuch durchführen. Wir befestigen auf einem Rolltisch ein Fadenpendel (▶ 6). Der Pendelkörper bewegt sich in eine Richtung, die innerhalb einer Ebene liegt, der sogenannten Pendelebene.
Während das Pendel schwingt, drehen wir den Tisch um die Achse, die lotrecht durch den Aufhängepunkt verläuft. Dabei bleibt gemäß dem Trägheitsprinzip die Geschwindigkeit des Pendelkörpers unverändert. Somit steht die Pendelebene unbewegt im Raum, während sich der Tisch dreht. So kann man die Drehgeschwindigkeit ermitteln. Beim Gyroskopsensor entspricht dem Tisch das Gehäuse des Sensors. Dem Faden entspricht eine elastische Halterung eines Probekörpers im Sensor (▶ 7).

4 Bildstabilisator

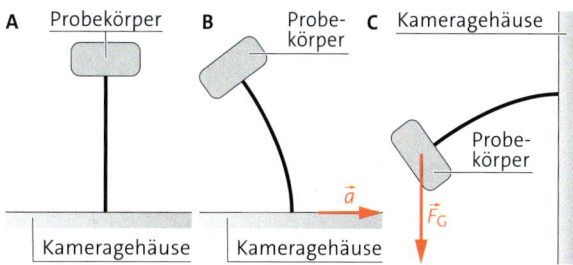

5 A Prinzip eines Beschleunigungssensors: **B** beschleunigt, **C** geneigt

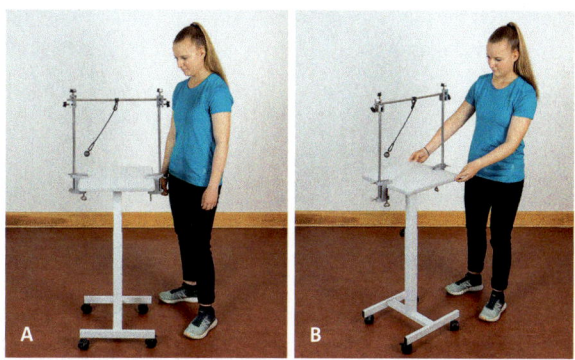

6 Die Pendelebene bleibt fest im Raum.

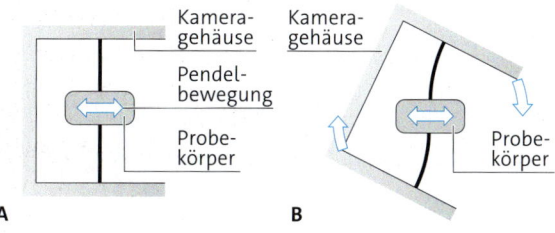

7 Prinzip eines Gyroskopsensors

Material

Versuch A • Auswirkung der Trägheit bei verschiedenen Bewegungen

V1 Trägheit beim Anfahren

Materialien: Wasserwaage, Smartphone, Fahrzeug, z. B. Auto, Bus oder Zug

Arbeitsauftrag:
- Installieren Sie auf Ihrem Smartphone eine App zur Aufzeichnung der Beschleunigung.
- Zeichnen Sie die Beschleunigung beim Anfahren im Zug (oder in einem anderen Fahrzeug) auf.
- Legen Sie beim Anfahren eine Wasserwaage auf den Tisch und beobachten Sie die Luftblase (▶2). Erklären Sie die Beobachtung.
- Stellen Sie sich in den Zug, schließen Sie die Augen und balancieren Sie beim Anfahren. Beschreiben Sie, was Sie spüren und wie Sie balancieren.
- In Ihrem Gleichgewichtsorgan befindet sich das Maculaorgan (▶1). Es enthält eine elastische Basis, auf der sich Kalkkristalle befinden. In der elastischen Basis befinden sich Nervenzellen, die Verformungen signalisieren. Erklären Sie, wie dieses Organ Beschleunigungen erfasst und beim Balancieren hilft.
- Erklären Sie die Funktionsweise der Wasserwaagen-App.

V2 Trägheit im Karussell

Materialien: Wasserwaage, Smartphone, Stoppuhr, Kinderkarussell (Spielplatz)

Arbeitsauftrag:
- Installieren Sie auf Ihrem Smartphone eine App zur Aufzeichnung der Winkelgeschwindigkeit, also eine Gyroskopsensor-App und eine Wasserwaagen-App.
- Fahren Sie mit dem Karussell und messen Sie dabei die Winkelgeschwindigkeit mit der Stoppuhr sowie mit der Gyroskopsensor-App (▶3). Vergleichen Sie die Ergebnisse miteinander.
- Legen Sie bei der Fahrt eine Wasserwaage im Karussell ab und halten Sie diese fest. Beobachten Sie die Luftblase. Testen Sie verschiedene Ausrichtungen der Wasserwaage. Deuten Sie die Beobachtungen mithilfe der Beschleunigung.
- Führen Sie den gleichen Versuch mit einer Wasserwaagen-App durch.
- Schließen Sie die Augen, beschreiben Sie, was Sie bei konstantem Betrag der Geschwindigkeit spüren und deuten Sie das mit dem Maculaorgan.

V3 Flachschuss beim Fußball

Materialien: Fußball, Smartphone

Arbeitsauftrag:
- Legen Sie einen Fußball auf den Sportplatz, platzieren Sie eine Markierung einen Meter vor dem Ball in Schussrichtung.
- Schießen Sie den Ball möglichst schnell flach ab, während ein Mitschüler von der Seite aus ein Video erstellt.
- Bestimmen Sie mithilfe von Herstellerangaben, welche Zeitspanne zwischen zwei aufeinanderfolgenden Bildern auftritt. Ermitteln Sie daraus die Abschussgeschwindigkeit.
- Schießen Sie den Ball wieder möglichst schnell ab, wobei Sie weder Anlauf nehmen, noch mit dem Bein ausholen. Stattdessen stellen Sie einen Fuß anliegend hinter den Ball und beschleunigen. Dabei bestimmen Sie wie oben die Abschussgeschwindigkeit.
- Vergleichen Sie die beiden Abschussgeschwindigkeiten und erklären Sie den Unterschied mit dem Trägheitsprinzip.

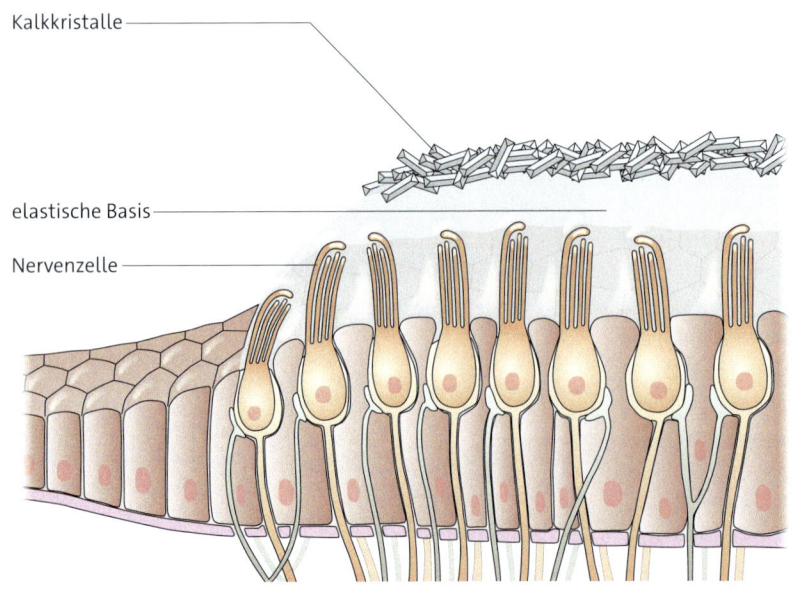

1 Maculaorgan

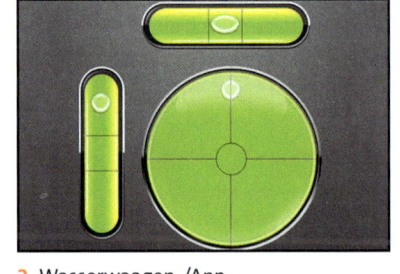

2 Wasserwaagen-/App

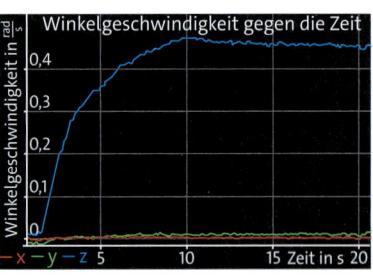

3 Gyroskopsensor-App

Grundlagen der Mechanik • Reibung und Trägheit

Material A • Bogengangsorgan

Im menschlichen Innenohr befinden sich die Gleichgewichtsorgane. Diese bestehen aus dem Maculaorgan und dem Bogengangsorgan (▶A1).

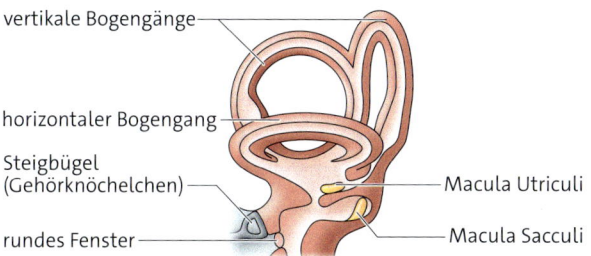

A1 Bogengangsorgan

1 Die Bogengänge sind im Wesentlichen mit Flüssigkeit gefüllte ringförmige Röhren. In den Röhren befindliche Nervenzellen erfassen jede Bewegung der Flüssigkeit innerhalb der Röhre.
a Begründen Sie mit dem Trägheitsprinzip, dass das Bogengangsorgan Drehungen des Körpers (des Kopfs) erfassen kann (Änderung der Winkelgeschwindigkeit).
b Erklären Sie, warum sich in jedem Ohr drei Bogengänge befinden.
c Beschreiben Sie eine Wahrnehmung, die durch Signale aus den Bogengängen entsteht.

Material B • Schwingkölbchen

Schnaken haben hinter den beiden Flügeln zwei zusätzliche Organe, die Schwingkölbchen (▶B1). Diese schwingen ungefähr 200-mal pro Sekunde auf und ab.

B1 Schwingkölbchen einer Schnake (Pfeile)

1 Begründen Sie, dass die Schnake mit den Schwingkölbchen Drehungen ihres Körpers erfassen kann.

2 Im Nebel kollidieren ständig winzige Nebeltröpfchen mit den Schwingkölbchen und beeinflussen deren Bewegung. Obwohl Schnaken im Regen bei viel größeren Regentropfen fliegen können, straucheln sie im Nebel. Bestätigen Sie damit begründet, dass die Schwingkölbchen der Erfassung von Drehungen dienen.

3 a Schwingkölbchen können eine Geschwindigkeit von $0{,}1\,\frac{m}{s}$ erreichen. Diese ändern in 2,5 ms ihre Richtung. Begründen Sie dies mit den gegebenen Informationen.
b Ermitteln Sie die Beschleunigung, die für diese schnelle Bewegungsumkehr nötig ist.
c Eine möglichst hohe Geschwindigkeit der Schwingkölbchen ist günstig für eine genaue Erfassung der Winkelgeschwindigkeit. Erklären Sie.

Material C • Sternschnuppe und Meteoritenfall

Am 15. März 2015 wurde eine Sternschnuppe beobachtet. Dabei entstand am Himmel in 16 s eine 300 km lange Leuchtspur (▶C1). Die Ursache war ein Meteorit, der die Erdatmosphäre traf. Durch die Luftreibung kam es zum Glühen und die Leuchtspur entstand.

C1 Leuchtspur eines Meteoriten

1 Erklären Sie mithilfe des Trägheitsprinzips, warum die Leuchtspur so lang war.

2 Der Körper trat mit einer Geschwindigkeit von $21\,600\,\frac{m}{s}$ in die Atmosphäre ein. Gehen Sie dabei näherungsweise von einer gleichmäßig beschleunigten Bewegung aus.
a Bestimmen Sie die Beschleunigung, die der Meteorit in der Atmosphäre erfuhr.
b Ermitteln Sie die nach 16 s erreichte Geschwindigkeit.
c Berechnen Sie die Reibungskraft, mit der der Körper ($m \approx 100\,kg$) abgebremst wurde.

Blickpunkt

Dynamik im Straßenverkehr

Im Straßenverkehr kann jederzeit etwas den Vorausfahrenden zum Bremsen zwingen. Um die Gefahr eines Auffahrunfalls zu vermeiden, müssen Geschwindigkeit und Abstand angepasst sein. Das gelingt leider viel zu selten, denn das Statistische Bundesamt führt etwa 30 % der Verkehrstoten in Deutschland auf Fehler bei Geschwindigkeit und Abstand zurück. Welchen Sicherheitsabstand sollten zwei Autos haben?

1 Gefahr durch Wildwechsel

Sicherheitsabstand • Zum schnellen Ermitteln eines sinnvollen Sicherheitsabstands lernt man in der Fahrschule die Faustformel „halber Tachostand": Der Sicherheitsabstand sollte außerhalb geschlossener Ortschaften den halben Tachostand in Metern betragen. Ist z. B. eine Geschwindigkeit von maximal 80 $\frac{km}{h}$ erlaubt, sollten zwei Autos also einen Abstand von 40 m haben. Man beobachtet jedoch oft geringere Abstände. Wir untersuchen, ob dies gefährlich ist. Als Beispiel nehmen wir zwei Autos im Abstand von zwei Pkw-Längen an, also von etwa 9 m.

Reaktionsweg • Nehmen wir an, dass der vordere Autofahrer z. B. ein querendes Wild sieht und plötzlich bremst, während das Tier für den hinteren verdeckt ist. Dieser kann also nur auf das Bremsen des vorderen reagieren und fährt während der Reaktionszeit mit 80 $\frac{km}{h}$ auf das vordere Auto zu. Wenn wir von einer Reaktionszeit von 1 s ausgehen, beträgt der Reaktionsweg s_R für den hinteren Fahrer:

$s_R = v \cdot t = \frac{80}{3{,}6} \cdot \frac{m}{s} \cdot 1 s \approx 22 m.$

Für den Reaktionsweg gibt es ebenfalls eine Faustformel: Man teilt den Tachostand durch 10, multipliziert mit 3 und erhält den Reaktionsweg s_R in Metern. Für eine Geschwindigkeit von 80 $\frac{km}{h}$ berechnen wir so $\frac{80}{10} \cdot 3 m = 24 m$.
Bei einem Abstand von nur 9 m würde der hintere Fahrer auf den vorderen auffahren. Hätten die Autos den empfohlenen „halber-Tacho-Abstand" von 40 m, käme er rechtzeitig zum Stehen. Der Sicherheitsabstand nützt also nur, wenn er mindestens gleich dem Reaktionsweg ist.
Wer die Faustregel „halber Tachostand" einhält, kann trotz der Reaktionszeit noch rechtzeitig bremsen und einen Auffahrunfall vermeiden. Wer zu dicht auffährt, kann nicht mehr rechtzeitig reagieren und gefährdet sich und andere.

Anhalteweg • Reagiert der hintere Autofahrer auf das Bremsen des Vorausfahrenden, ist der Bremsweg für beide etwa gleich. Schützt die obige Faustregel auch, wenn der Vorausfahrende ohne Bremsweg abrupt stehen bleibt, z. B., weil er auf ein Hindernis auffährt? Damit der hintere Autofahrer nicht auch auffährt, müsste er seinen Anhalteweg als Sicherheitsabstand haben. Dieser setzt sich aus dem Reaktionsweg und dem Bremsweg zusammen.
Der Bremsweg hängt vom Zustand der Bremsen und Reifen, vom Straßenbelag, vom Wetter und vom Bremsverhalten ab. Wir gehen vom ungünstigsten Fall blockierender Räder aus, wenn die Räder über den Asphalt gleiten. Der Gleitreibungskoeffizient ist dann etwa $\mu_{GR} = 0{,}5$. Damit erhalten wir für die Bremskraft folgende Formel:

$F = \mu_{GR} \cdot m \cdot g.$

Mithilfe der Grundgleichung der Mechanik leiten wir für die Bremsbeschleunigung her:

$a = \frac{F}{m} = \mu_{GR} \cdot g = \frac{1}{2} g.$

Damit nimmt die Geschwindigkeit linear mit der Zeit ab:

$v = v_0 - a \cdot t = v_0 - \frac{1}{2} g \cdot t$

Ist die Anfangsgeschwindigkeit 80 $\frac{km}{h} \approx 22 \frac{m}{s}$, erreicht v nach einer Bremszeit von $t_B = 4{,}5 s$ den Betrag null (▶ **2, blau**). Bis zum Stillstand nach 4,5 s hat das Auto den Bremsweg s_B von 50 m zurückgelegt (▶ **2, rot**). Der Anhalteweg s_A ergibt sich somit wie folgt:

$s_A = s_R + s_B \approx 22 m + 50 m = 72 m.$

Auch für den Bremsweg s_B lernt man eine Faustformel: Man teilt den Tachostand durch 10, quadriert und erhält den Bremsweg s_B in Metern. Damit berechnen wir:

$\left(\frac{80}{10}\right)^2 m = 64 m.$

Entsprechend berechnen wir mithilfe der beiden Faustformeln einen Anhalteweg von 88 m.

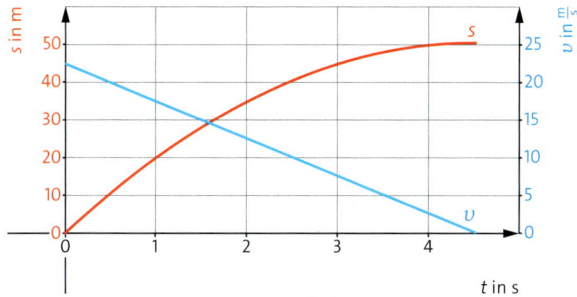

2 Bremsen: Geschwindigkeit v, zurückgelegte Strecke s

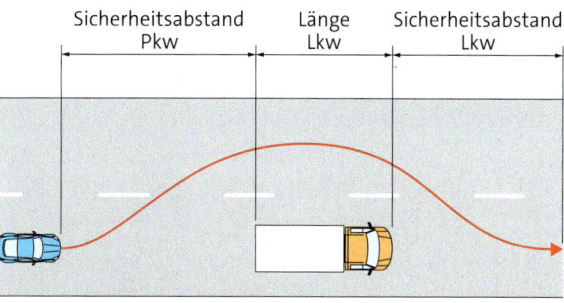

3 Komponenten einer Überholstrecke

Bei einem Abstand von 9 m kann der hintere Autofahrer also auf ein plötzlich auftretendes stehendes Hindernis überhaupt nicht mehr angemessen reagieren.
Die in der Fahrschule gelernten Faustformeln entsprechen also relativ genau der Newtonschen Mechanik.

Überholen • Wie lang muss die freie Strecke sein, damit der Pkw in ▶ 3 den Lkw gefahrlos überholen kann?
Um die mindestens benötigte Überholstrecke zu berechnen, nehmen wir an, dass der Pkw mit $100\,\frac{km}{h}$ und der Lkw mit $60\,\frac{km}{h}$ fährt. Der Lkw hat eine Länge von 15 m, der Pkw von 4,5 m. Die Sicherheitsabstände betragen nach der Regel „halber Tachostand" 50 m für den Pkw und 30 m für den Lkw.

Besonders einfach ist es, den Überholvorgang aus der Perspektive des Lkw-Fahrers zu untersuchen: Der Pkw startet 50 m hinter dem Lkw, passiert die Lkw-Länge von 15 m, fährt den neuen Sicherheitsabstand von 30 m mitsamt der eigenen Pkw-Länge von 4,5 m und schert wieder auf die rechte Spur ein (▶ 3). Wir berechnen diese Überholstrecke s_{Lkw}:

s_{Lkw} = 50 m + 15 m + 30 m + 4,5 m = 99,5 m.

Aus der Perspektive des Lkw-Fahrers ist die Geschwindigkeit des Pkw gleich der Geschwindigkeitsdifferenz zwischen beiden Fahrzeugen:

$\Delta v = 100\,\frac{km}{h} - 60\,\frac{km}{h} = 40\,\frac{km}{h} \approx 11\,\frac{m}{s}$.

Daher hat der Überholvorgang aus der Perspektive des Lkw-Fahrers folgende Überholdauer:

$\Delta t = \frac{s_{Lkw}}{\Delta v} = \frac{99{,}5\,m}{11{,}1\,\frac{m}{s}} \approx 9{,}0\,s$.

Ein am Straßenrand stehender Passant beobachtet die gleiche Überholdauer.
Allerdings stellt er als Überholstrecke die vom Pkw während dieser Überholdauer gefahrene Strecke s_{Pkw} fest. Diese ist länger als die aus der Sicht des Lkw-Fahrers berechnete, weil der Lkw sich aus Sicht des stillstehenden Beobachters weiterbewegt.

s_{Pkw} ergibt sich aus Überholdauer Δt und Pkw-Geschwindigkeit v_{Pkw} zu $s_{Pkw} = v_{Pkw} \cdot \Delta t$.
Die Überholdauer Δt ist die gleiche wie aus der Perspektive des Lkw-Fahrers. Somit können wir nutzen $\Delta t = \frac{s_{Lkw}}{\Delta v}$ und erhalten:

$s_{Pkw} = \frac{v_{Pkw}}{\Delta v} \cdot s_{Lkw}$.

Diese Formel wird allgemein zur Berechnung der Überholstrecke verwendet. Wir berechnen die Überholstrecke für das Auto in ▶ 2:

$s_{Pkw} = \frac{v_{Pkw}}{\Delta v} \cdot s_{Lkw} = \frac{100}{40} \cdot 99{,}5\,m \approx 249\,m$.

Der Pkw-Fahrer müsste also eine freie Strecke von 249 m vor sich auf der Gegenfahrbahn sehen.
Wenn der Überholende schon länger direkt hinter dem Lkw fährt, dann muss er zunächst beschleunigen und benötigt somit eine etwas längere Strecke als 249 m. Um diese zusätzliche Strecke abzuschätzen, braucht er viel Übung. Eine Hilfe kann der Abstand der Leitpfosten sein, der in Deutschland auf übersichtlichen Strecken in der Regel 50 m beträgt. An unübersichtlichen Stellen, wie z. B. vor Kurven, stehen die Pfosten dichter. Hier sollte man keinesfalls überholen!

1 ☐ Ein Autofahrer hat eine so lange Reaktionszeit, dass sein Reaktionsweg gleich dem „halben Tachostand" entspricht.
Berechnen Sie seine Reaktionszeit und beurteilen Sie das Ergebnis.

2 ◪ Eine Unfallstatistik des ADAC gibt an, dass 58 % der Überholunfälle durch Personen verursacht werden, die unter 25 Jahre alt sind, wogegen diese Personen nur 39 % aller Unfälle verursachen. Deuten Sie dies.

3 ◪ Ein Pkw fährt $100\,\frac{km}{h}$ und möchte einen 20 m langen Lkw überholen, der mit $80\,\frac{km}{h}$ auf einer Landstraße fährt.
  a Berechnen Sie die Überholstrecke aus der Perspektive des Lkw-Fahrers.
  b Berechnen Sie die Überholstrecke.

1.6 Reibungskräfte

1 Tauziehen

Die Jugendlichen wollen das Tauziehen gewinnen. Wie können sie eine möglichst große Kraft am Seil zur Wirkung bringen?

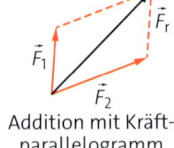

Addition mit Kräfteparallelogramm

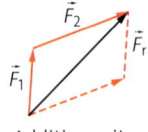

Addition mit Kräftedreieck

2 Addition zweier Kräfte

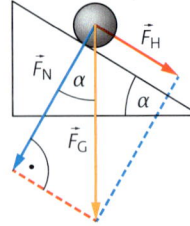

3 Beispiel für eine Kräftezerlegung: Die Gewichtskraft $\vec{F}_G$ wird in die Normalkraft $\vec{F}_N$ und die Hangabtriebskraft $\vec{F}_H$ zerlegt.

Kräfte beim Tauziehen • Beim Tauziehen geht es darum, das Seil bis zu einem bestimmten Punkt auf die eigene Seite zu ziehen. Hierzu ziehen die Teilnehmenden mit ihrer Kraft am jeweiligen Ende des Seils. Beim Tauziehen sind deshalb verschiedene Kräfte beteiligt, die man betrachten kann.

Kräfte können nur an ihrer Wirkung erkannt werden, z. B. durch das gespannte Seil oder den Fuß, der sich in den Sand gräbt. Greifen dabei mehrere Kräfte an einem Punkt an, addieren sie sich zu einer resultierenden Kraft (▶ 2). Nur ihre Wirkung ist messbar. Umgekehrt kann eine Kraft deshalb auch in Teilkräfte zerlegt werden (▶ 3). Das haben wir z. B. schon für die wirkenden Kräfte am Hang genutzt. Da Kräfte vektorielle Größen sind, müssen für ihre Addition und Zerlegung die Richtung beachtet werden.

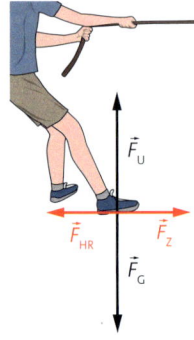

Die am Schuh angreifenden Kräfte heben sich gegenseitig auf.
Die resultierende Kraft ist im statischen Fall null.

4 Kräfte am Schuh beim Tauziehen

Wir stellen zunächst zusammen, welche Kräfte dabei am Körper angreifen. Hierzu wählen wir als Angriffspunkt einen Schuh (▶ 4). Wir untersuchen also nicht die Übertragung von Kräften innerhalb des Körpers.

Von der gegnerischen Mannschaft wird eine Zugkraft $\vec{F}_Z$ auf das Seil zur Wirkung gebracht, die den Körper des Sportlers nach vorne zieht. Er kann sich dieser Zugkraft entgegenstellen, weil die Haftreibung seiner Schuhe ihn festhält. Nur dadurch kann er selbst mit gleich großer Kraft am Seil ziehen wie der Gegner. Nach hinten wirkt also die **Haftreibungskraft** $\vec{F}_{HR}$. Wir betrachten zunächst eine Situation ohne Beschleunigung, wenn also beide Mannschaften mit gerade gleich großer Kraft ziehen. Dann sind die Beträge dieser beiden Kräfte gleich groß. So lange der Sportler sich nicht bewegt, halten Haftreibungskraft und Zugkraft am Schuh sich die Waage. Je größer die Zugkraft ist, desto größer ist demzufolge auch die Haftreibungskraft. Nach unten wirkt die Gewichtskraft $\vec{F}_G = m \cdot \vec{g}$. Dieser wirkt von unten eine gleich große Kraft $\vec{F}_U$ entgegen, mit der der Erdboden gegen den Schuh drückt (▶ 4).

Um die Zugkraft $\vec{F}_Z$ zu maximieren, muss daher auch die Reibungskraft maximiert werden. Diese hängt von den Materialien des Schuhs und des Untergrunds, von der Masse des Sportlers sowie von der Art der Reibung ab.

Modellversuche • In einem Modellversuch wird die Haftreibungskraft des Schuhs untersucht. Wir vermuten, dass die Gewichtskraft Einfluss darauf hat, da schwere Gegenstände nur mit einer großen Kraft angeschoben werden können. Hierzu beschweren wir einen Schuh mit verschiedenen Massestücke und erfassen mit einem Federkraftmesser die Zugkraft, bis zu der sich der Schuh gerade nicht bewegt. Das entspricht dann der maximalen Haftreibungskraft F_{HR} (▶5). In einer Versuchsreihe variieren wir die Masse m und stellen F_{HR} abhängig von m im Diagramm dar (▶6).

Das Diagramm zeigt, dass die Haftreibungskraft proportional zur Gewichtskraft ist (▶6). Das deuten wir wie folgt: Die Gewichtskraft drückt den Schuh senkrecht an den Fußboden. Dadurch kann die Kontaktfläche eine Haftreibungskraft ausüben, die umso größer ist, je stärker der Schuh an den Boden gedrückt wird.

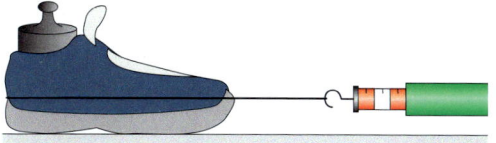

5 Modellversuch zum Tauziehen

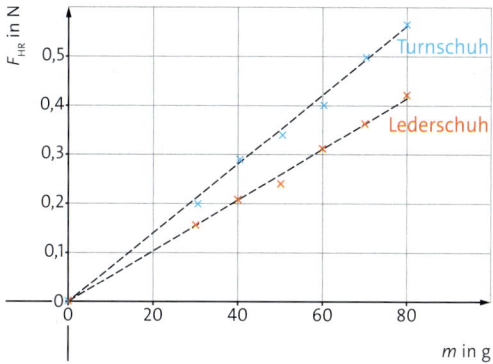

6 Messwerte: Turnschuh (blau), Lederschuh (rot)

Die maximale Haftreibungskraft F_{HR} ist für eine bestimmte Masse umso größer, je besser das Material des Schuhs auf dem Boden haftet. Die Gerade im Diagramm hat dann für dieses Material eine größere Steigung (▶6). Man nennt sie **Haftreibungskoeffizient** μ_{HR}. Beispielsweise ist für den Turnschuh $\mu_{HR} = 0{,}7$ und für den Lederschuh $\mu_{HR} = 0{,}5$.

Eine Person mit einer Masse von 65 kg kann bei einem Haftreibungskoeffizienten von 0,7 dann folgende Haftreibungskraft zur Wirkung bringen:

$F_{HR} = \mu_{HR} \cdot 65 \text{ kg} \cdot 9{,}8 \frac{N}{kg} = 509{,}6 \text{ N}$.

Gleitreibungskraft • Gerät der Schuh ins Rutschen, also in Bewegung, wirkt statt der Haftreibungskraft die **Gleitreibungskraft** $\vec{F}_{GR}$. Zur Untersuchung der **Gleitreibungskraft** führen wir ein analoges Experiment durch. Diesmal ziehen wir am Schuh mit einer Zugkraft F_Z so, dass der Schuh sich mit konstanter Geschwindigkeit bewegt. Als Ergebnis erhalten wir wieder eine Proportionalität der Gleitreibungskraft zur Gewichtskraft. Entsprechend nennt man die Steigung dieser Geraden **Gleitreibungskoeffizient** μ_{GR}. Typische Werte zeigt die ▶7. Wir sehen, dass der Gleitreibungskoeffizient kleiner ist als der Haftreibungskoeffizient.

Bei den Versuchen drückt die Gewichtskraft den Schuh senkrecht auf den Boden, allgemein kann dies wie am Hang auch eine Normalkraft $\vec{F}_N$ sein (▶3).

	μ_{HR}	μ_{GR}
Reifen auf trockener Straße	0,8	0,5
Reifen auf nasser Straße	0,5	0,2
Reifen auf Eis	0,1	0,05
Gummi auf trockenem Beton	1,0	0,8
Gummi auf nassem Beton	0,3	0,25
Leder auf Metall	0,6	0,4
Stahl auf Eis	0,03	0,01

7 Haft- und Gleitreibungskoeffizienten (Beispielwerte)

Reibungskoeffizienten sind vom Material abhängig, sie können z. B. je nach Asphaltsorte und Reifenmaterial in einem weiten Bereich liegen.

> Die Haftreibungskraft F_{HR} ist das Produkt aus dem Haftreibungskoeffizienten μ_{HR} und der Normalkraft F_N: $F_{HR} = \mu_{HR} \cdot F_N$.
> Die Gleitreibungskraft F_{GR} ist das Produkt aus dem Gleitreibungskoeffizienten μ_{GR} und der Normalkraft F_N: $F_{GR} = \mu_{GR} \cdot F_N$.

1 Ein 300 g schwerer Gegenstand steht auf einer schiefen Ebene und fängt bei einem Neigungswinkel von 30° an zu rutschen.
  a Fertigen Sie eine Skizze mit Kraftvektoren vor dem Rutschen und im Rutschen an.
  b Berechnen Sie die maximale Haftreibungskraft und den Haftreibungskoeffizienten.

Körper	c_W-Wert
Fallschirm	1,33
Stehender Mensch	0,78
Fahrrad	0,6
Kleinbus	0,5
1-Liter-Auto	0,159
Flugzeug	0,08
Pinguin	0,03

1 c_W-Werte

2 Viele Waren werden auf der Straße transportiert.

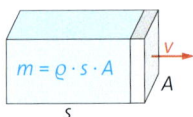

3 Zur Ermittlung der Luftreibung

Ein Körper mit einem Volumen V und einer Dichte ϱ hat folgende Masse: $m = \varrho \cdot V$.

Rollreibung und Rollreibungskraft • Viele Fortbewegungsmittel wie Pkws, Lkws, Busse, Fahrräder oder Roller haben Räder, durch die die Bewegung stattfindet. Beim Abrollen der Räder tritt – ähnlich zur Gleitreibungskraft – eine **Rollreibungskraft** F_{RR} auf. Sie wirkt entgegengesetzt zur Bewegungsrichtung und sorgt u. a. dafür, dass ein Fahrzeug ohne Antriebskraft irgendwann zum Stehen kommt: Es rollt aus.

Ähnlich wie bei der Gleitreibung kann man auch diese Kraft bestimmen und zwar als Produkt aus der Normalkraft und einem Rollreibungskoeffizienten μ_{RR}. Bei Stahlrädern auf Schienen beträgt dieser $\mu_{RR} = 0,001$ und bei Reifen auf Asphalt ist $\mu_{RR} = 0,01$. Vergleicht man z. B. für eine Ladung von 10 t, die von ihr verursachte Rollreibungskraft beim Transport mit der Bahn mit dem Transport mit dem Lkw, erhalten wir eine 10-mal so große Kraft:

Bahn: $F_{RR} = 0,001 \cdot 10\,000\,\text{kg} \cdot 9,8\,\frac{N}{kg} = 98,0\,N$.
Lkw: $F_{RR} = 0,01 \cdot 10\,000\,\text{kg} \cdot 9,8\,\frac{N}{kg} = 980\,N$.

Damit diese Kraft beim Transport zusätzlich aufgebracht werden kann, benötigt man Energie. Der genaue Betrag hängt dabei von der zurückgelegten Strecke ab: $E = E_{RR} = F_{RR} \cdot s$. Auf einer Strecke von $s = 1000\,\text{km}$ wird für den Lkw im Vergleich zur Bahn auch die 10-fache Energie benötigt, um gegen die Reibungskraft zu arbeiten:

Bahn: $E_{RR} = F_{RR} \cdot s = 98,0\,\text{MJ} = 27,22\,\text{kWh}$.
Lkw: $E_{RR} = 980\,\text{MJ} = 272,2\,\text{kWh}$.

Es macht also einen großen Unterschied in der Umweltbilanz von Warengütern, wenn diese auf der Schiene statt auf der Straße transportiert werden.

Luftreibung • Neben der Rollreibung spielt beim Transport auch die Luftreibung eine Rolle. Hierfür entwickeln wir mit einer einfachen Überlegung eine Formel: Wenn sich eine Platte mit einer Geschwindigkeit v und einer Querschnittsfläche A um eine Strecke s bewegt, dann wird die in dem überstrichenen Volumen $V = s \cdot A$ befindliche Luft ungefähr auf die Geschwindigkeit v gebracht (▶ 3). Diese Luft hat eine Dichte von $\varrho = 1,3\,\frac{kg}{m^3}$ und nimmt daher folgende Bewegungsenergie auf:

$E_{LR} = \frac{1}{2} \cdot m \cdot v^2 = \frac{1}{2} \cdot \varrho \cdot V \cdot v^2 = \frac{1}{2} \varrho \cdot s \cdot A \cdot v^2$.

Diese Energie ist gleich dem Produkt aus der Reibungskraft F_{LR} und der Strecke s. Also ist die Luftreibungskraft gleich E_{LR} geteilt durch s:

$F_{LR} = \frac{1}{2} \cdot \varrho \cdot A \cdot v^2$.

Wenn man die Platte durch einen stromlinienförmigen Körper mit gleicher Querschnittsfläche ersetzt, denn ist die Luftreibungskraft ein wenig geringer. Das beschreibt man durch den sogenannten c_W-Wert als Faktor (▶ 1):

$F_{LR} = \frac{1}{2} \cdot c_W \cdot A \cdot \varrho \cdot v^2$.

Bei unserem Beispiel gehen wir von einer Fläche $A = 10\,m^2$, einer Geschwindigkeit von $72\,\frac{km}{h}$ sowie einem c_W-Wert von 1 aus und berechnen:

$F_{LR} = \frac{1}{2} \cdot 10\,m^2 \cdot \frac{1,3\,kg}{m^3} \cdot (20\,\frac{m}{s})^2 = 2600\,N$.

Wie oben bestimmen wir die Energie:

$E_{LR} = F_{LR} \cdot s = 2600\,N \cdot 1000\,\text{km} = 2600\,\text{MJ} = 722\,\text{kWh}$.

Eine Lokomotive kann viele Waggons ziehen, wobei jeder im Windschatten rollt. Daher benötigt ein Transport mit der Bahn weniger Energie aufgrund der Luftreibung als ein Transport per Lkw.

> Reibungskräfte wirken immer entgegengesetzt der Bewegungsrichtung. Dadurch entstehen bei einer Bewegung zusätzliche Energieaufwände.

1 ☐ Ein Fahrrad mit Fahrer hat die Masse 70 kg, die Querschnittsfläche von $0,5\,m^2$ und die Rollreibungskraft 3 N.
  a Bestimmen Sie den Rollreibungskoeffizienten.
  b Ermitteln Sie für einen c_W-Wert von 1 und eine Geschwindigkeit von $18\,\frac{km}{h}$ die Luftreibungskraft.

Material

Grundlagen der Mechanik • Reibungskräfte

Versuch A • Untersuchung von Reibungskräften

V1 Gesetz von Stokes

Materialien: Hohes Glas mit Wasser, Lineal, Stoppuhr, einige Gramm Käse, Waage

Arbeitsauftrag:

– Formen Sie eine Käsekugel mit einem Durchmesser von etwa 1 mm (▶4). Befestigen Sie das Lineal lotrecht am Wasserglas. Lassen Sie die Kugel im Wasser sinken. Erstellen Sie ein t-s-Diagramm und bestimmen Sie die sich langfristig einstellende Geschwindigkeit v.
– Ermitteln Sie die Masse der Kugel. Bestimmen Sie daraus die sich langfristig einstellende Reibungskraft.
– Führen Sie den Versuch mit Kugeln unterschiedlicher Radien r durch. Bestätigen Sie, dass folgender Quotient konstant ist: $\eta = \frac{F_R}{6\pi \cdot r \cdot v}$.
– η ist die dynamische Viskosität. Ermitteln Sie ihn für Wasser.

V1 Haftreibungskraft

Materialien: Brett, Geodreieck, Schuhe

Arbeitsauftrag:

– Stellen Sie den Schuh auf das Brett und heben Sie das Brett an einer Seite etwas an (▶5).
– Vergrößern Sie die Neigung des Bretts, bis der Schuh gerade anfängt zu rutschen und messen Sie den entsprechenden Neigungswinkel φ.
– Begründen Sie, dass für die Haftreibungskraft gilt: $F_{HR} = m \cdot g \cdot \sin \varphi$.
– Begründen Sie, dass für den Haftreibungskoeffizienten gilt: $\mu_{HR} = \tan \varphi$.
– Wenn der Schuh rutscht, dann können Sie diesen durch Absenken der Platte wieder anhalten. Überprüfen Sie dies.
– Bestimmen Sie den dazugehörigen Neigungswinkel φ und ermitteln sie daraus den Gleitreibungskoeffizienten μ_{GR}.

V1 Gleitreibungskraft

Materialien: Langes Brett, Smartphone

Arbeitsauftrag:

– Installieren Sie eine App zur Aufzeichnung der Beschleunigung. Legen Sie das Phone auf das Brett, starten Sie die App und heben Sie das Brett an einer Seite gleichmäßig an (▶5), bis das Phone gerade anfängt zu rutschen. Behalten Sie die Neigung bei. Beschreiben Sie das aufgezeichnete t-a-Diagramm (▶6).
– Zeigen Sie, dass die Haftreibungskraft F_{HR} gleich dem Produkt aus der Masse m des Phones sowie dem aufgezeichneten Spitzenwert der Beschleunigung ist, und ermitteln Sie F_{HR}.
– Begründen Sie mithilfe des t-a-Diagramms, dass auf das rutschende Smartphone eine fast konstante Gleitreibungskraft F_{GR} wirkt.
– Bestimmen Sie die Gleitreibungskraft.

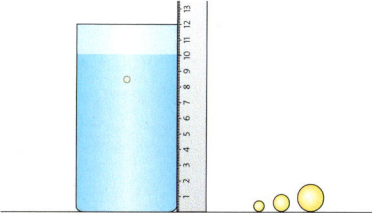

4 Sinkende Kugel

5 Rutscht der Schuh?

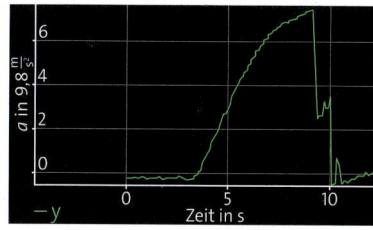

6 t-a-Diagramm

Material A • Befestigen von Ladung

Drei Surfbretter mit einer Gesamtmasse von 30 kg werden auf einem Dachgepäckträger mit Spanngurten niedergezogen (▶A1).

A1 Ladung mit Spanngurten befestigt

1 Die Spanngurte üben auf die Bretter eine Normalkraft von 300 N aus.

a ☐ Berechnen Sie die maximale Haftreibungskraft für $\mu_{HR} = 0{,}8$.

b ■ Auf die Spanngurte wirkt an den Enden beim Dachgepäckträger eine größere Kraft als 300 N. Ermitteln Sie den Betrag.
Hinweis: Der Neigungswinkel der Spanngurte beträgt näherungsweise 45°.

c ▨ Analysieren Sie die Befestigung für eine Beschleunigung von $-8 \frac{m}{s^2}$.

Methode

Zerlegen und Addieren von Kräften

Wie die Geschwindigkeit ist auch die Kraft eine vektorielle Größe, d. h. Kräfte haben nicht nur einen bestimmten Betrag, sondern auch eine Richtung, in die sie wirken. Für viele physikalische Situationen wie der schiefen Ebene kann man die Eigenschaften von Vektoren nutzen.

1 An den Skispringer greift am Hang nur die Gewichtskraft an.

2 Kraftzerlegung am Hang (schiefe Ebene)

Zerlegung von Kräften • Jede Kraft kann in Komponenten für verschiedene Richtungen zerlegt werden. Sinnvoll sind üblicherweise die Richtungen, in die auch eine real auftretende Kraft wirkt, z. B. wenn ein Objekt von zwei Personen gezogen wird (▶3) oder an Streben einer Halterung aufgehängt ist.

Auf den Skispringer wirkt von außen nur die senkrecht nach unten zeigende Gewichtskraft. Sie ist die Ursache der Bewegung. Allerdings kann der Springer nicht der Richtung der Kraft folgen, weil die Bewegungsrichtung durch den Hang vorgegeben ist. Deshalb wählt man eine Kraftkomponente entlang des Hangs. Sie wird Hangabtriebskraft F_H genannt. Die zweite Komponente steht senkrecht zur Hangabtriebskraft. Es ist die Normalkraft, mit der der Springer auf den Untergrund drückt. Für die Gewichtskraft gilt dann:

$\vec{F}_G = \vec{F}_H + \vec{F}_N$.

Für viele physikalische Fragestellungen reicht es meistens aus mit den Beträgen der beteiligten Kräfte zu rechnen. Da die Kräfte ein rechtwinkliges Dreieck bilden, können diese mit einfachen trigonometrischen Beziehungen ermittelt werden. Der Hangwinkel α zwischen der Hangseite l und dem horizontalen Erdboden b tritt auch im dazu ähnlichen Kräftedreieck zwischen F_N und F_G auf. In diesem rechtwinkligen Dreieck bildet F_G die Hypotenuse, F_N die Ankathete und F_H die Gegenkathete. Für die Kräfte gilt dann:

$\sin \alpha = \frac{\text{Gegenkathete}}{\text{Hypotenuse}} = \frac{F_H}{F_G} \Leftrightarrow F_H = F_G \cdot \sin \alpha$ und

$\cos \alpha = \frac{\text{Ankathete}}{\text{Hypotenuse}} = \frac{F_N}{F_G} \Leftrightarrow F_N = F_G \cdot \cos \alpha$

Ist der Hangwinkel α unbekannt, aber dafür z. B. die Höhe des Hangs h und die Länge l, kann er ebenfalls berechnet werden:

$\sin \alpha = \frac{\text{Gegenkathete}}{\text{Hypotenuse}} = \frac{h}{l} \Leftrightarrow \alpha = \arcsin\left(\frac{h}{l}\right)$.

Resultierende Kraft durch Addition von Kräften • An einen Körper können mehrere Kräfte gleichzeitig angreifen, z. B. kann ein schweres Objekt von mehreren Personen gezogen werden, wobei die Zugrichtungen nicht parallel sind. Da sich das Objekt aber nicht in beide Zugrichtungen gleichzeitig bewegen kann, addieren sich die angreifenden Kräfte zu einer resultierenden Kraft.

Eine resultierende Kraft kann entweder über ein Kräfteparallelogramm bestimmt werden (▶3) oder über die Verkettung der Kräfte. Dabei verschiebt man eine Kraft so, dass sie am Ende der anderen Kraft angreift (Kräftedreieck, ▶3). Durch Ausmessen der Kraftpfeile kann dann der Betrag ermittelt werden. Sind die Koordinaten der Kraftkomponenten bekannt, können sie addiert werden:

$\vec{F}_r = \vec{F}_1 + \vec{F}_2 = \begin{pmatrix} F_{1,x} \\ F_{1,y} \end{pmatrix} + \begin{pmatrix} F_{2,x} \\ F_{2,y} \end{pmatrix} = \begin{pmatrix} F_{1,x} + F_{2,x} \\ F_{1,y} + F_{2,y} \end{pmatrix}$.

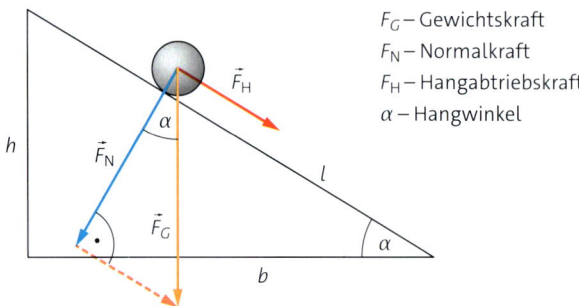

3 Addition von Kräften

1 📝 Ein Skispringer (m = 80 kg) fährt eine h = 100 m hohe und l = 200 m lange Sprungschanze hinunter.
   a Berechnen Sie den Winkel des Hangs, die Hangabtriebskraft und die Normalkraft.
   b Die Gleitreibungszahl von Skiern auf Eis beträgt μ_{GR} = 0,05. Berechnen Sie die Gleitreibungskraft und die mit der Hangabtriebskraft resultierende Beschleunigung.
   c Berechnen Sie die maximale Geschwindigkeit beim Absprung, also am Ende der Schanze.

Durchführen einer Fehlerbetrachtung

Wenn man ein physikalisches Experiment durchführt, erhält man Messwerte, die vom wahren Wert der Größe abweichen. Man muss sich also Gedanken über die Ursachen der Messabweichungen machen, um deren Größe einschätzen zu können. Man unterscheidet systematische und zufällige Messabweichungen.

Systematische Messabweichungen • Führt man eine Messung mehrfach durch, treten systematische Messabweichungen in immer gleicher Weise auf. Sie beruhen z. B. darauf, dass ein Messgerät verstellt ist oder man bestimmte Einflussgrößen nicht beachtet, z. B. ist die Siedetemperatur abhängig vom Luftdruck. Eine Messung der Siedetemperatur von Wasser in 2000 m Höhe ergibt immer ein anderes Ergebnis als auf Meereshöhe. Systematische Fehler können auch durch einen falschen Versuchsaufbau oder eine ungenaue Versuchsbeschreibung auftreten, z. B., wenn man bei Beschleunigungsmessungen auf der Luftkissenbahn nur die Masse der Wägestücke erfasst, aber nicht die Masse des Schlittens.

Zufällige Messabweichungen • In der Physik-AG stoppen alle die Fallzeit eines Balls aus einer festgelegten Höhe mit ihrem jeweiligen Smartphone. Obwohl jeder den gleichen Vorgang beobachtete, wurden geringfügig unterschiedliche Zeiten gestoppt.

Messung	1	2	3	4	5	6
Zeit in s	1,01	0,98	1,04	1,06	1,08	1,02

Diese leichten Schwankungen bezeichnet man als zufällige Messabweichungen – sie sind nicht reproduzierbar. Wiederholt man den Versuch, erhält man zwar wieder ähnliche, aber niemals exakt die gleichen Zeiten. Das bedeutet, es ist nicht vorhersagbar oder berechenbar, wie der zufällige Fehler bei der nächsten Messung ausfällt.
Ursache ist nicht nur die unterschiedliche Reaktionszeit der Beteiligten. Selbst wenn man den Versuch mit Lichtschranken wiederholt, misst man immer unterschiedliche Zeiten.

Mittelwert • Die Genauigkeit bzw. die sich ergebende Unsicherheit einer Messgröße durch zufällige Messabweichungen lässt sich statistisch berechnen. Hierzu kann aus den unter gleichen Bedingungen erfassten Messwerten der Mittelwert $\bar{x}$ berechnet werden. Dazu werden alle Messwerte x addiert und durch deren Anzahl n dividiert:

$$\bar{x} = \frac{x_1 + x_2 + x_3 + \ldots + x_n}{n}.$$

Für die Messung der Fallzeit ergibt sich aus den sechs Messungen der Mittelwert $\bar{t}$:

$$\bar{t} = \frac{t_1 + t_2 + t_3 + t_4 + t_5 + t_6}{6}$$

$$= \frac{1{,}01\,s + 0{,}98\,s + 1{,}04\,s + 1{,}06\,s + 1{,}08\,s + 1{,}02\,s}{6} = 1{,}03\,s$$

Standardabweichung • Um anzugeben, wie stark die Messwerte um diesen Mittelwert streuen, d. h. wie weit die Messwerte im Mittel vom Mittelwert abweichen, nutzt man die (empirische) Standardabweichung:

$$\sigma_{emp} = \sqrt{\frac{(x_1 - \bar{x})^2 + (x_2 - \bar{x})^2 + (x_3 - \bar{x})^2 + \ldots + (x_n - \bar{x})^2}{n}}.$$

Im Beispiel für die Fallzeiten erhält man für $\sigma_{emp} \approx 0{,}032\,s$. Statt für jeden Messwert die Standardabweichung anzugeben, kann man mithilfe von σ_{emp} auch die mittlere Abweichung des Mittelwerts angeben:

$$\Delta\bar{x} = \frac{\sigma_{emp}}{\sqrt{n}}$$

Das Beispiel ergibt: $\Delta\bar{t} = \frac{0{,}032\,s}{\sqrt{6}} = 0{,}013\,s \Rightarrow \bar{t} = 1{,}03\,s \pm 0{,}02\,s$
Bei der Angabe wird die Abweichung immer aufgerundet und Mittelwert und Abweichung werden immer mit der gleichen Anzahl an Stellen angegeben. Ein Abrunden der Messunsicherheiten würde eine größere Genauigkeit vortäuschen, als vorhanden ist.

Fehlerfortpflanzung • Wird mit Messgrößen gerechnet, hat auch das Ergebnis eine Ungenauigkeit. Es gelten die Regeln der Fehlerfortpflanzung (▶ 4).
Als Beispiel sollen für eine gleichförmige Bewegung Weg s und Zeit t gemessen werden, um die Geschwindigkeit v aus diesen zu berechnen. Gemessen wurde:

$s = (32{,}0 \pm 0{,}3)$ m und $t = (5{,}0 \pm 0{,}4)$ s.

Als Geschwindigkeit ergibt sich daraus:

$v = \frac{s}{t} = \frac{32{,}0\,m}{5{,}0\,s} = 6{,}4\,\frac{m}{s}$.

Die Abweichung der Geschwindigkeit erhält man mit der passenden Formel aus der Tabelle (nach Aufrunden):

$\frac{\Delta v}{v} = \frac{\Delta s}{s} + \frac{\Delta t}{t} = \frac{\pm 0{,}3}{32{,}0} + \frac{\pm 0{,}4}{5{,}0} \approx \pm 0{,}09$.

Die Geschwindigkeit beträgt somit: $\bar{v} = (6{,}40 \pm 0{,}09)\,\frac{m}{s}$.

Größen und Verknüpfung	Fehler
$z = x + y$	$\Delta z = \Delta x + \Delta y$
$z = x - y$	
$z = x \cdot y$	$\frac{\Delta z}{z} = \frac{\Delta x}{x} + \frac{\Delta y}{y}$
$z = \frac{x}{y}$	

4 Berechnung der Fehlerfortpflanzung

1.7 Fallbewegungen

1 Welcher Ball ist zuerst unten?

Ein etwa 60 g schwerer Tennisball und ein 10-mal so schwerer Basketball werden gleichzeitig losgelassen und fallen aus der zweiten Etage senkrecht nach unten. Welcher Ball wird zuerst unten auftreffen?

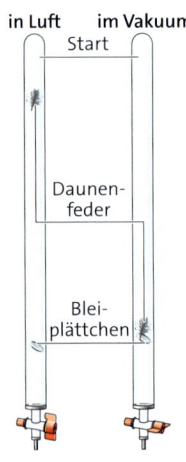

2 Fallröhre mit Luft, Fallröhre mit Vakuum

Der freie Fall • Alltagserfahrungen zeigen uns, dass schwere Gegenstände vermutlich schneller fallen als leichte. Gleichzeitig hat auch die Größe des Gegenstands häufig einen Einfluss auf die Fallgeschwindigkeit, weil die Luft bremsend wirkt. Welcher Ball zuerst auf den Boden ankommt, ist daher gar nicht so leicht zu beantworten (▶ **1**).
Aus der Bildreihe kann man erkennen, dass die beiden Bälle gleich schnell fallen und sehr wahrscheinlich gleichzeitig aufkommen werden. Man erkennt auch, dass die Bälle beim Fallen beschleunigen. Bei gleichen Zeitintervallen wird die zurückgelegte Strecke immer größer (▶ **1**).

Um die Fallbewegung systematischer zu untersuchen, müssen wir störende Einflussfaktoren wie die Luft ausschalten. Diese Möglichkeit bietet eine Fallröhre (▶ **2**). Mit einer Vakuumpumpe kann man die Luft herauspumpen, sodass im Inneren der Röhre ein Vakuum entsteht.
In der Fallröhre befinden sich eine Feder und ein Bleiplättchen, die beim Umdrehen der Röhre gleichzeitig fallen. Ist sie mit Luft gefüllt, passiert das, was wir erwarten: Das Bleiplättchen fällt schneller als die Feder (▶ **2, links**). Wiederholen wir den Versuch, nachdem die Luft aus der Fallröhre gepumpt wurde, fallen überraschend Bleiplättchen und Feder gleich schnell! Ihre Fallgeschwindigkeit ist gleich (▶ **2, rechts**).

> Der freie Fall ist eine idealisierte Fallbewegung, bei der die Luftreibung vernachlässigt wird. Im Vakuum fallen alle Körper gleich schnell. Die Fallgeschwindigkeit ist von der Masse unabhängig.

Um die Fallbewegung genauer zu untersuchen, reicht der Versuch mit der Fallröhre nicht aus. Unsere Vermutung zu Beginn, dass beide aus der gleichen Höhe losgelassene Bälle gleich schnell fallen, konnte zwar bestätigt werden, aber für eine Messung mit der Stoppuhr ist die Fallbewegung viel zu schnell. Wir vermessen die Fallbewegung daher mit der Soundkarte eines Computers, um Messwerte mit einer hohen Genauigkeit zu erhalten (▶ **Beispiel**).

Die Auswertung zeigt, dass es sich beim freien Fall um eine gleichmäßig beschleunigte Bewegung handelt, d. h., ein fallender Körper führt eine Bewegung mit konstanter Beschleunigung aus, bei der er immer schneller wird. Im Experiment haben wir eine Fallbeschleunigung von $9{,}6\,\frac{m}{s^2}$ gemessen. Bei diesem Versuch wird beim Passieren des Magneten durch eine Spule ein Teil der Bewegungsenergie in elektrische Energie umgewandelt, weshalb die Beschleunigung etwas geringer ist. Andere Experimente mit genaueren Messungen liefern für die **Fallbeschleunigung** einen Wert von $9{,}8\,\frac{m}{s^2}$.

Dieser Wert in dieser Genauigkeit ist an jedem Ort der Erde gleich. Der freie Fall läuft (im Rahmen der Messgenauigkeit) überall auf der Erde gleich ab. Wegen dieser Bedeutung hat die Fallbeschleunigung ein eigenes Größensymbol g und wird häufig als **Ortsfaktor** bezeichnet.

Für einen frei fallenden Gegenstand aus der Anfangshöhe h_0 lautet die Bewegungsgleichung deshalb wie folgt:

$s_y(t) = h_0 - \frac{g}{2} \cdot t^2$

> Der freie Fall ist eine gleichmäßig beschleunigte Bewegung. Auf der Erde werden frei fallende Körper mit ca. 9,8 $\frac{m}{s^2}$ beschleunigt.

Auf der Erde ist die Fallbeschleunigung überall gleich und kann nicht verändert werden. Im Internet gibt es aber Videos zum Fall verschiedener Gegenstände auf dem Mond. Die Gegenstände fallen dort langsamer als auf der Erde, also ist die Fallbeschleunigung dort offenbar geringer.

1 ☐ Berechnen Sie die Flugdauer für den freien Fall eines Turmspringers, der aus einer Höhe von 3 m (5 m, 10 m) auf dem Wasser auftrifft.

2 ✏ Berechnen Sie die Höhe, aus der ein Körper frei fallen muss, um auf eine Geschwindigkeit von 10 $\frac{km}{h}$ (20 $\frac{km}{h}$, 30 $\frac{km}{h}$, 50 $\frac{km}{h}$) beschleunigt zu werden.

Beispiel **Experimentelle Bestimmung des Ortsfaktors mithilfe einer Soundkarte**

Ablauf: Ein 1 m langes PVC-Rohr ist so mit Kupferlackdraht umwickelt, dass x Wicklungen in jeweils 10 cm Abstand zehn Spulen ergeben (▶ 3). Die Spulen markieren so Wegpunkte s_y für 0, 10, 20 cm usw. Die Drahtenden sind über einen Klinkenstecker mit dem Mikrofoneingang eines Computers verbunden.
Nach dem Start der Aufnahme im Soundanalyseprogramm lässt man einen kleinen Magneten durch das Rohr fallen.

Auswertung: Beim Passieren des Magneten durch die Spulen wird jeweils ein Spannungsimpuls erzeugt, der im Programm als Pegelausschlag sichtbar ist. Dabei entsteht ein Signal beim Hineinfliegen des Magneten in die Spule und ein Signal, wenn er die Spule wieder verlässt.
Die gemessenen Zeitpunkte überträgt man in ein t-s_y-Diagramm mit den Wegmarken. Eine quadratische Regression der Form $s_y(t) = mt^2 + nt$ liefert:

$s_y(t) = 4{,}8t^2 + 1{,}02t \Rightarrow m = 4{,}8; n = 1{,}02$

Da s_y eine Strecke ist, sind die beiden Summanden ($mt^2 + nt$) ebenfalls Strecken. Eine Einheitenbetrachtung zeigt: $m = 4{,}8$ hat die Einheit der Beschleunigung und $n = 1{,}02$ die Einheit der Geschwindigkeit. Die Gleichung entspricht daher einer gleichmäßig beschleunigten Bewegung mit Anfangsgeschwindigkeit v_0:

$s = \frac{a}{2} \cdot t^2 + v_0 \cdot t$

Ein Vergleich der Koeffizienten ergibt:

$a = 2 \cdot m = 9{,}6 \frac{m}{s^2}; v_0 = n = 1{,}02 \frac{m}{s}$

An diesen Parametern erkennen wir, dass die Geschwindigkeit beim 1. Signal, also beim Durchfallen der 1. Spule, v_0 war, die gemessene Fallbeschleunigung betrug 9,6 $\frac{m}{s^2}$.
Ein Teil der Bewegungsenergie wird in den Spulen bei der Erzeugung der Spannung in elektrische Energie umgewandelt. Dennoch liegt die Abweichung von der bekannten Fallbeschleunigung bei nur 2 %.

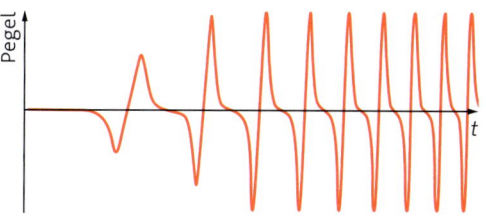

4 Aufnahme mit einem Soundanalyseprogramm

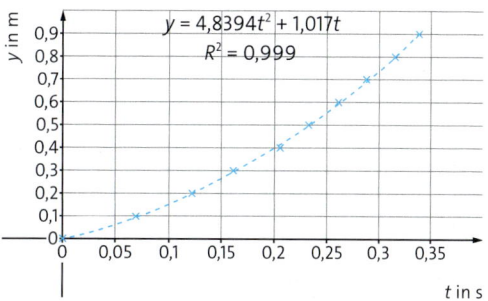

5 Messwerte und Regression

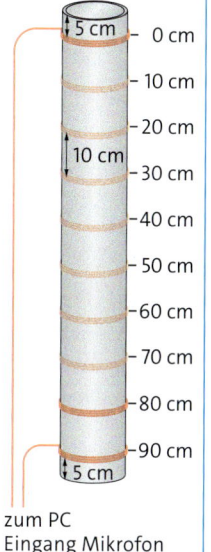

zum PC Eingang Mikrofon

3 Aufbau der Fallröhre

1 Geöffneter Fallschirm ermöglicht die Landung.

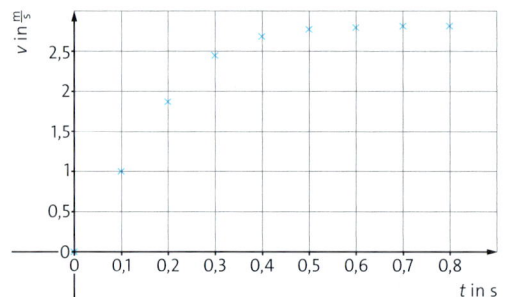

4 Verlauf der Geschwindigkeit des fallenden Kegels

Ursache der Fallbewegung • Der freie Fall ist eine gleichmäßig beschleunigte Bewegung, weshalb die Fallbeschleunigung g konstant ist. Nach der Grundgleichung der Mechanik muss auf einen fallenden Körper eine konstante Kraft wirken. Dabei handelt es sich um die Gewichtskraft, die durch die Anziehung zwischen der Erdmasse und der Masse des fallenden Gegenstands entsteht, und die den Körper in Richtung des Erdmittelpunkts beschleunigt:

$$F_G = m \cdot g.$$

Die Vorstellung, dass alle Körper in gleicher Weise fallen, widerspricht aber unserer täglichen Erfahrung. Bei einem Sprung mit dem Fallschirm bremst der geöffnete Schirm den Fall so stark, dass die Geschwindigkeit klein genug für eine Landung ist (▶1). Um den freien Fall zu demonstrieren, musste zuerst die Luft aus der Fallröhre gepumpt werden (▶2, S. 44). Es ist die Luft, durch die beim Fallen eine Reibung erzeugt wird.

Fallbewegung mit Reibung • Lässt man einen Papierkegel aus einer Höhe von 2 m fallen, kann man die Bewegung z. B. mithilfe einer Videoanalyse auswerten (▶2). Die Einzelaufnahmen sind im Bild übereinander gelegt. Während zu Beginn der Abstand zwischen Kegelpositionen noch größer wird, ist er danach immer gleich. Da zwischen zwei Einzelaufnahmen immer die gleiche Zeitdifferenz liegt, bedeutet dies, dass der Kegel zwar zu Beginn der Fallbewegung beschleunigt, die Beschleunigung dann aber kleiner wird und der Kegel sich am Ende gleichförmig weiterbewegt (▶2).

Die Gewichtskraft, die auf den Kegel wirkt, ändert sich nicht. Es muss folglich eine zweite Kraft auf den Kegel wirken, die der Gewichtskraft entgegengerichtet ist. Diese Kraft ist die **Luftreibungskraft F_{LR}**. Offensichtlich nimmt die Luftreibungskraft mit der Geschwindigkeit zu, bis sich ein Kräftegleichgewicht einstellt (▶3 und ▶4) und der Körper sich dann gleichförmig fortbewegt. Wir können die Luftreibungskraft F_{LR} nicht messen, aber wir wissen, dass sie im Kräftegleichgewicht so groß ist wie die Gewichtskraft: $F_{LR} = F_G$. Dieses Kräftegleichgewicht eröffnet die Möglichkeit der Bestimmung von F_{LR}, die im Folgenden durchgeführt wird.

Untersuchung der Luftreibung • Durch das Einfüllen kleiner Massestücke können wir die Masse des Kegels bei sonst unveränderten Bedingungen erhöhen. Wir nehmen die Endgeschwindigkeit v_{End} in Abhängigkeit von der Masse m auf und tragen beide Größen in eine Tabelle ein (▶6). Die Auswertung des Experimentes liefert die Gleichung:

$$v_{End} = 1{,}99 \cdot m^{0{,}49}.$$

Der Exponent ist ungefähr 0,5 und wir können auf $v \sim \sqrt{m}$ schließen (▶5). Dieser Zusammenhang lässt sich mit einer Linearisierung bestätigen (▶7). Daraus ergibt sich, dass sich das Quadrat der Endgeschwindigkeit proportional zur Masse verhält:

$$v^2 \sim m.$$

Die Luftreibungskraft nimmt mit steigender Geschwindigkeit zu. ▶6 zeigt die aufgenommenen Messwerte. Wir wissen bereits, dass sich beim Fall mit Reibung nach einiger Zeit ein Kräftegleichgewicht zwischen Gewichtskraft und Luftreibungskraft einstellt. Wegen $F_{LR} = F_G = m \cdot g$ und $m \sim v^2$ folgt:

$$F_{LR} \sim v^2.$$

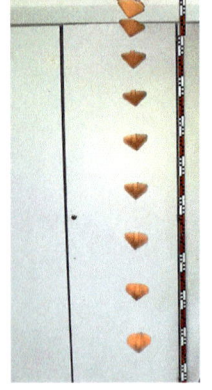

2 Überlagerte Einzelaufnahmen eines fallenden Kegels aus 2 m Höhe

t in s	v in $\frac{m}{s}$
0	0,00
0,1	1,00
0,2	1,87
0,3	2,43
0,4	2,67
0,5	2,76
0,6	2,78
0,7	2,80
0,8	2,80

3 Geschwindigkeitswerte des fallenden Kegels

Beim Fallschirmsprung wird der Fall erst dann richtig gebremst, wenn der Schirm geöffnet ist. Der fallende Körper (Person und Fallschirm) hat dann eine viel größere Fläche, an der die Luft gegenströmt. Man kann vermuten, dass die Fallbewegung mit zunehmender Querschnittsfläche stärker gebremst wird. Um einen mathematischen Zusammenhang festzustellen, variieren wir die Querschnittsfläche des Kegels. Die Auswertung zeigt, dass die Luftreibungskraft proportional zur Querschnittsfläche zunimmt:

$F_{LR} \sim A$.

Letztendlich ist die Reibung auf das Zusammenstoßen der Luftteilchen mit dem fallenden Körper zurückzuführen. Je mehr Teilchen sich also in einem bestimmten Volumen Luft befinden, desto stärker sollte die Luftreibungskraft sein. Die Anzahl der Teilchen kann man nicht zählen, aber je größer sie ist, desto größer ist auch die Dichte der Luft.

Durch Abpumpen von nur Teilen der Luft in der Fallröhre kann man diesen Zusammenhang untersuchen. Es zeigt sich:

$F_{LR} \sim \varrho$.

Formel für die Luftreibungskraft • Die drei erhaltenen Proportionalitäten $F_{LR} \sim \varrho$, $F_{LR} \sim A$ und $F_{LR} \sim v^2$ lassen sich zu einer Proportionalität zusammenfassen:

$F_{LR} \sim \varrho \cdot A \cdot v^2$.

Bis jetzt haben wir die Form des sich bewegenden Körpers nicht beachtet. Es ist aber ein Unterschied, ob der sich bewegende Körper bei gleicher Querschnittsfläche „windschnittig" ist oder nicht. Die Form des Körpers wird durch den c_W-Wert (Widerstandsbeiwert, ▶8) beschrieben. Über eine Einheitenbetrachtung sehen wir, dass der c_W-Wert dimensionslos ist.

$F_{LR} \sim c_W \cdot \varrho \cdot A \cdot v^2$.

Um die Formel aufzustellen, benötigen wir noch den Proportionalitätsfaktor. Er beträgt $\frac{1}{2}$. Das lässt sich aus Überlegungen zur kinetischen Energie des fallenden Körpers ableiten, die an dieser Stelle aber nicht durchgeführt werden.

Für den Betrag der Luftreibungskraft gilt also:

$F_{LR} = \frac{1}{2} \cdot c_W \cdot \varrho \cdot A \cdot v^2$.

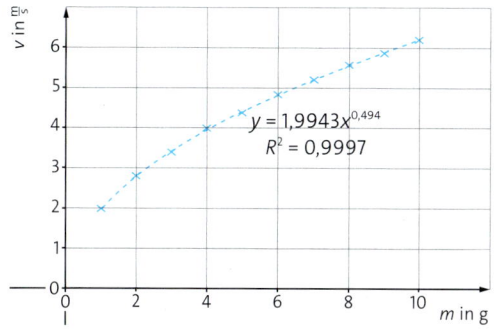

5 m-v-Diagramm zum Fallen des Papierkegels

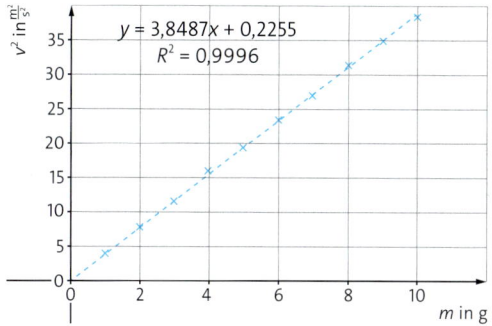

7 m-v^2-Diagramm

1 🖉 Berechnen Sie die maximale Geschwindigkeit, die eine Person beim Fallschirmsprung erreichen kann. Der Schirm hat einen Durchmesser von 5 m, Person und Ausrüstung sind 100 kg schwer.

2 🖉 Berechnen Sie die Geschwindigkeit, die ein Regentropfen mit dem Durchmesser 3 mm erreichen kann. Sie können zur einfacheren Berechnung von einer Kugelform des Regentropfens ausgehen.

3 🖉 In Wanaka (Neuseeland) wirbt ein Unternehmen damit, mit 18 000 ft (1 ft = 0,3048 m) die höchsten Tandemsprünge und somit die längsten Freifälle anzubieten. Der freie Fall endet bei Erreichen einer Höhe von 1500 ft.
a Berechnen Sie die Zeit, die im freien Fall zurückgelegt wird.
b Berechnen Sie die Geschwindigkeit, die im Idealfall vor dem Öffnen des Fallschirms maximal erreicht werden kann.
c Im Tandemsprung beträgt die Gesamtmasse 180 kg. Berechnen Sie die erforderliche Größe des Fallschirms, wenn Geschwindigkeit am Boden maximal $3\frac{m}{s}$ betragen soll.

m in g	v in $\frac{m}{s}$	v^2 in $\frac{m^2}{s^2}$
1	2	4,0
2	2,8	7,8
3	3,4	11,6
4	4	16,0
5	4,4	19,4
6	4,85	23,5
7	5,2	27,0
8	5,6	31,4

6 Messwerte zur Untersuchung der Abhängigkeit der Masse von der Fallgeschwindigkeit

Körper	c_W-Wert
Kreisscheibe ⇨	1,1
Kugel ⇨	0,4
Halbkugel ⇨	1,3
Halbkugel ⇨	0,3
Stromlinien-Körper ⇨	0,05
Pkw ⇨	0,3–0,5
Lkw ⇨	0,6–1,0
Fallschirm ⇧	1,3

8 Einige c_W-Werte

Blickpunkt

Geschichte und Physik – der freie Fall

Menschen beobachten die Natur schon immer. Lange bevor es Naturwissenschaften wie die Physik gab, versuchten Menschen auch Erklärungen für diese Beobachtungen zu liefern. Die Überlegungen der ersten sogenannten Naturphilosophen prägten sehr lange die Vorstellung von der Natur. Es dauerte über 2000 Jahre, bis man begann, durch erste Experimente die Naturgesetze grundlegend zu erforschen und zu verstehen.

Aristoteles • ARISTOTELES war ein Naturphilosoph und einer der bekanntesten Universalgelehrten des Altertums. Er lebte etwa von 384 bis 322 v. Chr. und war in der Antike als Schüler von PLATON und Lehrer von Alexander dem Großen eine unbestrittene Autorität. Aristoteles beobachtete die Natur, experimentierte jedoch nicht. Bewegungen klassifizierte er in zwei Gruppen: die Bewegung der Himmelskörper und die irdischen Bewegungen. Letztere wiederum unterteilte er in die Bewegung der Lebewesen, die natürlichen und die erzwungenen Bewegungen:
Lebewesen – seien es schwimmende Fische, fliegende Vögel oder einkaufende Menschen – bewegen sich selbstständig. Aristoteles zufolge ist diese Bewegung naturgegeben, weil es Lebewesen sind.

Ein Stein fällt nach unten, weil nach Aristoteles' Auffassung unten sein angestammter Platz ist. Die natürliche Bewegung ist daher für leichte Körper nach oben und für schwere nach unten gerichtet. Diese Bewegung dient der Wiederherstellung einer natürlichen Ordnung. Ein Karren wiederum bewegt sich nur, weil eine äußere Kraft wirkt. Die natürliche Ordnung des Karrens liegt nach Aristoteles in der Ruhe.
Die Mechanik des Aristoteles hatte fast 2000 Jahre lang Bestand und wurde so auch an den Universitäten gelehrt. Doch warum dauerte es so lange, dieses Weltbild zu erschüttern? Das aristotelische Weltbild war ein in sich geschlossenes System, in dem die einzelnen Komponenten untereinander konsistent waren. So war es schwer, einen Aspekt zu widerlegen, ohne am gesamten System zu rütteln. Außerdem passten die Gesetze des Aristoteles zu den Beobachtungen im Alltag, auch wenn sie mit dem heutigen Wissen um die Gesetze der Mechanik als falsch angesehen werden müssen.

Galilei • Der italienische Universalgelehrte GALILEO GALILEI (1564 bis 1642) war einer der Ersten, die das Experiment zum Bestandteil wissenschaftlicher Untersuchungen machten. Mit dem in ▶1 dargestellten Gedankenexperiment begann er, das Weltbild des Aristoteles zu erschüttern:
Nach Aristoteles fallen schwere Gegenstände wie Körper A schneller als leichte (Körper B). Seine Überlegung war, wenn nun aber Körper A über Körper B liegt, dann müsste Körper B den Fall des Körpers A abbremsen. Da aber Körper A und B zusammen schwerer sind als Körper A, müssten die verbundenen Körper schneller fallen als Körper A. Körper A müsste also gleichzeitig schneller und langsamer fallen. Dieser Widerspruch in der Mechanik des Aristoteles inspirierte Galilei, die Gesetze beim Fall zu untersuchen.

Um 1600 waren Zeitmessungen nur sehr ungenau möglich z. B. über den Pulsschlag. Galilei musste also einen Weg finden, die zu untersuchende Fallbewegung zu verlangsamen, um sie mit seinen Möglichkeiten messen zu können. Statt eine Kugel senkrecht fallen zu lassen, ließ er sie in einer schrägen Fallrinne hinabrollen (▶2). Er ging davon aus, dass die Bewegung für einen Neigungswinkel von 90° dem senkrechten Fall entspräche. Galilei wiederholte die Messungen wieder und wieder, wobei er die Neigung der Fallrinne variierte. Die Beobachtung war stets dieselbe: Die zurückgelegten Strecken sind proportional zum Quadrat der dazugehörigen Zeit: $s \sim t^2$. Diese Versuche mögen vor dem Hintergrund der heutigen Möglichkeiten trivial wirken. Zur damaligen Zeit waren sie jedoch eine herausragende Leistung eines mutigen, genialen Denkers. Zudem zeigte Galilei den Zusammenhang zwischen mathematischer Formulierung von Naturgesetzen und deren experimenteller Überprüfung auf.

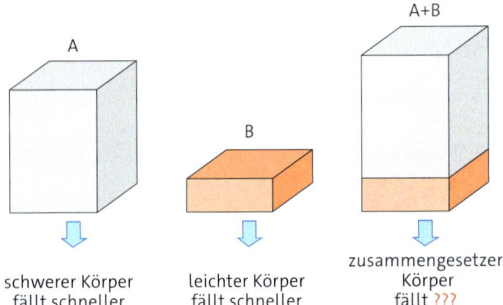

1 Gedankenexperiment zum freien Fall zweier ungleich schwerer Körper

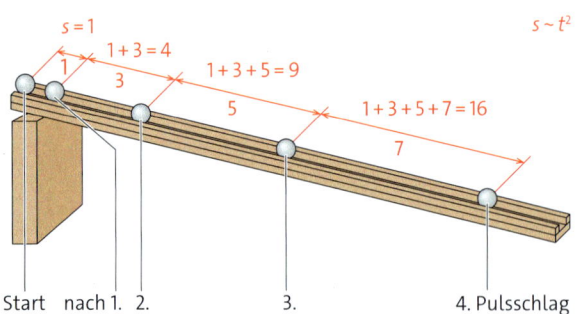

2 Galileis „Fallversuche" erbrachten den bekannten Zusammenhang einer gleichmäßigt beschleunigten Bewegung.

Material

Grundlagen der Mechanik • Fallbewegungen

Versuch A • Zusammenhang zwischen Fallzeit und Fallstrecke hörbar machen

V1 Knotenseil

Materialien: 2 dünne Seile (ca. 2,5 m), 20 Muttern (M5 oder größer – abhängig von der Dicke des Seils), Metallblech, z. B. Backblech

Arbeitsauftrag:
– Knoten Sie 10 Muttern in Abständen von 10 cm in eines der Seile. Beachten Sie, dass durch das Verknoten der Muttern die Seillänge reduziert wird.
– Legen Sie das Metallblech (z. B. ein Backblech) auf einen Tisch.
– Halten Sie das Seil an einem Ende in voller Länge über das Backblech.
– Lassen Sie das Seil los.

– Beschreiben Sie die Abstände der Geräusche, die durch die Aufschläge der Muttern zu hören sind.
– Begründen Sie Ihre Beobachtung.
– Erläutern Sie, wie ein Knotenseil aussehen müsste, bei dem die Aufschläge in gleichen Zeitabständen zu hören sind.
– Bauen Sie ein solches Knotenseil aus den verbleibenden Materialien.
– Überprüfen Sie die Zeitabstände der Aufprallgeräusche für beide Knotenseile mit dem Smartphone mithilfe einer geeigneten App.

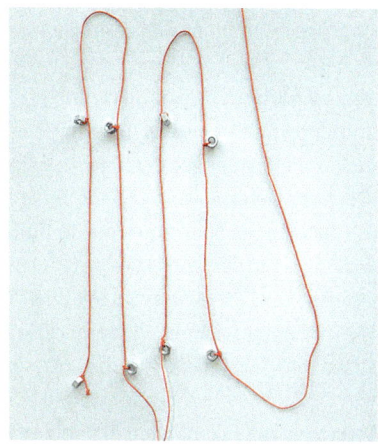

3 Knotenseil

Material A: Auswerten von *t*-*s*-Diagrammen eines Fallschirmsprungs

Ein Fallschirmspringer springt in 2000 m Höhe aus dem Flugzeug. In etwa 200 m Höhe öffnet er den Fallschirm. Die drei *t*-*s*-Diagramme zeigen verschiedene Zeitintervalle des Fallschirmsprungs.

1 Beschreiben Sie anhand des ersten *t*-*s*-Diagramms die Bewegung des Fallschirmspringers aus physikalischer Sicht (▶ A1). Unterteilen Sie den Sprung hierzu in sinnvolle Abschnitte.

2 a Bestimmen Sie die momentane Geschwindigkeit für die Zeitpunkte $t = 0$ s, $t = 0,2$ s, $t = 0,4$ s und $t = 0,8$ s.
b Erstellen Sie daraus ein *t*-*v*-Diagramm und deuten Sie es im Sachkontext.

3 Nach einer Weile scheint sich die Geschwindigkeit auf einen Wert zu stabilisieren (▶ A2).
a Bestimmen Sie die mittleren Geschwindigkeiten für folgende Zeitintervalle: [3 s; 4 s] und [4 s; 5 s] sowie [20 s; 30 s].
b Deuten Sie die Geschwindigkeiten im Sachkontext.

4 In 200 m Höhe öffnet der Fallschirmspringer den Fallschirm (▶ A3). Bestimmen Sie die Geschwindigkeit, mit der er landet.

5 Formulieren Sie eine begründete Vermutung, warum der Fallschirmspringer im Fallen nicht immer schneller wird – auch wenn der Schirm noch geschlossen ist.

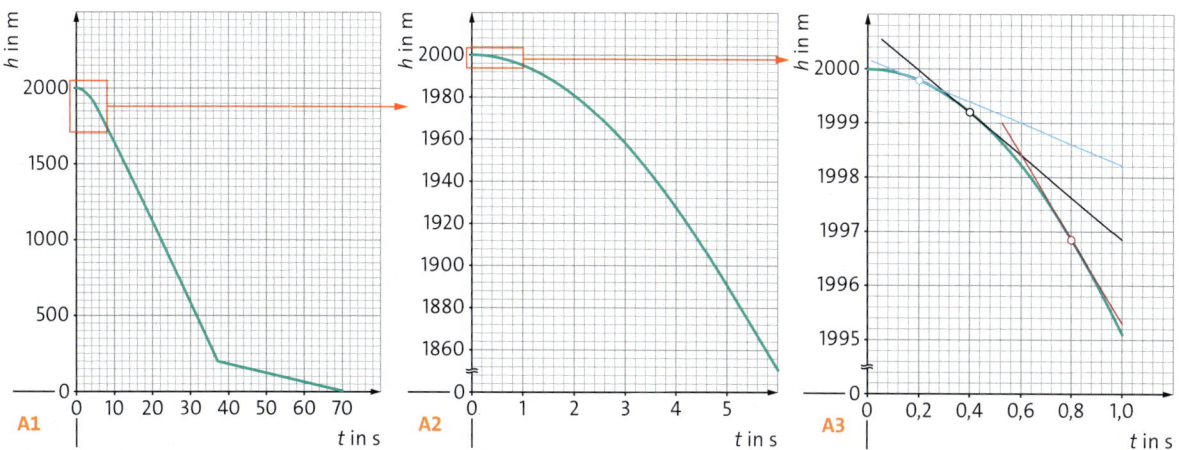

t-*s*-Diagramme: **A1** des gesamten Fallschirmsprungs; **A2** Fallschirm geschlossen; **A3** Absprung

Methode

Einsatz der Soundkarte im Physikunterricht

Bei der Aufnahme von schnell ablaufenden Bewegungen ist die Zeitmessung häufig sehr ungenau. Mithilfe der Soundkarte eines Computers ist es jedoch möglich, Zeitmessungen mit einer höheren Genauigkeit durchzuführen. Dabei gibt es verschiedene Möglichkeiten, die Audioeingänge des Computers zu nutzen.

Eigenschaften von Soundkarten • Die Soundkarte eines Computers ist im Prinzip ein sehr genauer Messwertaufnehmer, der ein analoges (Spannungs-)Signal in einen digitalen Wert umwandeln kann (A/D-Wandler). Dabei haben selbst die einfachsten Soundkarten eine Auflösung von 16 bit, was 65 536 Stufen der Elongation entspricht (2^{16}). Spannungen im Bereich von ±1 V können so mit einer Genauigkeit von etwa 0,03 mV aufgezeichnet werden. Die Samplingrate bzw. Abtastrate von 44,1 kH bedeutet, dass Messwerte in einem Abstand von 22,7 µs aufgenommen werden können. Die Soundkarte kann Wechselspannungen im Frequenzbereich von 20 Hz bis 20 kHz mit einer Spannung zwischen 5 mV und 1 V aufzeichnen.

Zur Aufzeichnung der Signale dienen z. B. frei zugängliche Programme zur Soundanalyse. Es ist aber auch möglich eigene Programme zur Signalverarbeitung zu schreiben.
Bei der Arbeit mit der Soundkarte ist darauf zu achten, die Grenzen der Eingangsspannung von 1 V nicht signifikant zu überschreiten.
Es können sowohl im Computer integrierte Soundkarten als auch externe USB-Soundkarten genutzt werden.

Ohrhörer als Mikrofon • Der einfachste Fall ist die direkte Aufzeichnung akustischer Signale mithilfe eines Mikrofons. Hierzu können auch die Ohrhörer eines Smartphones verwendet werden, da sie prinzipiell in der Lage sind, auch umgekehrt Schall in Spannungssignale umzuwandeln. So wie bei einer Stereowiedergabe verschiedene Signale auf beide Lautsprecher gelangen, so können auch getrennte Signale mit den Ohrhörern aufgenommen werden (▶1). Auf den Eingang der Soundkarte gelangen dabei Spannungssignale.
Zur Aufzeichnung des Geräuschs (bspw. ein Klatschen) werden die Ohrhörer in einem bekannten Abstand positioniert. Das Geräusch erreicht die Ohrhörer zu verschiedenen Zeitpunkten, welche mithilfe eines Soundanalyseprogramms bestimmt werden können (▶2). Der Screenshot zeigt die Signale des Klatschens, dessen Geräusch mit der Zeitdifferenz Δt die Lautsprecher erreicht.
Aus der bekannten Strecke Δs und der berechneten Zeit Δt kann dann die Schallgeschwindigkeit berechnet werden.

Messungen zur Fallgeschwindigkeit • Mit einem selbst gebastelten Fallrohr können auch die Zeiten beim freien Fall sehr genau bestimmt werden. Der fallende Magnet verursacht in den Spulen eine elektrische Spannung, die auf den Audioeingang der Soundkarte gelegt wird. Hierzu ist zuvor zu prüfen, dass die Grenze der Eingangsspannung nicht überschritten wird, sonst muss mit einem Vorwiderstand abgesichert werden. Die aufgenommenen Spannungsimpulse werden im Soundanalyseprogramm dargestellt und können zeitlich sehr genau abgelesen werden (▶3).
An den Spannungsimpulsen ist deutlich zu erkennen, wie der Magnet in die Spulen eintaucht und sie wieder verlässt.
Die daraus ermittelten Zeiten können z. B. mit einer Regression ausgewertet werden. Bei allen gängigen Soundanalyseprogrammen lässt sich sowohl die zeitliche Auflösung als auch die Lautstärke anpassen.

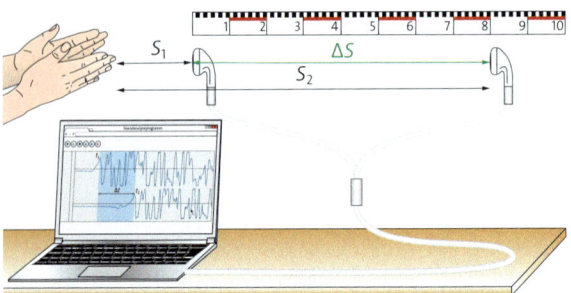

1 Experimentaufbau: Aufnahme getrennter Signale

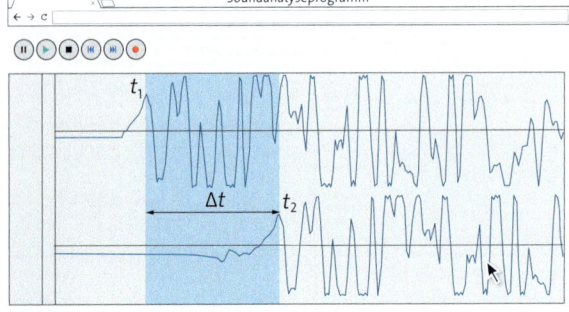

2 Screenshot: Signalaufzeichnung über die beiden Lautsprecher

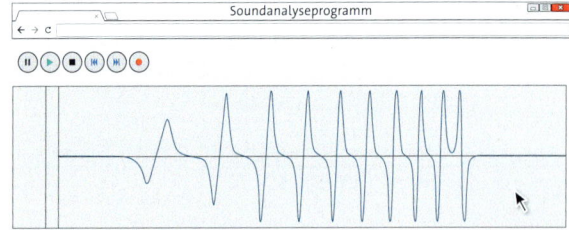

3 Screenshot: Signale des fallenden Magneten

Auswertung von Messungen mithilfe der Regression

Das Ziel vieler Experimente ist es, einen mathematischen bzw. funktionellen Zusammenhang zwischen zwei physikalischen Größen zu finden, z. B. welchen Zusammenhang gibt es zwischen der zurückgelegten Strecke und der verstrichenen Zeit beim freien Fall.

Regression am Beispiel freier Fall • Der Fall einer Kugel aus 2 m Höhe wurde mit acht Lichtschranken in jeweils 20 cm Abstand untersucht (▶4). Die Messwerte wurden in ein Tabellenkalkulationsprogramm übertragen und grafisch dargestellt (▶5). Mithilfe der Tabellenkalkulation ist es möglich, die Messwerte auf mathematische Zusammenhänge zu untersuchen. Ein solches Verfahren nennen wir **Regression**. Bei der Regression mit Taschenrechner oder Computer wählt man zunächst einen Regressionstyp. Es gibt verschiedene Möglichkeiten wie linear, quadratisch, kubisch, exponentiell, potenziell usw. Für die Wahl des Regressionstyps gibt es zwei wesentliche Auswahlkriterien:

- Passt die Funktion zu den Daten?
- Was ist physikalisch sinnvoll?

Passt die Funktion zu den Daten? • Das Bestimmtheitsmaß R^2 gibt an, wie gut eine gefundene Funktion mit den Daten übereinstimmt. Es nimmt Werte von 0 bis 1 an. Je dichter das Bestimmtheitsmaß an 1 liegt, desto besser ist der gefundene Zusammenhang. Einige Taschenrechner arbeiten auch mit dem Korrelationskoeffizienten R, der Werte von −1 bis 1 annehmen kann.

Was ist physikalisch sinnvoll? • Ist eine passende Regressionsgleichung gefunden, müssen wir überlegen, ob diese auch über die Grenzen der Messwerte hinaus sinnvoll ist oder ob ein physikalischer Zusammenhang bekannt ist. Das Schließen auf Werte außerhalb des untersuchten Bereichs nennen wir **Extrapolation**.

Wir wollen dies für die Messung aus ▶4 untersuchen. Die lineare Regression (blauer Graph in ▶6) liefert ein akzeptables Bestimmtheitsmaß, scheint aber für erwartete Messwerte über 0,6 s permanent zu flach zu verlaufen. Auch der y-Achsenabschnitt bei −0,66 widerspricht den Erwartungen nach dem Experiment. Der Graph der exponentiellen Regression (roter Graph in ▶6) liefert ein akzeptables Bestimmtheitsmaß, scheint aber für Messwerte über 0,6 s deutlich stärker zu steigen.

Der Graph in ▶7 zeigt eine quadratische Regression. Das Bestimmtheitsmaß ist nahe 1 und zeigt den besten Zusammenhang zwischen Regressionsfunktion und Messdaten. Der zugehörige Funktionsterm lautet:

$$y = 4{,}84\,x^2 + 0{,}077\,x - 0{,}0082.$$

Da wir die Strecke in Abhängigkeit von der Zeit dargestellt haben, entspricht die Variable y der Strecke s und die Variable x der Zeit t. Die Gleichung erinnert an die gleichmäßig beschleunigte Bewegung:

$$s = \frac{a}{2} \cdot t^2 + v_0 \cdot t + s_0$$

Mit den Zahlenwerten erhalten wir die Beschleunigung $a = 9{,}68\,\frac{m}{s^2}$, die Anfangsgeschwindigkeit $v_0 = 0{,}077\,\frac{m}{s}$ und die Anfangshöhe $s_0 = 0{,}0082$ m.

Mithilfe der Regression ist es möglich, mathematische Zusammenhänge zwischen gemessenen Werten zu überprüfen. Dabei liefert die Regression eine Näherung. v_0 und s_0 sind so klein, dass sie vor dem Hintergrund einer Näherung vernachlässigt werden können.

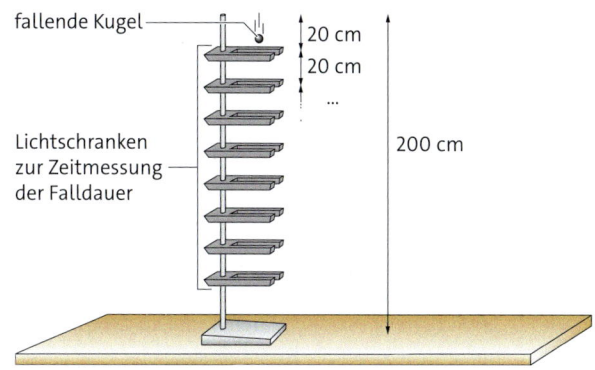

4 Experiment: Kugel fällt längs einer Strecke von Lichtschranken

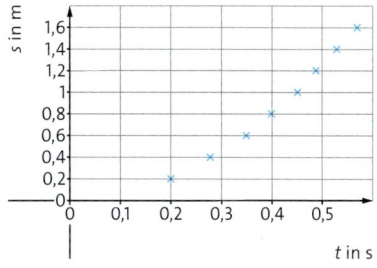

5 Messwerte

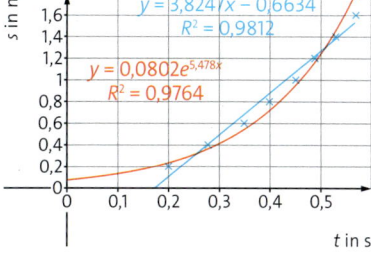

6 Lineare und exponentielle Regression

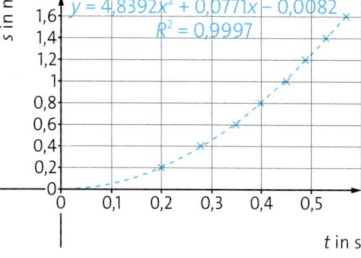

7 Quadratische Regression

1.8 Der waagerechte Wurf

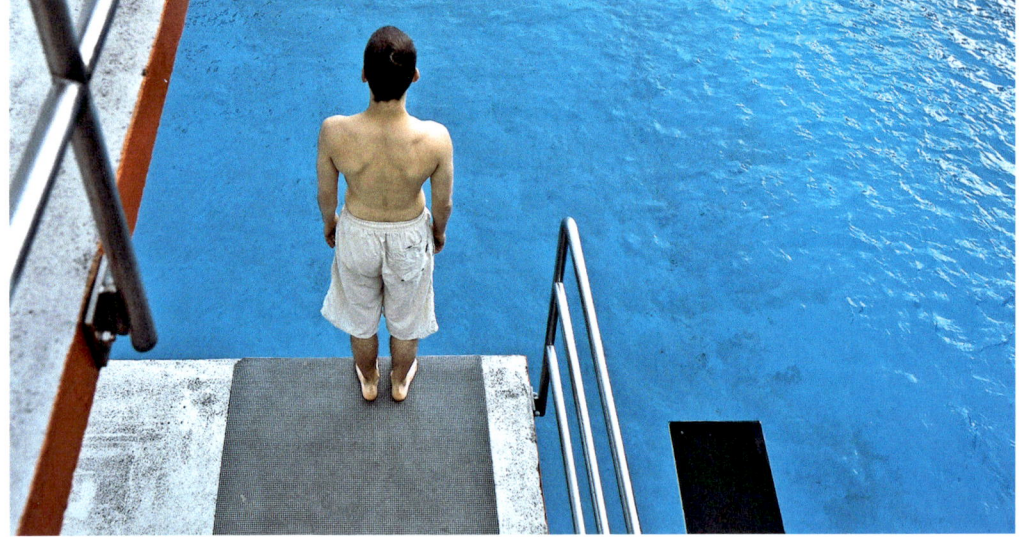

1 Turmspringer

Max steht auf dem Sprungturm. Er stellt sich die Frage, ob er länger in der Luft ist, wenn er mit einem Anlauf über den Rand des Sprungbretts läuft.

Bahnkurve des waagerechten Wurfs • Für eine Bewegung wie die von Max ist nicht nur die Dauer oder Weite (des Flugs) interessant, sondern auch seine Positionen zu einem beliebigen Zeitpunkt im Flug – also sein Weg durch die Luft, bevor er auf die Wasseroberfläche trifft. Diesen „Weg" nennt man in der Physik die **Bahnkurve der Bewegung** (kurz: Bahn). Beobachtet man Max seitlich vom Beckenrand, können wir für seine Bahn verschiedene Hypothesen aufstellen (▶ 2).

Bahn A sieht etwas „unphysikalisch" aus, ist aber aus verschiedenen Zeichentrickfilmen bekannt, wenn die Figur über einen Abgrund läuft. Aber auch die Bahnen B, C und D wären denkbar.

Um die Hypothesen zu überprüfen, filmen wir eine vergleichbare Bewegung (▶ 3). Die Stroboskopaufnahme zeigt eine Kugel die über die Tischkante rollend auf den Boden fällt. Ihre Bahn ähnelt der Hypothese B, da sie zu Beginn eher waagerecht verläuft, bevor sie immer steiler nach unten geht. Solch eine Bewegung nennt man **waagerechter Wurf,** weil die Kugel zu Beginn der Bewegung nur eine waagerechte Anfangsgeschwindigkeit hatte.

Dauer des waagerechten Wurfs • Um die Frage zu beantworten, ob Max mit Anlauf länger in der Luft ist, führen wir folgendes Experiment durch (▶ 4): Eine Kugel (A) rollt über die Anlaufbahn bis zur waagerechten Abwurfkante. Wenn diese Kugel die Kante passiert, dann löst sie einen Schalter aus. Dieser Schalter unterbricht den Stromkreis zur Spule, die hier als Haltemagnet für Kugel (B) wirkt. Diese beginnt daher genau in dem Moment zu fallen, wenn die andere Kugel die Kante passiert.

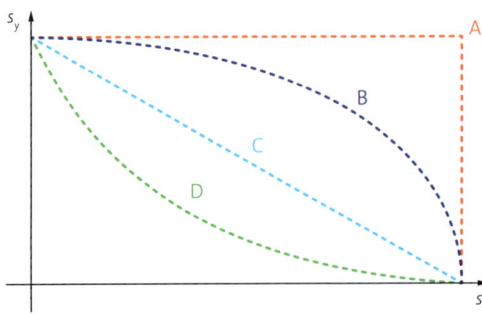

2 Hypothesen für die Bahn von Max

3 Stroboskopaufnahme eines waagerechten Wurfs

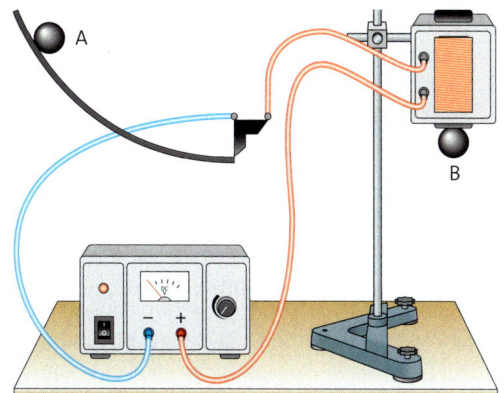

4 Experiment zur Fallzeit waagerecht geworfener und frei fallender Kugeln

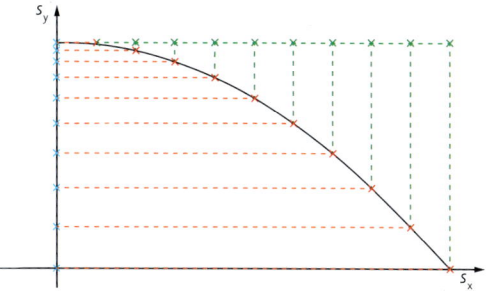

5 Ortsdiagramm der waagerecht geworfenen Kugel

Durch die Anordnung lassen wir also gleichzeitig die Kugel an der Spule frei fallen, während die andere Kugel durch die Anlaufbahn einen waagerechten Wurf ausführt.
Wir beobachten, dass beide Kugeln zur gleichen Zeit auf dem Boden aufkommen. Auch wenn wir den Versuch für verschiedene Höhen beider Kugeln und Anfangsgeschwindigkeiten der Kugel A wiederholen, treffen jedes Mal beide Kugeln gleichzeitig auf. Die Flugzeit für einen freien Fall und einen waagerechten Wurf aus gleicher Höhe ist identisch.

> Eine waagerecht geworfene Kugel trifft stets gleichzeitig mit einer aus gleicher Höhe frei fallenden Kugel auf dem Boden auf.

Komponentenzerlegung • Ganz überraschen sollte uns das Ergebnis nicht. Nach dem Superpositionsprinzip können wir die Wurfbewegung jeweils in unabhängige Teilbewegungen für die x- und y-Richtung zerlegen. Das Ortsdiagramm in ▶ **5** zeigt diese Zerlegung der Bahn von Kugel A.

Zwischen zwei Punkten auf der Bahn ist immer das gleiche Zeitintervall vergangen. In x-Richtung haben alle Punkte den gleichen Abstand (grüne Linie), d.h. in gleichen Zeiten werden gleiche Strecken in x-Richtung zurückgelegt. Die Kugel führt in x-Richtung eine gleichförmige Bewegung mit der Anfangsgeschwindigkeit v_0 aus. Es gilt:

$s_x = v_x \cdot t = v_0 \cdot t$ Strecke in x-Richtung
$v_x = v_0$ Geschwindigkeit in x-Richtung
$a_x = 0$ Beschleunigung in x-Richtung

Je länger die Kugel in der Luft ist, desto größer werden in y-Richtung die Strecken zwischen zwei Marken (rote Linie). Es liegt also eine beschleunigte Bewegung vor. Die y-Komponente entspricht beim waagerechten Wurf dem freien Fall aus der Anfangshöhe h_0. Für die Bewegung in y-Richtung gilt daher:

$s_y = h_0 - \frac{g}{2} \cdot t^2$ Strecke in y-Richtung
$v_y = -g \cdot t$ Geschwindigkeit in y-Richtung
$a_y = -g$ Beschleunigung in y-Richtung

Die Bahnkurve im Ortsdiagramm stellt einen funktionalen Zusammenhang zwischen s_y und s_x her. Hierzu ersetzen wir die Zeit t in der Gleichung s_y mit der nach t aufgelösten Gleichung für s_x.

$t = \frac{s_x}{v_0}$

$s_y(s_x) = h_0 - \frac{g}{2} \cdot \frac{s_x^2}{v_0^2}$

Die Bahnkurve ist der rechte Teil einer nach unten geöffneten Parabel. Sie heißt deshalb **Wurfparabel**.

1 Max läuft mit einer Geschwindigkeit von $3\,\frac{m}{s}$ auf dem 10-m-Turm an.
  a Stellen Sie die Flugbahn von Max in einem $s_y(s_x)$-Diagramm dar.
  a Das quadratische Sprungbecken ist 10 m lang. Berechnen Sie die maximale Geschwindigkeit, mit der Max anlaufen darf, um noch im Becken zu landen.

2 Ein Ball wird in einer Höhe von 10 m mit einer Geschwindigkeit von $15\,\frac{m}{s}$ waagerecht abgeworfen.
  b ☐ Berechnen Sie die Flugzeit des Balls.
  c ☐ Berechnen Sie die Strecke, die der Ball in horizontaler Richtung zurücklegt.
  d Berechnen Sie die erforderliche Abwurfgeschwindigkeit, wenn der Ball in horizontaler Richtung 40 m zurücklegen soll.

Normierte Länge:
Dem Geschwindigkeitsvektor wird eine Länge zugeordnet, z. B. $10\,\frac{m}{s} \rightarrow 1\,cm$

Ortsdiagramm: Darstellung der Bahnkurve in einem Diagramm, z. B. die Bewegung in der Ebene in einem x-y-Diagramm.

Geschwindigkeit beim waagerechten Wurf • Während des waagerechten Wurfs wird der geworfene Körper immer schneller, da er durch den freien Fall in y-Richtung beschleunigt wird. Seine momentane Geschwindigkeit $\vec{v}$ liegt jeweils tangential an der Bahnkurve an. Betrag und Richtung erhält man, wenn man die Geschwindigkeitskomponenten v_x und v_y in normierter Länge in das Diagramm zeichnen. Sie spannen ein Rechteck auf. Die Diagonale im Rechteck ist der Geschwindigkeitsvektor $\vec{v}$ (▶ 1). Ihre Länge ist der Betrag der Geschwindigkeit mit:

$$v = \sqrt{v_x^2 + v_y^2}.$$

Außerdem gilt für den Winkel zum Boden: $\tan \alpha = \frac{v_y}{v_x}$.

1 ☐ Das Flugzeug der Bundeswehr fliegt einen weiteren Einsatz im Katastrophengebiet. Dieses Mal fliegt es mit einer Geschwindigkeit von $320\,\frac{km}{h}$ in einer Höhe von 80 m (▶ Beispiel).
 a Berechnen Sie die Abwurfposition der Hilfsgüter relativ zum gewünschten Landeort.
 b Berechnen Sie die Geschwindigkeit, mit der die Hilfsgüter auf dem Boden auftreffen.
 c Berechnen Sie den Auftreffwinkel.

2 ◨ Auf der letzten Seite ist in einer Abbildung ein Experiment dargestellt, bei dem eine Kugel A über eine Anlaufbahn rollt und von dort waagerecht abfliegt. In dem Moment, wo sie die Bahn verlässt, wird der freie Fall einer Kugel B ausgelöst (▶ 4, S. 53).
Die fallende Kugel B befindet sich im Abstand von 50 cm von der Abwurfposition. Mit welcher Geschwindigkeit v_x muss die Kugel A waagerecht abgeworfen werden, damit sich beide Kugeln 1 m unterhalb der Startposition treffen?

3 ◨ Zeichnen Sie die Bahnkurve eines Körpers, der mit einer Geschwindigkeit von $5\,\frac{m}{s}$ waagerecht aus einer Höhe von 10 m abgeworfen wurde. Zeichnen Sie die Geschwindigkeitsvektoren (v_x und v_y) nach jeweils 2 m, 4 m, 6 m, 8 m und 10 m Fallhöhe ein.

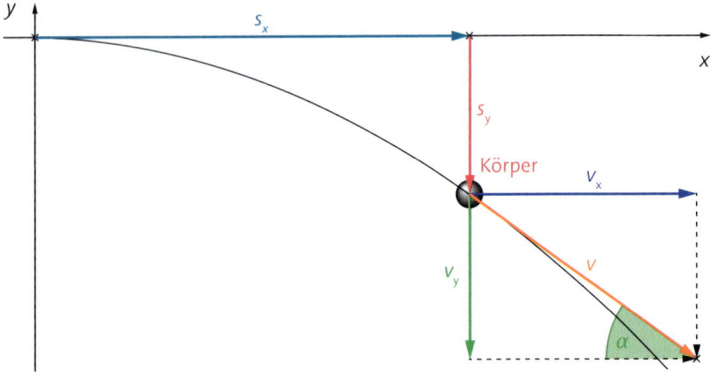

1 Geschwindigkeitskomponenten beim waagerechten Wurf

Beispiel **Berechnung der Auftreffgeschwindigkeit und des Auftreffwinkels**

Aufgabe: Ein Flugzeug der Bundeswehr transportiert Hilfsgüter in ein Katastrophengebiet. Die Hilfsgüter werden aus einer Höhe von 50,0 m bei einer Geschwindigkeit von $250\,\frac{km}{h}$ abgeworfen.
Berechnen Sie, wie weit die Hilfsgüter vor dem Ziel ausgeklinkt werden müssen, mit welcher Geschwindigkeit und unter welchem Winkel sie auf dem Boden auftreffen.

Lösung: Die Hilfsgüter führen nach dem Ausklinken einen waagerechten Wurf aus. In horizontaler Richtung bewegen sie sich mit der Geschwindigkeit des Flugzeugs weiter $v_x = 250\,\frac{km}{h} = 69{,}4\,\frac{m}{s}$. Mit v_x fliegen sie so lange weiter, wie sie fallen. Aus der Fallzeit kann somit die Strecke s_x ermittelt werden. Am Boden gilt $s_y = 0$.

$$s_y = 0 = h_0 - \frac{g}{2} \cdot t^2 \Leftrightarrow h_0 = \frac{g}{2} \cdot t^2.$$

$$t = \sqrt{2 \cdot \frac{h_0}{g}} = \sqrt{\frac{2 \cdot 50\,m \cdot s^2}{9{,}8\,m}} \approx 3{,}19\,s.$$

Die zurückgelegte Strecke s_x ist dann:

$$s_x = v_x \cdot t = 69{,}4\,\frac{m}{s} \cdot 3{,}19\,s \approx 221\,m.$$

Um Auftreffwinkel und Auftreffgeschwindigkeit v zu bestimmen, benötigen wir noch die vertikale Geschwindigkeitskomponente v_y:

$$v_y = g \cdot t = 9{,}8\,\frac{m}{s^2} \cdot 3{,}19\,s = 31{,}3\,\frac{m}{s}.$$

Aus v_x und v_y berechnen wir den Auftreffwinkel α und die Auftreffgeschwindigkeit v:

$$\tan \alpha = \frac{v_y}{v_x} = \frac{31{,}3\,m \cdot s}{69{,}4\,m \cdot s} = 0{,}45 \Rightarrow \alpha = \arctan 0{,}45 = 24{,}2°.$$

$$v = \sqrt{v_x^2 + v_y^2} = 76{,}3\,\frac{m}{s} = 275\,\frac{km}{h}.$$

Antwort: Die Hilfsgüter müssen 221 m vor dem Ziel abgeworfen werden. Sie treffen dort mit $275\,\frac{km}{h}$ unter einem Winkel von 24,2° auf.

Material

Grundlagen der Mechanik • Der waagerechte Wurf

Versuch A • Abwurfgeschwindigkeit und Abwurfhöhe

V1 Wasserstrahl

Materialien: Schlauch mit Anschlussmöglichkeit an einen Wasserhahn; Gefäß zum Auffangen des Wassers, Smartphone zum Fotografieren, Fotobearbeitungsprogramm

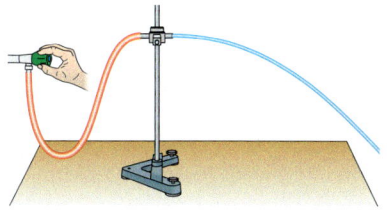

2 Versuchsaufbau zum Wasserstrahl

Arbeitsauftrag:
- Bauen Sie das in der Abbildung gezeigte Experiment auf und führen Sie die Versuche durch (▶ 2). Nehmen Sie Fotos der Experimente auf. Achten Sie darauf, dass sie genau senkrecht zum Versuch fotografieren, um perspektivische Verzerrungen zu vermeiden. Variieren Sie:
  1. die Höhe des Wasserauslasses,
  2. die Geschwindigkeit des Wassers, indem Sie den Wasserhahn weiter aufdrehen oder schließen.

- Beschreiben Sie Ihre Beobachtungen in 1. und 2. und fassen Sie diese in zwei Je-desto-Sätzen zusammen.
- Fügen Sie die angefertigten Fotos in eine geeignete Software ein und ermitteln Sie einen funktionalen Zusammenhang zwischen $s_x(h_0)$ und $s_x(v_0)$.
- Führen Sie den Versuch bei unterschiedlich weit geöffnetem Wasserhahn durch. Berechnen Sie anhand geeigneter Messdaten die Geschwindigkeit, mit der das Wasser den Schlauch verlässt.

Versuch B • Trickreich experimentieren

V1 Rollen auf der schiefen Ebene

Würfe laufen in der Regel sehr schnell ab. Um den Bewegungsablauf genauer zu untersuchen, bedienen wir uns einer Idee von Galilei: Statt eine Kugel im freien Fall zu beobachten, lassen wir sie über eine schiefe Ebene rollen. Dabei wird die Kugel ebenfalls gleichmäßig nach unten beschleunigt – allerdings mit einer deutlich geringeren Beschleunigung als der Fallbeschleunigung.

Materialien: Kugel, gebogenes Rohr, Brett als schiefe Ebene, Winkelmesser, Lineal

Arbeitsauftrag:
- Bauen Sie das in der Abbildung gezeigte Experiment auf (▶ 3). Das Rohr dient dazu, die Anfangsgeschwindigkeit v_0 für alle Versuchsteile konstant zu halten.
- Variieren Sie den Anstellwinkel des Bretts und nehmen Sie die Wurfweite für mindestens fünf verschiedene Winkel auf.
- Ermitteln Sie die Anfangsgeschwindigkeit v_0.

- Ermitteln Sie einen mathematischen Zusammenhang zwischen der Beschleunigung, die die schräg fallende Kugel erfährt, und dem Anstellwinkel: $a = f(\alpha)$.

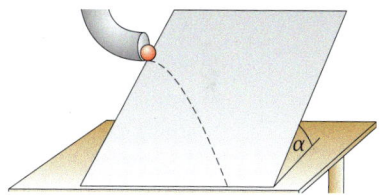

3 Kugel rollt auf einer schiefen Ebene.

Material A • Treffen zweier Kugeln

Eine waagerecht geworfene und eine frei fallende Kugel sollen sich in der Luft treffen.

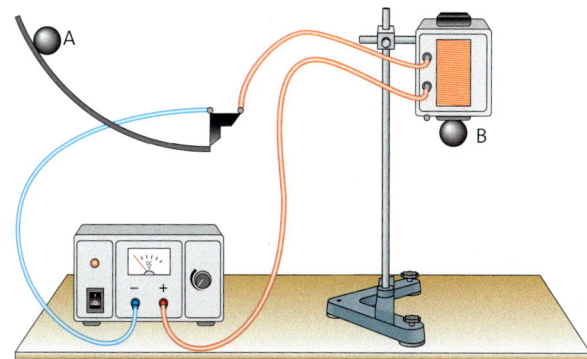

A1 Versuch mit zwei Kugeln

1. 📝 Beschreiben Sie den Aufbau des in der Abbildung gezeigten Versuchs und erläutern Sie die Bedeutung der einzelnen Elemente (▶ A1).

4. 📝 Beschreiben Sie, wie Sie das Experiment aufbauen müssen, damit sich beide Kugeln in der Luft treffen.

5. 📝 Die erste Kugel (A) rollt auf einer gekrümmten Schiene aus einer Höhe von 20 cm über dem Torzeitschalter ab. Berechnen Sie, wie weit die zweite Kugel (B) vom Torzeitschalter entfernt hängen muss, damit sich beide Kugeln nach 10 cm, 20 cm oder 50 cm Fallstrecke in der Luft treffen.

55

1.9 Der schiefe Wurf

1 Kugelstoßerin

Klar! Beim Kugelstoßen geht es darum, die größte Weite zu erreichen. Neben einem kraftvollen Rausstoßen ist vor allem auch der Winkel wichtig, unter dem die Kugel abgestoßen wird. Welcher Winkel ist hier optimal?

Der Kugelstoß – ein schiefer Wurf • Beim waagerechten Wurf beträgt der Abwurfwinkel immer 0°. Im Moment des Abwurfs fliegt die Kugel nur in x-Richtung.
Niemand würde aber auf die Idee kommen für eine möglichst große Weite die Kugel waagerecht rauszustoßen. Wie in ▶1 zu sehen, stößt man immer schräg nach oben, sodass sich die Kugel im Moment des Abstoßes sowohl in x- als auch in y-Richtung bewegt. Auch beim Wurf eines Balls oder eines Steins wirft man immer schräg nach oben. Eine solche Bewegung bezeichnet man als **schiefen Wurf**.
Auch wenn es die Sportlehrkraft nicht gerne hört, physikalisch betrachtet ist der Kugelstoß ein schiefer Wurf.

Planung eines Experiments • Die Größen Abwurfwinkel, Abwurfgeschwindigkeit und Abwurfhöhe haben Einfluss auf die maximale Wurfweite.
Wir untersuchen zuerst die Abwurfgeschwindigkeit v_0 und den Abwurfwinkel α. Die Höhe, von der der Abwurf erfolgt, werden wir später berücksichtigen.
Im Experiment ist es notwendig, dass wir entweder nur die Geschwindigkeit oder nur den Abwurfwinkel variieren können, während die anderen Größen jeweils unverändert bleiben.
Den schiefen Wurf untersuchen wir an einem Wasserstrahl, mit dem die Bahnkurve gut sichtbar gemacht werden kann. Dazu spannt man das Ende eines Wasserschlauchs in einem festen Winkel ein und variiert die Geschwindigkeit des Wassers, indem

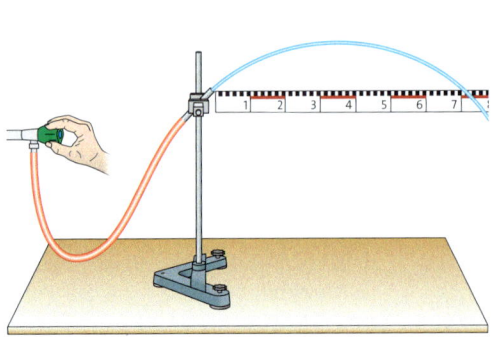

2 Variation der Abwurfgeschwindigkeit

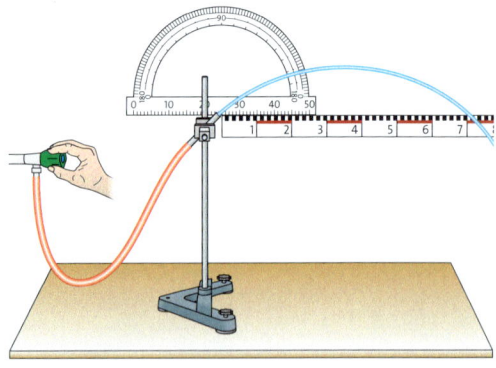

3 Variation des Abwurfwinkels

der Wasserhahn stärker auf- oder zugedreht wird (▶ 2). Wie beim waagerechten Wurf zeigt das Experiment: je größer die Abwurfgeschwindigkeit, desto größer die Wurfweite.

Für die Untersuchung des Abwurfwinkels wählt man eine feste Einstellung des Wasserhahns, um die Abwurfgeschwindigkeit konstant zu halten (▶ 3). Jetzt variieren wir den Abwurfwinkel. Die Beobachtungen zeigen, dass die Wurfweiten bis zu einem Abwurfwinkel von 45° zunehmen. Oberhalb von 45° nehmen die Wurfweiten wieder ab.

Beträgt der optimale Abwurfwinkel beim Kugelstoßen 45°?

Wurfparabel des schiefen Wurfs • Wie auch beim waagerechten Wurf nehmen wir wieder eine Zerlegung der Bewegung in ihre s_x- und s_y-Komponenten vor.

Die Kugel wird unter dem Winkel α zur Horizontalen abgeworfen. Der Geschwindigkeitsvektor v_0 hat deshalb sowohl eine v_x- als auch eine v_y-Komponente, d. h., im Moment des Abwurfs gibt es sowohl in x- als auch in y-Richtung eine Anfangsgeschwindigkeit (▶ 5). Zudem wird die Kugel in y-Richtung durch die Fallbeschleunigung gleichmäßig nach unten beschleunigt. Daher müssen wir die Geschwindigkeit der Fallbewegung ($g \cdot t$) zum jeweiligen Zeitpunkt t von der v_y-Komponente subtrahieren. Damit ergibt sich für die Geschwindigkeitskomponenten:

$v_x(t) = v_0 \cdot \cos \alpha$,
$v_y(t) = v_0 \cdot \sin \alpha - g \cdot t$.

Für die Komponenten s_x und s_y gilt dann:

$s_x(t) = v_0 \cdot t \cdot \cos \alpha$,
$s_y(t) = v_0 \cdot t \cdot \sin \alpha - \frac{g}{2} \cdot t^2$.

Um ein **Ortsdiagramm** zu erstellen, muss s_y als Funktion von s_x dargestellt werden. Dazu stellen wir die Gleichung für s_x nach t um und setzen diese in s_y ein:

$t = \frac{s_x}{v_0 \cdot \cos \alpha}$

$s_y = v_0 \cdot \frac{s_x}{v_0 \cdot \cos \alpha} \cdot \sin \alpha - \frac{g}{2} \cdot \frac{s_x^2}{v_0^2 \cdot \cos^2 \alpha}$,

$s_y = s_x \cdot \tan \alpha - \frac{g}{2} \cdot \frac{s_x^2}{v_0^2 \cdot \cos^2 \alpha} \cdot s^2$

> Der schiefe Wurf ist eine Überlagerung aus einer waagerechten gleichförmigen Bewegung mit Anfangsgeschwindigkeit und einer senkrechten Fallbewegung mit Anfangsgeschwindigkeit.

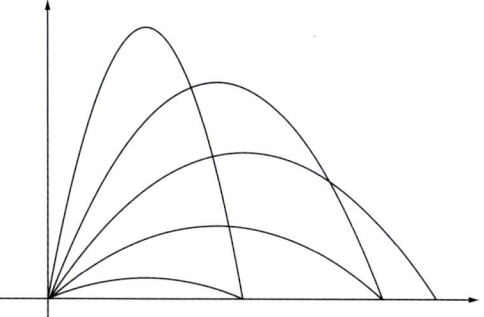

4 Wurfweiten für verschiedene Abwurfwinkel

Maximale Wurfweite und Wurfhöhe • Die Kugel bewegt sich auf einer Parabelbahn (▶ 4). Dabei gibt die Komponente s_y die Höhe der Kugel an. Der Wurf beginnt und endet bei der Höhe $s_y = 0$.

$s_y(s_x)$ ist eine quadratische Funktion. Wenn wir $s_y = 0$ setzen, können wir s_x einmal ausklammern und beide Lösungen für s_x leicht finden:

$0 = s_x \cdot \tan \alpha - \frac{g}{2} \cdot \frac{s_x^2}{v_0^2 \cdot \cos^2 \alpha} = s_x (\tan \alpha - \frac{g}{2} \cdot \frac{s_x}{v_0^2 \cdot \cos^2 \alpha})$

$s_{x,1} = 0; \quad s_{x,2} = \frac{v_0^2 \cdot 2 \cos \alpha \cdot \sin \alpha}{g} = \frac{v_0^2 \cdot \sin 2\alpha}{g}$.

$s_{x,1} = 0$ ist der Abwurf, sodass $s_{x,2}$ die maximale Wurfweite darstellt. Für 90° ist die Sinusfunktion am größten (sin 90° = 1). Da der Winkel α in der Sinusfunktion verdoppelt wird, wird s_x für $\alpha = 45°$ maximal.

Die Parabelbahn verläuft symmetrisch zur Senkrechten durch ihr Maximum. Damit liegt die maximale Höhe gerade auf der Hälfte der maximalen Wurfweite. Für $s_{y,max}$ ergibt sich:

$s_{y,max} = \frac{v_0^2 \cdot \sin^2 \alpha}{2 \cdot g}$

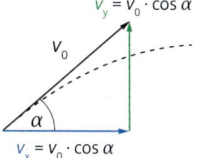

5 Zerlegung der Anfangsgeschwindigkeit v_0 in v_x und v_y-Komponente

Trigonometrische Beziehungen:
$\tan \alpha = \frac{\sin \alpha}{\cos \alpha}$
$2 \sin \alpha \cos \alpha = \sin 2\alpha$

1 🔲 Eine Kugel wird mit einer Anfangsgeschwindigkeit von $12 \frac{m}{s}$ unter einem Winkel von 40° abgeworfen.
a Berechnen Sie die Wurfweite.
b Ermitteln Sie den Winkel, unter dem die Kugel auf der Erde auftrifft.
c Berechnen Sie die maximale Höhe, die die Kugel erreicht.
a Stellen Sie die Bewegung in einem Ortsdiagramm ($s_y(s_x)$-Diagramm) dar.

2 🔲 Berechnen Sie die Abwurfgeschwindigkeit, die nötig ist, damit die Kugel bei einem Abwurfwinkel von 45° eine Weite von 50 m erreicht.

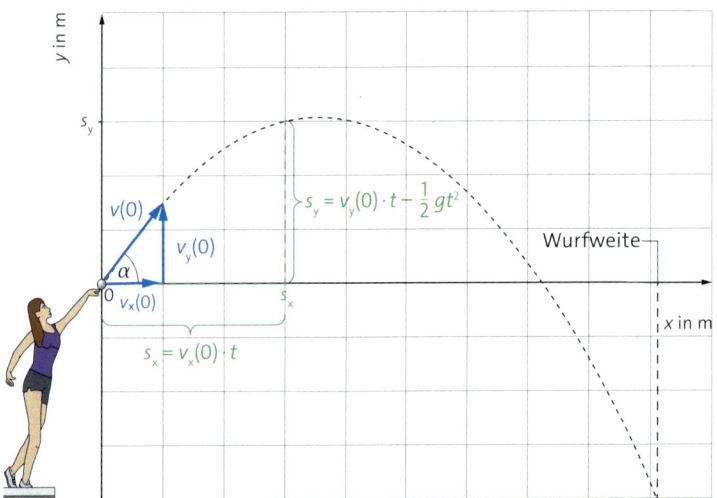

1 Wurf mit einer Anfangshöhe

Würfe mit Anfangshöhe • Bei den meisten schiefen Würfen sind Abwurfort und Auftreffort nicht auf einer Höhe. Bei einem realen Wurf oder beim Kugelstoßen erfolgt der Abwurf mit einer Anfangshöhe, weil z. B. in aufrechter Haltung geworfen wird.

Vom schiefen Wurf ohne Anfangshöhe wissen wir, dass der optimale Abwurfwinkel 45° beträgt. Verlängert man die Flugbahn der Kugel nach hinten bis zu einer Höhe von 0 m, wäre dieser Winkel zu erkennen (▶1). Weil die Flugbahn umso flacher wird, je mehr man sich dem Maximum nähert, gilt: Je höher die Abwurfstelle der Kugel ist, desto kleiner wird der optimale Abwurfwinkel.

Um die zuvor aufgestellten Gleichungen des schiefen Wurfs nutzen zu können, wurde das Koordinatensystem so verschoben, dass der Abwurfort bei einer Anfangshöhe wieder im Koordinatenursprung liegt (▶1).

Wir betrachten hierzu folgendes Beispiel: Die Kugel verlässt die Hand der Kugelstoßerin mit einer Anfangsgeschwindigkeit von $10\,\frac{m}{s}$ im Koordinatenursprung unter einem Winkel von 40°. Der Auftreffpunkt liegt jetzt aber bei $s_y = -1{,}8\,\text{m}$, da der Boden wegen der Anfangshöhe unterhalb des Abwurforts liegt. Zunächst berechnen wir die Komponenten der Anfangsgeschwindigkeit mithilfe der bekannten Gleichungen:

$v_x(0) = v_0 \cdot \cos\alpha$ $\quad v_x(0) = 7{,}7\,\frac{m}{s}$,
$v_y(0) = v_0 \cdot \sin\alpha - g \cdot 0\,s$ $\quad v_y(0) = 6{,}4\,\frac{m}{s}$.

Wir wissen, dass der Wurf beendet ist, wenn die Kugel den Boden, also die s_y-Koordinate $-1{,}8\,\text{m}$, erreicht hat. Wir berechnen also zunächst die Zeit, die die Kugel bis zum Auftreffen benötigt:

$s_y(t) = v_0 \cdot t \cdot \sin\alpha - \frac{g}{2} t^2 = v_y(0) \cdot t - \frac{g}{2} t^2$.

Einsetzen der Zahlenwerte liefert:

$-1{,}8\,\text{m} = 6{,}4\,\frac{m}{s} \cdot t - 4{,}9\,\frac{m}{s^2} \cdot t^2$.

Wir erkennen eine quadratische Gleichung. Die Lösung der Gleichung ergibt: $t_1 = -0{,}14\,\text{s}$ und $t_2 = 1{,}54\,\text{s}$. Die Lösung für t_1 entfällt, da dies eine Zeit vor dem Abwurf wäre. t_2 setzen wir in die Gleichung für die s_x-Komponente des Weges ein:

$s_x(t) = v_0 \cdot t \cdot \cos\alpha = v_x(0) \cdot t$

$s_x(1{,}54\,\text{s}) = 7{,}7\,\frac{m}{s} \cdot 1{,}54\,\text{s} = 11{,}9\,\text{m}$.

Die Kugel wird 11,9 m weit gestoßen. Für $\alpha = 45°$ erhält man 11,8 m, also etwas weniger.

Einfluss der Masse • In den Gleichungen für den schiefen Wurf ist die Masse des Körpers nicht enthalten. Wir wissen aber aus eigener Erfahrung im Sportunterricht, dass schwere Gegenstände wie ein Medizinball nicht so weit geworfen bzw. gestoßen werden können wie leichte.
Das liegt daran, dass der geworfene Körper durch den Arm zuerst auf die Anfangsgeschwindigkeit v_0 beschleunigt werden muss. Je größer seine Masse ist, desto kleiner ist bei gleicher Kraft aber die Beschleunigung. Daher sind die Anfangsgeschwindigkeit und somit auch die Wurfweite kleiner.

1 🔲 Den deutschen Rekord im Kugelstoßen stellte 1988 Ulf Timmermann auf. Er stieß die Kugel aus einer Höhe von 2,10 m mit einer Geschwindigkeit von $14{,}55\,\frac{m}{s}$ unter einem Winkel von 40° ab. Berechnen Sie seine Wurfweite.

2 🔲 Ein Kugelstoßer stößt die Kugel in einer Höhe von 2,0 m mit einer Geschwindigkeit von $10\,\frac{m}{s}$ ab.
a Ermitteln Sie grafisch den optimalen Abwurfwinkel auf 1° genau.
a Berechnen Sie für einen Abwurfwinkel von 40° die Anfangsgeschwindigkeit v_0, bei der die Kugel 10 m (15 m, 20 m) weit gestoßen werden soll.

Material

Grundlagen der Mechanik • Der schiefe Wurf

Versuch A • Abwurfgeschwindigkeit und Abwurfwinkel

V1 Wasserstrahl

Materialien: Wasserhahn mit Schlauch, Stativ und Ausflussröhrchen, Auffangrinne und Messzylinder, Lineal, Stoppuhr, Winkelmesser, Maßband

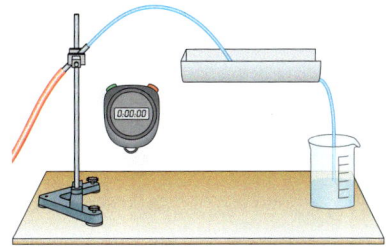

2 Versuchsaufbau zum Wasserstrahl

Arbeitsauftrag:
- Bauen Sie den Versuch auf (▶ 2).
- Bestimmen Sie den Durchmesser der Öffnung des Ausflussröhrchens. Berechnen Sie daraus die Querschnittsfläche A der Öffnung.
- Drehen Sie den Wasserhahn in einer festen Stellung für 10 s auf und messen Sie das Volumen der in dieser Zeit ausgeflossenen Wassermenge.
- Aus dem ausgeflossenen Volumen V des Wassers, der Querschnittsfläche A des Röhrchens und der Zeit t können Sie die Geschwindigkeit des Wasserstrahls berechnen: $v = \frac{V}{A \cdot t}$.
- Variieren Sie die Austrittsgeschwindigkeit des Wassers und den Winkel, unter dem das Wasser das Röhrchen verlässt. Beschreiben Sie Ihre Beobachtungen zur Bahn des Wasserstrahls mit einer Je-desto-Beziehung:
  1. in Abhängigkeit von v_0,
  2. in Abhängigkeit vom Winkel α.
- Berechnen Sie für drei verschiedene Winkel die theoretische Wurfweite.
- Überprüfen Sie diese experimentell.

Material A • Modellieren von Wurfbewegungen

Mithilfe eines Tabellenkalkulationsprogramms lassen sich Wurfbewegungen modellieren. Beachten Sie, dass Tabellenkalkulationen nicht mit Winkelangaben in Grad, sondern in Bogenmaß rechnen. Die Winkel müssen also in das Bogenmaß umgerechnet werden:

$$[\text{Winkel im Bogenmaß}] = \frac{[\text{Winkel in Grad}] \cdot \pi}{180}$$

1 Modellieren Sie den schiefen Wurf eines Körpers mithilfe einer Tabellenkalkulation (▶ A1). Sie können die Ausgangsgrößen in den grün unterlegten Feldern beliebig anpassen.
Hinweise zur möglichen Syntax für s_x und s_y:
s_x: `$B$4*COS($B$5*PI()/180)*A9`
s_y: `$B$4*SIN($B$5*PI()/180)*A9-4,9*A9^2`

a ▨ Körper 1 mit einer Anfangsgeschwindigkeit $v_0 = 20 \frac{m}{s}$ und einem Abwurfwinkel $\alpha = 45°$.
b ▨ Erstellen Sie die Tabelle für einen zweiten Körper und stellen Sie die Bewegung beider Körper in einem gemeinsamen $s_y(s_x)$-Diagramm dar.

2 a ▨ Passen Sie Ihr Diagramm und die Tabelle so an, dass die Werte unterhalb der s_x-Achse nicht dargestellt werden.
b ▨ Passen Sie die Tabelle so an, dass Sie auch den Ortsfaktor (Fallbeschleunigung) g variieren können.

3 ■ Finden Sie die optimalen Abwurfwinkel für einen Wurf mit Anfangshöhe, z. B. $h_0 = 1{,}8$ m.
Hinweis: Fügen Sie hierzu in die Berechnung von s_y das Feld mit der Anfangshöhe als neuen Summanden ein.

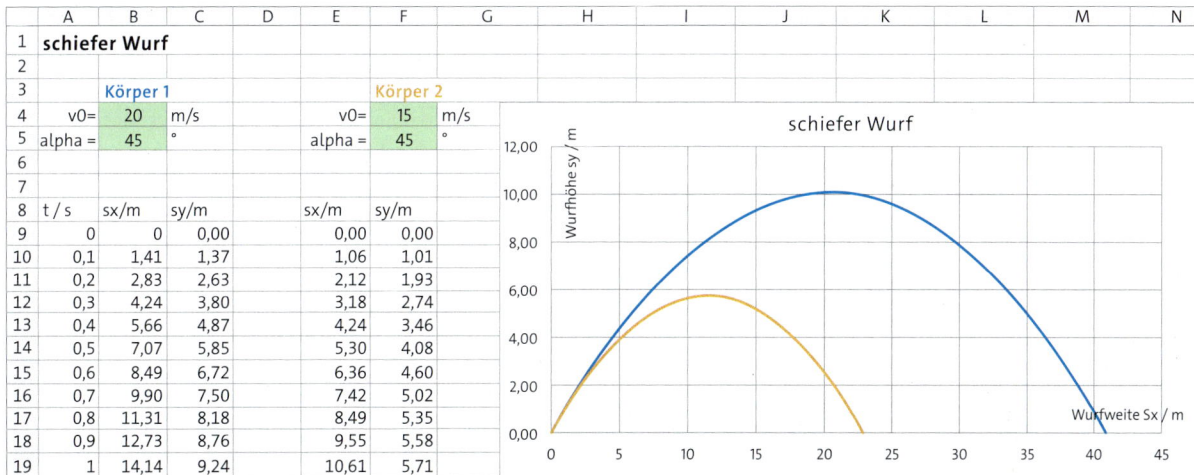

A1 Modellieren mithilfe eines Tabellenkalkulationsprogramms

1.10 Wechselwirkungsprinzip

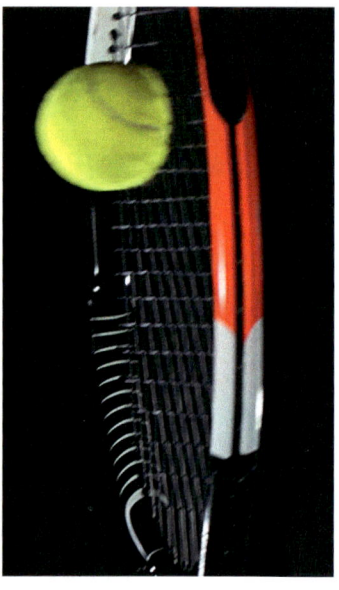

1 Dreiteilige Bildfolge eines Tennisschlags

Beim Schlag mit dem Tennisschläger wird der Ball heftig verformt, bevor er sich vom Schläger löst und mit einer großen Geschwindigkeit davonfliegt. Durch den Schlag erfährt der Tennisball eine große Beschleunigung. Erstaunlicherweise wird auch die Schlagfläche deutlich verformt. Was führt zu dieser Verformung?

Ursache der Verformung • Für die Verformung des Balls ist eine auf ihn wirkende Kraft verantwortlich. Wie bei einer Feder, auf die eine Kraft ausgeübt wird, kommt es auch beim Ball zum Zusammenpressen der Form. Da der Ball in Kontakt mit der Schlägerfläche steht, kann diese Kraft nur vom Schläger ausgeübt werden (▶ 1). Umgekehrt erkennt man auch eine Verformung der Schlagfläche selbst, d. h. auch auf die Bespannung muss eine Kraft ausgeübt werden. Diese kann nur vom Ball ausgehen, der er der einzige Gegenstand ist, der in Kontakt mit der Schlagfläche steht.

Dies wirft zwei weitere Fragen auf: Wie groß ist die zweite Kraft? Können wir erklären, warum der Ball plötzlich die zweite Kraft ausübt?

2 Das rote Boot übt über das Ruder eine Kraft auf das blaue Boot aus und stößt es weg.

Bestimmung der zweiten Kraft • Wir betrachten eine ähnliche Situation, bei der zwei Körper gegenseitig Kräfte aufeinander ausüben (▶ 2).

Ein rotes und ein blaues Boot stehen sich, ohne sich zu bewegen, gegenüber, d. h. der Abstand zwischen beiden Booten ist gleich und verändert sich nicht. Die Person im roten Boot will das blaue Boot mit dem Ruder wegstoßen. Um auch Berechnungen der beteiligten Kräfte durchführen zu können, legen wir fest, dass mit dem Ruder eine Sekunde lang eine Kraft von $F = 200\,\text{N}$ auf das blaue Boot ausgeübt wird. Jedes der Boote hat mitsamt Bootsfahrer eine Masse von 100 kg. Das blaue Boot erfährt somit entsprechend der Grundgleichung der Mechanik folgende Beschleunigung:

$$a = \frac{F}{m} = \frac{200\,\text{N}}{100\,\text{kg}} = 2\,\frac{\text{m}}{\text{s}^2}.$$

Durch die Beschleunigung erreicht das Boot folgende Geschwindigkeit:

$$v = a \cdot t = 2\,\frac{\text{m}}{\text{s}^2} \cdot 1\,\text{s} = 2\,\frac{\text{m}}{\text{s}}.$$

Gleichzeitig beobachtet man aber, dass auch das rote Boot eine Beschleunigung erfährt und sich in entgegengesetzter Richtung mit genau der gleichen Geschwindigkeit bewegt. Das rote Boot erreicht also eine Geschwindigkeit von $v = -2\,\frac{\text{m}}{\text{s}}$.

Betrachtet man also nur die Situation nach dem Wegstoßen, kann man gar nicht mehr sagen, von welchem Boot jetzt die „ursprüngliche" Kraft ausging. Aus der gemessenen Geschwindigkeit können wir umgekehrt die Beschleunigung und die auf das rote Boot wirkende Kraft berechnen:

$a = \frac{v}{t} = \frac{-2\frac{m}{s}}{1\,s} = -2\frac{m}{s^2}$.

$F = m \cdot a = 100\,kg \cdot \left(-2\frac{m}{s^2}\right) = -200\,N$.

Diese Kraft von −200 N hat das blaue Boot auf das rote ausgeübt, denn es ist kein weiterer Körper beteiligt. Die Kraft hat den gleichen Betrag wie die, die das rote auf das blaue Boot ausgeübt hat, aber wirkt in entgegengesetzter Richtung.
Das gilt auch für unser Beispiel mit dem Tennisball und Schläger. Wie das blaue Boot übt auch der Tennisball auf den Tennisschläger eine Kraft aus, die den gleichen Betrag hat wie die Kraft, die der Schläger auf den Ball ausübt, aber entgegengesetzte Richtung (▶1).
Eine solche Kraft nennt man passend zu ihrer entgegengesetzten Richtung **Gegenkraft**. Dieses Prinzip ist universell und wird das **Wechselwirkungsprinzip** genannt. Es besagt:

> Wenn ein Körper A eine Kraft $\vec{F}_{AB}$ auf einen zweiten Körper B ausübt, dann übt gleichzeitig der Körper B eine Gegenkraft $\vec{F}_{BA}$ auf den Körper A aus. Dabei gilt: $\vec{F}_{AB} = -\vec{F}_{BA}$

Ursache des Wechselwirkungsprinzips • Um das Auftreten der Gegenkraft zu verstehen, betrachten wir nochmal das Beispiel mit den Booten. Während des Wegstoßens können wir Reibungskräfte vernachlässigen. Damit stellen die beiden Boote ein System dar, auf das von außen keine weiteren Kräfte einwirken. Wie für einen einzelnen Körper gilt auch für das System das **Trägheitsprinzip**: Der Bewegungszustand, z. B. die Geschwindigkeit ändert sich ohne äußere Kräfte nicht. Zu Beginn war das System in Ruhe. Da das blaue Boot eine Geschwindigkeit von $2\frac{m}{s}$ nach rechts erhält, kann die Geschwindigkeit des gesamten Systems nur unverändert null bleiben, wenn das rote Boot eine Geschwindigkeit von $2\frac{m}{s}$ nach links erreicht. Das geht aber nur mit der Gegenkraft. Ohne diese zweite Kraft wäre das Trägheitsprinzip verletzt, da sich der Bewegungszustand des Systems ändern würde.

3 Drohender Überschlag bei Vollbremsung

Relevanz dieses Prinzips • Der Tennisball hat eine Masse von 58 g und kann beim Aufschlag Geschwindigkeiten von über 252 $\frac{km}{h}$ oder 70 $\frac{m}{s}$ erreichen. Um diese Geschwindigkeit mit einer gleichmäßigen Beschleunigung über einer Strecke von 2 m zu erreichen, muss der Schläger auf den Ball eine Kraft von 21 121 N ausüben.

Entsprechend dem Wechselwirkungsprinzip übt der Ball eine Gegenkraft von −21 121 N auf den Schläger aus. Diese Gegenkraft stellt nicht nur für den Schläger eine starke Belastung dar, sondern auch für den Arm. Dabei kann es zu einer Überlastung kommen, die langfristig zu einer Entzündung im Arm führen kann, die als Tennisarm bezeichnet wird.
Wenn man die Auswirkungen einer Kraft F umfassend beurteilen will, dann sollte man also immer auch an die Gegenkraft denken. Wir betrachten dazu folgende Zusammenhänge:
• Gegenkraft und Trägheitskraft sowie
• Gegenkraft und Reibungskraft.

Gegenkraft und Trägheitskraft • Wenn Jemand auf einem Motorrad plötzlich bremst, dann spürt diese Person eine nach vorn gerichtete Trägheitskraft, die sogar zu einem Überschlag führen kann (▶3). Eine am Straßenrand stehende Person dagegen sieht keine Ursache für die Trägheitskraft. Sie erklärt sich den drohenden Überschlag durch die Trägheit des Motorrads: Während das Vorderrad gebremst wird, verharrt der Rest des Motorrads in seiner Bewegung nach vorn.
Ob eine Trägheitskraft wahrgenommen wird, hängt also von der Perspektive ab. Insofern hat eine Trägheitskraft keine Gegenkraft.

Newton hat die Mechanik durch drei Axiome charakterisiert. Das Wechselwirkungsprinzip stellt das **3. NEWTON'sche Axiom** dar. Man nennt es auch **Reaktionsprinzip.**

Nach dem **Trägheitsprinzip,** auch 1. NEWTON'sches Gesetz, verharrt ein Körper in Ruhe oder der gleichförmigen geradlinigen Bewegung, wenn keine äußeren Kräfte auf ihn einwirken.

Gegenkraft und Reibungskraft • Eine Person beim Tauziehen übt auf ihren Schuh eine nach vorn gerichtete Kraft aus. Solange diese Kraft kleiner ist als die Haftreibungskraft, übt der Schuh auf die Person eine Gegenkraft nach hinten aus. Diese nach hinten gerichtete Gegenkraft ermöglicht der Person erst das Ziehen, also das Ausüben der Kraft.

Gegenkraft ohne Bewegung • Die grüne Spitze am Zeltfirst steht unbewegt (▶1). Also befindet sie sich im Kräftegleichgewicht. Konkret ziehen die beiden blauen Seile an der Spitze nach links unten und rechts unten, wobei die waagerechten Kraftkomponenten $\vec{F}_L$ und $\vec{F}_R$ einander aufheben. Zwischen diesen beiden herrscht ein **Kräftegleichgewicht**.

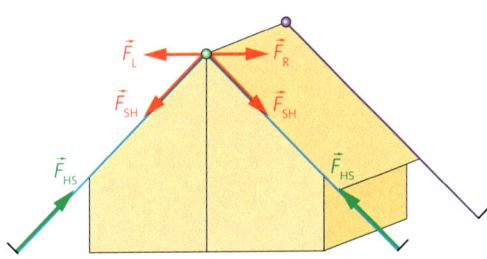

1 Zelt: Gegenkraft auch ohne Bewegung

2 Sprung vom Dreimeterturm

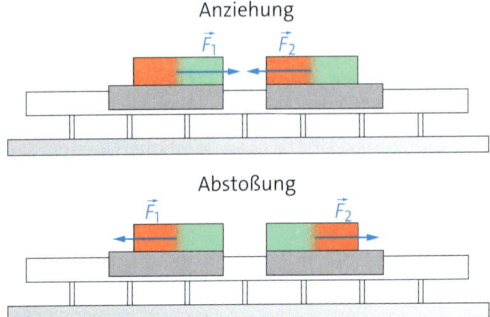

3 Gegenkraft auch ohne Berührung

Treten hier auch Gegenkräfte auf? Ja, der linke Hering zieht mit der Kraft $\vec{F}_{SH}$ an der Spitze, während diese mit der Gegenkraft $\vec{F}_{HS}$ am Hering zieht (analog auf der rechten Seite).
Die Spitze wird also durch ein Kräftepaar im Kräftegleichgewicht gehalten, während sie und jeder Hering durch Kraft und Gegenkraft miteinander wechselwirken.

Gegenkraft ohne Berührung • Springt eine Schülerin vom Dreimeterturm (▶2), übt die Erde eine nach unten gerichtete Gewichtskraft auf sie aus. Übt die Schülerin dann eine nach oben gerichtete Gegenkraft auf die Erde aus? Wäre dies dann auch eine Gewichtskraft?
Dies untersuchen wir mit einem Modellversuch: Die Gewichtskraft wirkt während des Sprungs ohne Berührung. Daher modellieren wir diese Kraft durch die magnetische Kraft. Erde und Schülerin modellieren wir durch zwei Magnete auf Schlitten (▶3), die freie Beweglichkeit während des Sprungs durch eine Luftkissenbahn. Wir halten die Schlitten anfangs fest und lassen sie dann los. Beide bewegen sich aufeinander zu. Somit übt der linke Schlitten auf den rechten eine Kraft $\vec{F}$ aus und gleichzeitig der rechte Schlitten auf den linken die Gegenkraft $\vec{F}_{WW}$.

Wir übertragen dieses Ergebnis vom Modellversuch auf die springende Schülerin (▶2): Beim Springen übt die Erde auf sie die Gewichtskraft $\vec{F}$ aus und gleichzeitig übt sie auf die Erde die Gegenkraft $\vec{F}_{WW}$ aus. Da für diese Gegenkraft keine andere Ursache als die Gewichtskraft zu erkennen ist, muss es ebenfalls eine Gewichtskraft sein. Die Schülerin übt also tatsächlich eine Gewichtskraft auf die Erde aus, die den gleichen Betrag hat wie die Gewichtskraft, welche die Erde auf sie ausübt. Allerdings wird die Erde dadurch nicht merklich beschleunigt. Denn nach der Grundgleichung der Mechanik ist diese Beschleunigung gleich der Kraft geteilt durch die Masse der Erde – und die ist mit $6 \cdot 10^{24}$ kg so groß, dass keine messbare Beschleunigung entsteht.

1 🔲 Betrachten Sie noch einmal die Grafik des Zelts (▶1). Analysieren Sie Lage und Anzahl der Kraftpfeile:
  a beim Kräftegleichgewicht,
  b beim Wechselwirkungsprinzip.

Material

Grundlagen der Mechanik • Wechselwirkungsprinzip

Versuch A • Wechselwirkung

V1 Magnetische Kraft

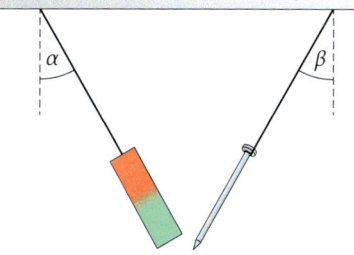

4 Magnet und Nagel ziehen sich an.

Materialien: Faden, Stabmagnet, Nagel, Geodreieck, Waage

Arbeitsauftrag:
- Messen Sie die Massen eines Stabmagneten und eines Nagels.
- Hängen Sie beide mit je einem Faden an eine Stange (▶4). Messen Sie die beiden Neigungswinkel α und β, um welche die Fäden ausgelenkt werden.
- Bestimmen Sie den Betrag F_G der Gewichtskraft des Stabmagneten und begründen Sie mithilfe einer Skizze, dass der Nagel den Stabmagneten mit einer Kraft vom Betrag $F_1 = \tan\alpha \cdot F_G$ anzieht.
- Berechnen Sie die Kraft F_1.
- Ermitteln Sie mithilfe des Winkels β die Kraft F_2, mit welcher der Stabmagnet den Nagel anzieht.

V2 Messung der Kraft

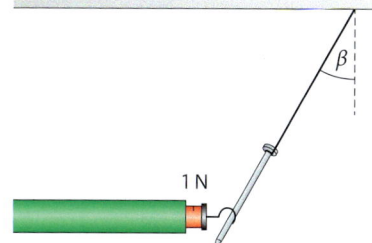

5 Waagerechte Kraft auf den Nagel

Materialien: Faden, Stabmagnet, Geodreieck, Federkraftmesser

Arbeitsauftrag:
- Messen Sie mithilfe des Federkraftmessers am Aufbau von Versuch V1 die waagerecht gerichtete Kraft F_2, mit der der gleiche Ablenkwinkel β des Nagels erzielt wird wie durch die magnetische Kraft in Versuch V1 (▶5). Messen Sie analog die Kraft F_1.
- Erörtern Sie die Genauigkeit, mit der die Kräfte F_1 und F_2 ermittelt wurden.
- Begründen Sie mithilfe der ermittelten Kräfte F_1 und F_2, dass bei magnetischen Kräften das Wechselwirkungsprinzip gilt.
- Erläutern Sie anhand der Versuche V1 und V2, wie der Nagel und der Magnet miteinander wechselwirken.

V3 Schaltbare Wechselwirkung

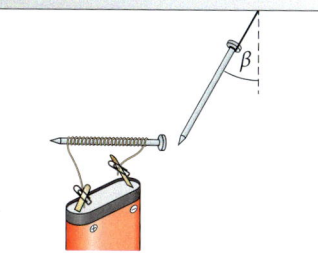

6 Einfacher Elektromagnet

Materialien: Faden, Nägel, Geodreieck, lackierter Kupferdraht, Batterie

Arbeitsauftrag:
- Wickeln Sie den Draht um einen Nagel, kratzen Sie an den Enden den Lack ab und schließen Sie den Stromkreis (▶6).
- Prüfen Sie, ob der gebaute Elektromagnet funktioniert.
- Positionieren Sie beim Versuchsaufbau von Versuch V1 den Elektromagneten so, dass der Faden des hängenden Nagels um den Winkel β ausgelenkt wird.
- Erklären Sie, wie man mit dem Elektromagneten eine Wechselwirkung ein- und ausschalten und sogar von anziehend auf abstoßend umschalten kann.

Material A • Wechselwirkungsprinzip und Beschleunigung

Die Oberfläche von Eis wurde mit einem Rasterelektronenmikroskop abgetastet. Dabei zeigten sich Eiskristalle mit einem Tiefenprofil von ungefähr 20 nm (▶A1). An diesem Profil haftet ein sehr dünner Film von praktisch flüssigem Wasser.

1 Erklären Sie jeweils mithilfe des Wechselwirkungsprinzips und einer Skizze.
  a Warum man mit Schuhen auf einer Eisfläche kaum beschleunigen kann.
  b Wie man mit den Ruderschlägen ein Boot beschleunigt.
  c Wie ein Auto auf einer Fähre beschleunigt.

2 Stellen Sie eine Hypothese auf, welche Auswirkungen der dünne Wasserfilm auf den Eiskristallen auf die Eigenschaften einer Eisoberfläche hat. Beschreiben Sie, wie Sie sich im Gegensatz dazu die Oberfläche von Asphalt vorstellen.

A1 Oberfläche von Eis unter dem Rasterelektronenmikroskop

1.11 Impuls und Impulserhaltung

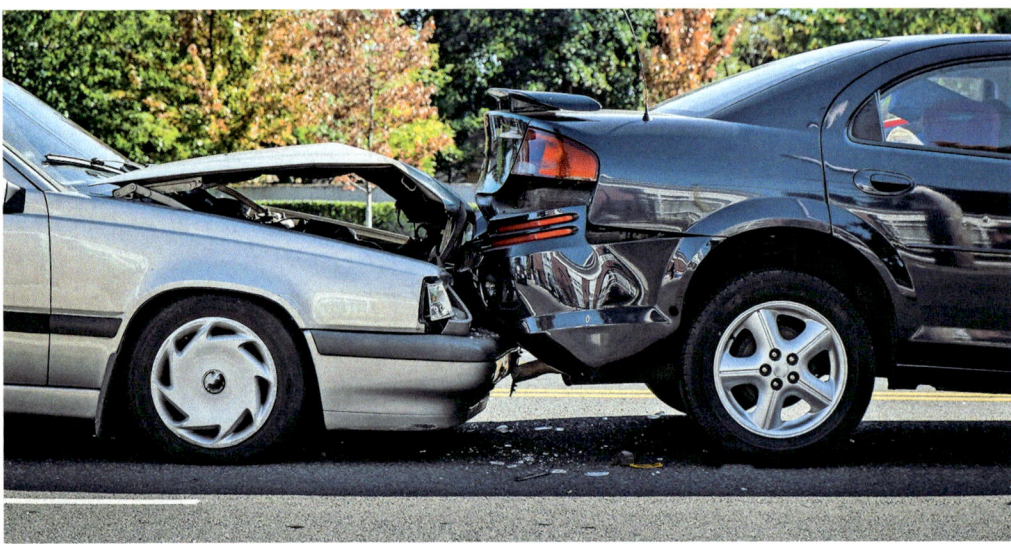

1 Auffahrunfall

Das helle Auto fuhr mit einer Geschwindigkeit von 20 $\frac{km}{h}$ auf das stehende dunkle Auto auf. Hierbei verhakten sich die beiden Autos und fuhren gemeinsam mit einer kleineren Geschwindigkeit weiter. Das vorher ruhende Auto wurde also auf diese gemeinsame Geschwindigkeit beschleunigt. Ist seine Geschwindigkeitsänderung größer als 10 $\frac{km}{h}$, besteht die Gefahr eines Schleudertraumas. Trat diese Gefahr auf?

Geschwindigkeitsänderung • Der Autounfall ist zumindest aus physikalischer Sicht ein gutes Beispiel, um zu zeigen, wie man mit mathematischen Methoden zu neuen Erkenntnissen gelangen kann. Am Ende werden wir sogar eine neue physikalische Größe kennen gelernt haben. Hierzu analysieren wir die Situation des Unfalls: Während des Zusammenstoßes beschleunigt das helle Auto das dunkle, bis beide die gemeinsame Geschwindigkeit v' haben (▶ 2). Erst später kommen beide gemeinsam zum Stillstand. Beide Autos ändern also ihre Geschwindigkeit während der kurzen Zeitspanne Δt des Zusammenstoßes. Die während des Zusammenstoßes auftretenden Kräfte oder Beschleunigungen kennen wir nicht (▶ 2).

Dennoch können wir nur aus den beiden Geschwindigkeiten vor dem Zusammenstoß die Geschwindigkeit v' nach dem Zusammenstoß ableiten.
Die Geschwindigkeitsänderung Δv_2 des dunklen Autos wird durch die mittlere Beschleunigung (Durchschnittsbeschleunigung) $\overline{a}_2$ während der Zeitspanne des Zusammenstoßes verursacht:

$$\Delta v_2 = \overline{a}_2 \cdot \Delta t.$$

Die mittlere Beschleunigung ergibt sich gemäß der Grundgleichung der Mechanik aus der mittleren Kraft und der Masse m_2 des dunklen Autos:

$$\overline{a}_2 = \frac{\overline{F}_2}{m_2}.$$

Damit erhalten wir für die Geschwindigkeitszunahme des dunklen Autos folgenden Term:

$$\Delta v_2 = \frac{\overline{F}_2}{m_2} \cdot \Delta t.$$

Die gleichen Überlegungen gelten auch für die Geschwindigkeitsänderung Δv_1 des hellen Autos:

$$\Delta v_1 = \frac{\overline{F}_1}{m_1} \cdot \Delta t$$

Aufgrund des Wechselwirkungsprinzips ist die mittlere Kraft auf das erste Auto genauso groß wie die auf das zweite Auto, nur entgegengesetzt gerichtet, so dass gilt: $\overline{F}_1 = -\overline{F}_2$.

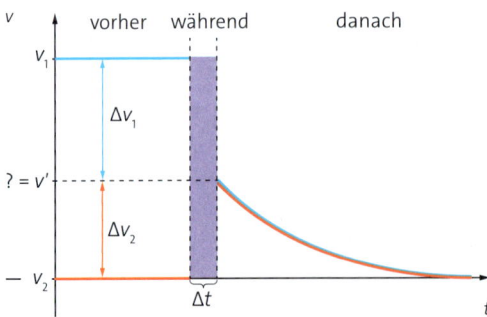

2 t-v-Diagramm: blau: helles Auto; rot: dunkles Auto

Damit lässt sich die eine Kraft durch die andere ersetzen:

$\Delta v_1 = \frac{-\overline{F}_2}{m_1} \cdot \Delta t$.

Somit haben wir ein Gleichungssystem für Δv_1 und Δv_2. Um dieses zu lösen, suchen wir nach Größen, die in beiden Gleichungen gleich sind, denn dann können wir das Gleichsetzungsverfahren anwenden. Diese Größen sind $\overline{F}_2$ und Δt. Wir bringen diese Größen auf die rechte Seite des Gleichheitszeichens und erhalten so:

$m_2 \cdot \Delta v_2 = \overline{F}_2 \cdot \Delta t$ und $m_1 \cdot \Delta v_1 = -\overline{F}_2 \cdot \Delta t$.

Wir setzen gleich:

$m_1 \cdot \Delta v_1 = -m_2 \cdot \Delta v_2$.

Wir sehen schon jetzt, dass die erhaltene Gleichung weder die beteiligten Kräfte bzw. Beschleunigungen, noch die Zeitspanne enthält. Durch das Wechselwirkungsprinzip konnten diese eliminiert werden.
Im nächsten Schritt ersetzen wir die Geschwindigkeitsänderungen. Da das dunkle Auto vor dem Zusammenstoß stand, ist seine Anfangsgeschwindigkeit (v_2) null und $\Delta v_2 = v'$. Das helle Auto hatte eine Anfangsgeschwindigkeit (v_1). Für seine Geschwindigkeitsänderung gilt: $\Delta v_1 = v' - v_1$.

$m_1 \cdot (v' - v_1) = -m_2 \cdot v'$

Diese Gleichung kann in mehreren Schritten nach v' aufgelöst werden:

$m_1 \cdot v' - m_1 \cdot v_1 = -m_2 \cdot v'$

$m_1 \cdot v' + m_2 \cdot v' = m_1 \cdot v_1$

$v' \cdot (m_1 + m_2) = m_1 \cdot v_1$

$v' = \frac{m_1}{m_1 + m_2} \cdot v_1$

Wir haben eine Gleichung erhalten, die nur von der Anfangsgeschwindigkeit des hellen Autos und den Massen der beteiligten Fahrzeuge abhängt. Setzen wir $v_1 = 20 \frac{km}{h}$, erhalten wir:

$v' = \frac{m_1}{m_1 + m_2} \cdot 20 \frac{km}{h}$.

Die Endgeschwindigkeit, und damit die Geschwindigkeitszunahme beim zweiten Auto, ist dann größer als $10 \frac{km}{h}$, wenn die Masse m_1 des hellen Autos größer als die Masse m_2 des dunklen Autos ist. Die Gefahr eines Schleudertraumas ist besonders hoch, wenn das auffahrende Auto sehr schwer ist.

Impuls als neue Erhaltungsgröße • Wir konnten die Endgeschwindigkeit berechnen, weil beim Zusammenstoß das Produkt aus der mittleren Kraft und der Dauer des Zusammenstoßes für beide Autos den gleichen Betrag $F_2 \cdot \Delta t$ hatte. Diesen Betrag haben wir schon bei der Untersuchung der Grundgleichung der Mechanik kennengelernt und dort als Ursache für eine Bewegungsänderung erkannt. In der Physik heißt dieses Produkt **Kraftstoß**. Auch das Produkt $m_2 \cdot \Delta v_2$ haben wir schon kennengelernt und als Wirkung bezeichnet. In der Physik heißt dieses Produkt Impulsänderung Δp. Der dazugehörige **Impuls** p ist das Produkt aus der Masse m eines Körpers und seiner Geschwindigkeit v:

$p = m \cdot v$.

Die Einheit des Impuls ist $1 \frac{kg \cdot m}{s}$. Wegen des Wechselwirkungsprinzips folgte, dass die Impulsänderung der beiden Autos jeweils um den gleichen Betrag erfolgte, aber mit umgekehrten Vorzeichen:

$m_1 \cdot \Delta v_1 = -m_2 \cdot \Delta v_2$.

Das bedeutet, dass das auffahrende Fahrzeug einen Teil seines Impulses auf das stehende Fahrzeug übertrug, ohne dass sich die Summe beider Impulse dabei geändert hat:

$m_2 \cdot \Delta v_2 + m_1 \cdot \Delta v_1 = 0$.

Während des Zusammenstoßes bilden die beiden Autos ein abgeschlossenes System, auf das von außen keine Kräfte wirken. In diesem abgeschlossenen System ist der (Gesamt-)Impuls eine **Erhaltungsgröße**. Der Gesamtimpuls eines Systems ist die Summe der Einzelimpulse:

vor dem Stoß: $p = m_1 v_1 + m_2 v_2$,
nach dem Stoß: $p' = m_1 v'_1 + m_2 v'_2$.
Im abgeschlossenen System ist $p = p'$.

> Das Produkt aus Masse m und Geschwindigkeit $\vec{v}$ heißt Impuls $\vec{p} = m \cdot \vec{v}$.
> In einem abgeschlossenen System ist die Summe aller Impulse erhalten.

1 Erläutern Sie, warum die Wagen nach dem Zusammenstoß zum Stehen kommen (▶ 2), obwohl der Impuls eine Erhaltungsgröße ist.

2 Leiten Sie die Geschwindigkeit v' für einen Zusammenstoß her, bei dem $v_2 \neq 0$ ist.

1 Hammer

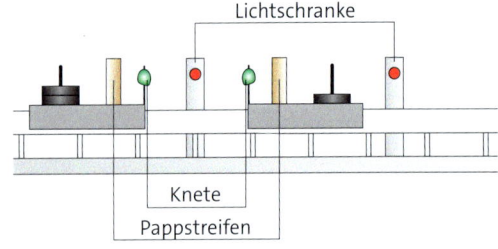

2 Modellversuch

Nummer	1	2	3	4	5
m_1 in kg	0,25	0,25	0,35	0,25	0,25
m_2 in kg	0,25	0,35	0,25	0,25	0,25
v_1 in $\frac{m}{s}$	0,52	0,52	0,52	0,70	0,30
v' in $\frac{m}{s}$	0,25	0,21	0,30	0,34	0,14
p in kg $\frac{m}{s}$	0,130	0,130	0,182	0,175	0,075
p' in kg $\frac{m}{s}$	0,125	0,126	0,180	0,170	0,070

3 Die im Modellversuch gemessenen Größen

Aufgabe einer Knautschzone: Autos werden mit einer sogenannten Knautschzone gebaut. Diese wird beim Unfall zusammengeknautscht und soll dabei möglichst viel Energie aufnehmen, um die beim Unfall gefährliche Bewegungsenergie zu verringern.

Modellversuch • Den Zusammenstoß der beiden Autos und das Prinzip der Impulserhaltung untersuchen wir in einem Modellversuch. Wir modellieren die beiden Autos durch Schlitten auf der Luftkissenbahn (▶ 2). Wir messen die Anfangsgeschwindigkeit v_1 des Schlittens mit der Masse m_1 und die Endgeschwindigkeit v' beider aneinander haftender Schlitten ($m_1 + m_2$) mit Lichtschranken und variieren die Massen m_1 und m_2. Angebrachte Knetkügelchen an den Enden der Schlitten sorgen für das Aneinanderhaften. ▶ 3 zeigt die Messwerte sowie die Impulse $p = m_1 \cdot v_1$ vor und $p' = (m_1 + m_2) \cdot v'$ nach dem Zusammenstoß. p und p' sind im Rahmen der Messungenauigkeiten gleich, das Prinzip der Impulserhaltung ist somit bestätigt.

Bedeutung der Masse • Auch der Modellversuch zeigt, dass eine große Masse m_1 eine große Endgeschwindigkeit bewirkt. Während dies beim Auffahrunfall zum Schleudertrauma führen kann, kann man die Masse auch sinnvoll nutzen – z. B., wenn man einen Pfahl mit einem Hammer in den Boden schlägt. Der Aufprall des Hammers auf den Pfahl stellt einen Kraftstoß dar. Da der Hammer anschließend zum Stillstand kommt, wird gemäß dem Prinzip der Impulserhaltung der gesamte Impuls des Hammers auf den Pfahl übertragen. Wollen wir den Impuls des Hammers verdoppeln, können wir entweder die Masse oder die Geschwindigkeit des Hammers verdoppeln. Bei welcher Möglichkeit müssen wir weniger Energie aufwenden? Dazu betrachten wir den Term der Bewegungsenergie des Hammers:

$E = \frac{1}{2} \cdot m \cdot v^2$.

Verdoppeln wir die Masse, benötigen wir die doppelte Energie. Verdoppeln wir die Geschwindigkeit, benötigen wir die vierfache Energie. Wir müssen bei gleichem Impuls also weniger schwitzen, wenn wir mit einem schweren Hammer etwas langsamer schlagen, als wenn wir mit einem leichteren Hammer schneller schlagen.

Die Bewegungsenergie • Unsere Untersuchung des Hammerschlags zeigt, dass beim Kraftstoß zwar der Impuls erhalten ist, nicht aber die **Bewegungsenergie**. Wo bleibt die Bewegungsenergie? Schlägt man den Pfahl in die Erde, tritt Reibung auf und ein Teil der Energie wird in thermische Energie umgewandelt. Beim Auffahrunfall wird das Blech verformt. Dazu wird Energie benötigt. Wir berechnen die Bewegungsenergie für den Auffahrunfall. Haben beide Autos eine Masse von 1000 kg, beträgt die kinetische Energie vor dem Zusammenstoß:

$E_{kin} = \frac{1}{2} \cdot 1000 \text{ kg} \cdot (20 \frac{km}{h})^2 = 15\,432 \text{ J}$.

Nach dem Zusammenstoß hat sie den Betrag:

$E_{kin} = \frac{1}{2} \cdot 2000 \text{ kg} \cdot (10 \frac{km}{h})^2 = 7716 \text{ J}$.

Die Differenz von 7 716 J hat die Knautschzone aufgenommen, als sie verformt wurde.

1 ◪ Ein Kleinbus mit einer Masse von 4000 kg fährt mit einer Geschwindigkeit von 20 $\frac{km}{h}$ auf ein stehendes Auto mit einer Masse von 1000 kg auf. Beide Autos verhaken sich.
a Berechnen Sie die gemeinsame Endgeschwindigkeit v' unmittelbar nach dem Auffahrunfall. Beurteilen Sie die Gefahr eines Schleudertraumas.
b Nun soll das Auto mit einer Geschwindigkeit von 20 $\frac{km}{h}$ auf den stehenden Kleinbus auffahren. Beide verhaken sich wieder. Berechnen Sie die gemeinsame Endgeschwindigkeit v' und beurteilen Sie die Gefahr eines Schleudertraumas für die Insassen des Busses.

Material

Grundlagen der Mechanik • Impuls und Impulserhaltung

Versuch A • Messung von Impulsen beim Fußball

Mit Radarsensoren wurde gemessen, dass Dario Vidosic den Fußball mit 134 $\frac{km}{h}$ auf das Tor schoss. Mit den folgenden Versuchen können Sie analysieren, wie eine so hohe Geschwindigkeit möglich ist.

V2 Springender Ball

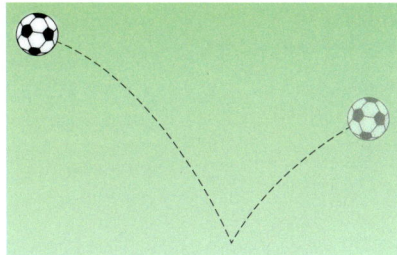

4 Springender Ball

Materialien: Ball, Lineal, Waage

Arbeitsauftrag:
- Messen Sie die Masse des Balls.
- Lassen Sie den Ball fallen und vom Boden wieder hochspringen (▶ 4). Messen Sie die Fallhöhe und die maximale Steighöhe.
- Der fallende Ball wird mit der Fallbeschleunigung $g = 9{,}8\ \frac{m}{s^2}$ beschleunigt. Die nach einer Fallstrecke s erreichte Geschwindigkeit berechnet man mit: $v = \sqrt{2 \cdot g \cdot s}$.
- Ermitteln Sie mithilfe der berechneten Geschwindigkeiten die Impulse p_1 unmittelbar vor dem Aufprall und p_2 unmittelbar danach.
- Nun führen Sie den Versuch für verschiedene Fallhöhen durch und bestimmen Sie den mittleren relativen Erhalt des Impulses $e = \left|\frac{p_2}{p_1}\right|$ des Balls beim Aufprall, der die Elastizität charakterisiert und entsprechend e genannt wird.
- Führen Sie den Versuch für verschiedene Bälle und Böden durch und ermitteln Sie günstige Bälle und Böden.

V2 Abgeschossener Fußball

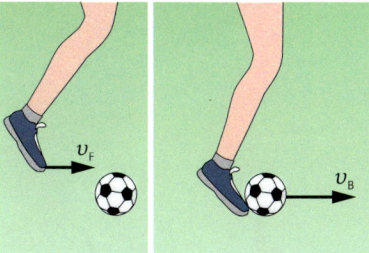

5 Geschossener Ball

Materialien: Fußball, Kamera, Maßstab, Waage

Arbeitsauftrag:
- Messen Sie die Masse m des Balls. Legen Sie den Ball auf den Sportplatz und platzieren Sie in Schussrichtung 1 m vor dem Ball eine Markierung als Maßstab.
- Schießen Sie den Ball ab, während ein Mitschüler oder eine Mitschülerin von der Seite ein Video aufzeichnet.
- Bestimmen Sie die Zeitspanne in Sekunden zwischen zwei aufeinanderfolgenden Bildern. Finden Sie dazu mithilfe von Herstellerangaben heraus, wie viele Bilder Ihre Kamera pro Sekunde aufnimmt und bestimmen Sie den Kehrwert.
- Bestimmen Sie für zwei aufeinanderfolgende Einzelbilder mithilfe des Maßstabs die vom Ball zurückgelegte Strecke.
- Bestimmen Sie die Geschwindigkeit v_{F0} des Fußes unmittelbar vor und die Geschwindigkeit v_B des Balls nach dem Schuss.
- Ermitteln Sie den relativen Geschwindigkeitsverlust $e = \left|\frac{v_{F0}}{v_B - v_{F0}}\right|$.
- Experimentieren Sie mit verschiedenen Bällen.

V2 Abschussgeschwindigkeit

6 Abschussgeschwindigkeit

Materialien: Fußball, Kamera, Maßstab, Waage

Arbeitsauftrag:
- Bereiten Sie das Abschießen eines Fußballs wie im Versuch V2 vor. Schießen Sie den liegenden Ball ab und zeichnen Sie die Bewegung mit der Kamera des Smartphones auf.
- Ermitteln Sie die Geschwindigkeit v_{F0} des Fußes unmittelbar vor dem Abschuss, die Geschwindigkeit v_{F1} des Fußes unmittelbar nach dem Abschuss sowie die Geschwindigkeit v_B des Balles unmittelbar nach dem Abschuss.
- Überprüfen Sie mit Ihren Aufzeichnungen, dass die Abschussgeschwindigkeit v_B des Balls gleich der Endgeschwindigkeit des Fußes v_{F1} plus e-mal die Anfangsgeschwindigkeit v_{F0} des Fußes ist, also:
$v_B = v_{F1} + e \cdot v_{F0}$
- Begründen Sie die obige Formel, indem Sie die Bewegung des Balls aus der Perspektive des Fußes beschreiben, wobei der Ball auf den Fuß mit v_{F0} zukommt und sich nach dem Schuss mit der Geschwindigkeit $e \cdot v_{F0}$ vom Fuß entfernt.
- Berechnen Sie mit Hilfe obiger Formel die maximale Abschussgeschwindigkeit, die ein Torschütze bei einem Ball mit $e = 0{,}5$ und $v_{F0} = 90\ \frac{km}{h}$ erzielen kann.

67

1.12 Erhaltungssätze

1 Beim Bungeesprung

Nur ganz Mutige wagen den Sprung in die Tiefe. Sie stürzen mit einem Seil an den Füßen hinab, bis das Seil sich strafft und die Bewegung allmählich abbremst. Damit niemand zu Schaden kommt, darf das Seil nicht zu lang sein. Woher wissen die Veranstalter, wie lang es sein muss?

Höhenenergie wird auch Lageenergie genannt.
Die kinetische Energie wird auch als Bewegungsenergie bezeichnet.

Energie wird umgewandelt • Der Zustand eines Körpers bzw. eines Systems kann durch eine wichtige physikalische Größe – der Energie – beschrieben werden. Ein Körper, der sich bewegt, hat z. B. kinetische Energie. Sie hängt von der Masse und der Geschwindigkeit des Körpers ab:

$E_{kin} = \frac{1}{2} \cdot m \cdot v^2$.

Die Springerin beim Bungeesprung fällt aus einer bestimmten Höhe zu Boden. Diese Höhe zu kennen, ist wichtig, um die richtige Seillänge zu berechnen. Die Höhe (Lage) eines Körpers kann mithilfe der Höhenenergie beschrieben werden:

$E_H = m \cdot g \cdot h$.

Als sogenannte Bilanzgröße bleibt die Energie erhalten. Die Höhenenergie, die die Springerin zu Beginn besitzt, wird während des Fallens in kinetische Energie umgewandelt. Sobald sich das Seil spannt auch in Spannenergie. Mit diesen Kenntnissen kann die notwendige Länge eines Bungeeseils abgeschätzt werden. Dazu betrachten wir ein System, das aus der Springerin, der Aufhängung des Seils und dem Seil selbst besteht. Die Luftreibung und die Reibung an der Seilaufhängung und im Seil können wir als sehr gering annehmen. Die Umwandlung in thermische Energie ist somit vernachlässigbar.

Energieerhaltung • Weil keine Energie nach außen abgegeben wird, bleibt die Summe der mechanischen Energien konstant. In diesem Fall handelt es sich um ein energetisch **abgeschlossenes System.**

> In einem abgeschlossenen, mechanischen System bleibt die Summe der mechanischen Energien erhalten. Die gesamte mechanische Energie E_{Ges} ist also zu jedem Zeitpunkt gleich und es gilt: $E_{Ges} = E_H + E_{kin} + E_{Spann}$.

Mit diesem Erhaltungssatz kann man viele Fragestellungen in der Mechanik einfach lösen, ohne Genaueres über die Kräfte zu wissen, die zu einem bestimmten Zeitpunkt wirken.

Wie lang darf das Seil sein? • Dafür müssen wir einige vereinfachende Annahmen machen. Ein Bungeeseil enthält eine große Anzahl an elastischen Gummifäden. Zur Vereinfachung nehmen wir an, dass sich dieses Seil entsprechend dem HOOKE'schen Gesetz verhält. Ein typischer Wert für die „Federkonstante" D eines Bungeeseils ist $60{,}0 \frac{N}{m}$.

Als weitere Vereinfachung vernachlässigen wir die Masse des Gummiseils und gehen von einem freien Fall aus. Damit können wir die Fragestellung allein mit dem Energieerhaltungssatz beantworten.

Beispielhaft nehmen wir die folgenden Werte an: Die maximale Fallstrecke entspricht der Höhe $h = 80{,}0\,\text{m}$ der Brücke über einem Fluss. Die Springerin ist $l_k = 1{,}70\,\text{m}$ groß und ihre Masse beträgt $m = 65{,}0\,\text{kg}$.

Im Zustand I, vor dem Absprung, steht sie auf dem Startpodest (▶ 2). Das Seil ist an ihren Füßen befestigt. In diesem Zustand ist die Geschwindigkeit null und das Seil ist entspannt.
Damit sind die kinetische Energie und die Spannenergie null. Durch unsere Vereinfachungen kann die Gesamtenergie des Systems nur aus der Höhenenergie E_H der Springerin errechnet werden:

$E_{Ges} = E_H = m \cdot g \cdot h = 65{,}0\,\text{kg} \cdot 9{,}8\,\frac{m}{s^2} \cdot 80{,}0\,\text{m} \approx 50\,960\,\text{J}$

Im Zustand II ist die Springerin so weit hinabgefallen, dass das Seil gerade noch entspannt ist. Jetzt ist die Höhe $h - l$ erreicht, wobei l die gesuchte Seillänge angibt.

Im Zustand III, wenn die Springerin am tiefsten Punkt angekommen ist, ist die gesamte Energie in Spannenergie E_{Spann} umgewandelt. Also ist die kinetische Energie null. Auch die für diese Höhendifferenz betrachtete Höhenenergie ist jetzt null (▶ 3). Damit können wir für den Zustand III die Verlängerung s des Seils aus dem Energieerhaltungssatz bestimmen:

$E_{Ges} = E_{Spann}$.

Da wir annehmen, dass sich das Seil nach dem Hooke'schen Gesetz verhält, gilt für die Spannenergie $E_{Spann} = \frac{1}{2} \cdot D \cdot s^2$:

$E_{Ges} = \frac{1}{2} \cdot D \cdot s^2$.

Lösen wir diese Gleichung nach s auf, erhalten wir:

$s = \sqrt{\frac{2 E_{ges}}{D}} = \sqrt{\frac{2 \cdot 50960\,J}{60{,}0\,\frac{N}{m}}} \approx 41{,}2\,\text{m}$.

Die maximale Verlängerung des Seils beträgt also 41,2 m.
Die Höhe $h = 80{,}0\,\text{m}$ setzt sich aus der Seillänge l, der Körpergröße $l_K = 1{,}7\,\text{m}$ und der maximalen Verlängerung des Seils $s = 41{,}2\,\text{m}$ zusammen:

$h = s + l + l_K$.

$l = h - s - l_K$
$\ = 80{,}0\,\text{m} - 41{,}2\,\text{m} - 1{,}7\,\text{m} = 37{,}1\,\text{m}$

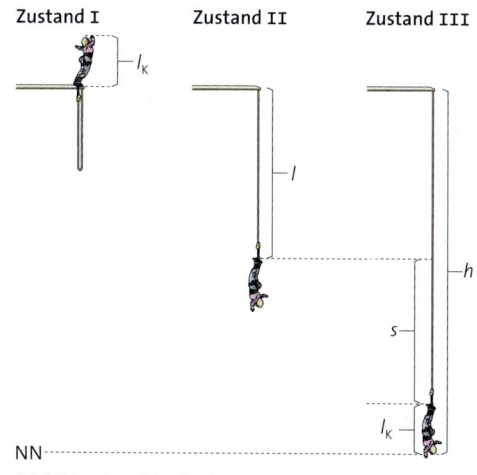

2 Besondere Zustände beim Bungeesprung

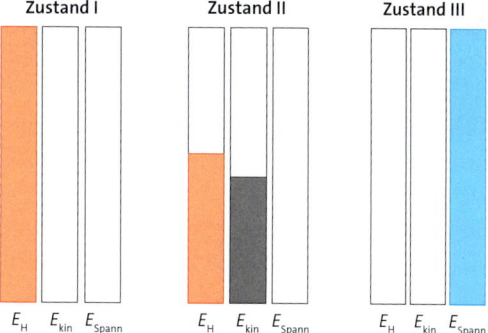

3 Energiebilanz der drei Zustände

Ein Sicherheitsabstand ist bereits enthalten, weil ein Teil der Energie in der Realität in thermische Energie umgewandelt wird. Daher wird weniger Energie in Spannenergie umgewandelt und die maximale Ausdehnung des Seils fällt geringer aus.

1 Ein 1,8 m großer Mann ($m = 80\,\text{kg}$) möchte von einer 120 m hohen Brücke einen Bungeesprung wagen. Wegen der Bepflanzung in der Nähe der Brücke soll er zur Sicherheit 10 m über dem Boden den tiefsten Punkt erreichen. Das Seil hat eine Federkonstante von $60\,\frac{N}{m}$. Berechnen Sie die maximal mögliche Seillänge.

2 Erstellen Sie ein Energiekontendiagramm zum Fall der Bungeespringerin ähnlich wie in Bild ▶ 3. Wählen Sie dazu fünf besondere Zustände beim Bungeesprung aus und zeichnen Sie die zugehörigen Energiekonten. Betrachten Sie hier nur die mechanischen Energieformen.

1 Curling

2 Stöße beim Billard

Prinzip der Impulserhaltung • Physik beim Curling: Wenn der Rock genannte Stein beim Curling einen anderen zentral trifft, bewegt sich der getroffene Rock in der gleichen Richtung weiter. Warum bleibt der erste Rock liegen, statt dass sich beide Steine mit einer gemeinsamen Geschwindigkeit weiterbewegen?

Die Erhaltungssätze helfen weiter • Diese Beobachtung können wir nur erklären, wenn wir berücksichtigen, dass bei diesem Vorgang nicht nur die Energie, sondern auch der Impuls erhalten bleibt. Am Anfang führen wir dem System von außen Energie zu, indem wir einen Rock über das Eis gleiten lassen. Der Rock hat somit im Moment des Loslassens kinetische Energie und damit eine Geschwindigkeit v_1. Der zweite Rock hat die Geschwindigkeit $v_2 = 0$. Im Augenblick des Zusammenstoßes werden Energie und Impuls auf den ruhenden Stein übertragen, wobei die Steine beim Curling alle die gleiche Masse haben.

Der getroffene Rock bewegt sich weiter, während der erste Rock zum Stehen kommt, also muss die Energie auf den getroffenen Stein übergegangen sein. Der Energieerhaltungssatz ist erfüllt, da wir die Reibung vernachlässigen können. Für die kinetische Energie vor und nach dem Stoß gilt (Geschwindigkeiten nach dem Stoß: v'_1, v'_2):

$$E_{kin} = \tfrac{1}{2} \cdot m_1 \cdot v_1^2 + \tfrac{1}{2} \cdot m_2 \cdot v_2^2$$
$$= \tfrac{1}{2} \cdot m_1 \cdot v'^2_1 + \tfrac{1}{2} \cdot m_2 \cdot v'^2_2$$

und $m_1 = m_2 = m$.

Wenn wir alle Massen durch m ersetzen und durch $\tfrac{1}{2} m$ teilen, erhalten wir:

$$v_1^2 + v_2^2 = v'^2_1 + v'^2_2$$

Die Geschwindigkeit v_2 vor dem Stoß ist bekannt: $v_2 = 0$. Also gilt:

$$v_1^2 = v'^2_1 + v'^2_2 \qquad (1)$$

Wir haben eine Gleichung mit zwei Unbekannten (v'_1 und v'_2). Diese sind somit nicht eindeutig festgelegt. Es fehlt eine weitere Gleichung, die v'_1 und v'_2 enthält. Wir wissen, dass der Impuls erhalten bleibt: $p = p'$, also gilt:

$$m_1 \cdot v_1 + m_2 \cdot v_2 = m_1 \cdot v'_1 + m_2 \cdot v'_2.$$

Wenn wir wieder nutzen, dass die Massen gleich groß sind und $v_2 = 0$ einsetzen, erhalten wir:

$$v_1 = v'_1 + v'_2.$$

Damit folgt aus Gleichung 1:

$$(v'_1 + v'_2)^2 = v'^2_1 + v'^2_2 \text{ bzw. } 2 \cdot v'_1 \cdot v'_2 = 0.$$

Also muss entweder $v'_1 = 0$ oder $v'_2 = 0$ sein. Da der zweite Rock sich aufgrund des Impulsübertrages auf jeden Fall bewegen wird, kann nur $v'_1 = 0$ zutreffen. Folglich gilt:

$$v_1 = v'_1 + v'_2 = 0 + v'_2 = v'_2.$$

Der erste Rock bleibt also liegen, der zweite bewegt sich nach dem Stoß mit der Geschwindigkeit v_1.

Energieerhaltungssatz und Impulserhaltungssatz müssen auch bei allen anderen Stoßprozessen erfüllt sein, z. B. beim Billard. Dabei lassen sich mehrere Fälle unterscheiden.

Spezielle Stoßprozesse • Zum einen werden die Stöße danach unterschieden, ob die kinetische Energie beim Stoß erhalten bleibt oder nicht. Ist die kinetische Energie beim Stoß erhalten, so wie z. B. beim Curling, handelt es sich um einen **elastischen Stoß**. Wird ein Teil der kinetischen Energie in Wärme umgewandelt oder ein Körper dauerhaft verformt, liegt ein **inelastischer Stoß** vor.

Zum anderen wird nach den Bewegungsrichtungen unterschieden. Bewegen sich die beiden Körper vor und nach dem Stoß längs ein- und derselben Geraden durch ihre Schwerpunkte, handelt es sich um einen geraden **zentralen Stoß**. Andernfalls liegt ein **dezentraler Stoß** vor.

Nachfolgend sollen einige dieser speziellen Stoßprozesse genauer betrachtet werden.

Grundlagen der Mechanik • Erhaltungssätze

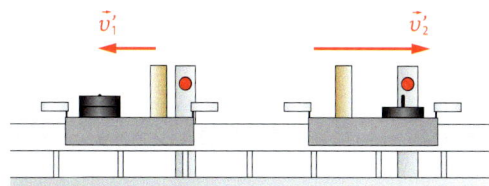

3 Luftkissenfahrbahn mit zwei Gleitern

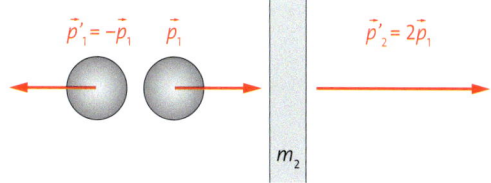

4 Impulsübertragung bei der Reflexion an einer Wand

Zentraler elastischer Stoß • Auf einer Luftkissenfahrbahn (▶3) stoßen zwei Gleiter elastisch aufeinander. Die Gleiter haben unterschiedliche Massen und Anfangsgeschwindigkeiten. Wegen der Impulserhaltung gilt:

$m_1 \cdot v_1 + m_2 \cdot v_2 = m_1 \cdot v'_1 + m_2 \cdot v'_2$.

Für die Geschwindigkeiten v'_1 und v'_2 nach dem Stoß gilt:

$v'_1 = \frac{(m_1 - m_2) \cdot v_1 + 2m_2 \cdot v_2}{m_1 + m_2}$,

$v'_2 = \frac{(m_2 - m_1) \cdot v_2 + 2m_1 \cdot v_1}{m_1 + m_2}$.

Diese Gleichungen werden mit der Impulserhaltung und der Energieerhaltung später begründet (METHODE: Herleitung der Geschwindigkeiten nach dem zentralen elastischen Stoß).
Sind beide Massen gleich groß, ergibt sich:

$v'_1 = v_2$ und $v'_2 = v_1$.

Stößt ein Körper mit einer großen Masse m_1 gegen einen ruhenden Körper mit sehr viel geringerer Masse m_2, kann man m_2 vernachlässigen. Der angestoßene Körper bewegt sich mit doppelter Geschwindigkeit $v'_2 = 2 v_1$ weiter. Dies nutzt man z. B. beim Abschlag mit dem Golfschläger.

Senkrechte Reflexion an einer Wand • Ein weiterer Spezialfall ist die Reflexion an einer Wand. Wenn wir einen Flummi gegen eine Wand werfen, liegt ein elastischer Stoß vor. Der Flummi wird in die Gegenrichtung gelenkt. Die Geschwindigkeit und der Impuls haben nach dem Stoß die entgegengesetzte Richtung. Da die Wand im Vergleich zum Flummi jedoch eine sehr große Masse hat ($m_2 \gg m_1$), bleibt ihre Geschwindigkeit nach dem Stoß null. Die Impulserhaltung gilt natürlich auch hier. Es gilt:

$p_1 = m_1 \cdot v_1$ und:

$p'_1 = m_1 \cdot v'_1 = -m_1 \cdot v_1 = -p_1$.

Außerdem folgt wegen der Impulserhaltung:

$p_1 = p'_1 + p'_2 = -p_1 + p'_2$, somit $p'_2 = 2p_1$.

Die Wand nimmt also einen Impuls auf, der doppelt so groß ist wie der des Flummis.

Unelastischer Stoß • Wenn nach dem Stoß beide Körper aneinanderhaften, liegt ein inelastischer Stoß vor. Beide Körper haben dann nach dem Stoß eine gemeinsame Geschwindigkeit v'.
Der Impulserhaltungssatz liefert:

$m_1 \cdot v_1 + m_2 \cdot v_2 = (m_1 + m_2) \cdot v'$.

Für die gemeinsame Geschwindigkeit gilt also:

$v' = \frac{m_1 \cdot v_1 + m_2 \cdot v_2}{m_1 + m_2}$.

Dezentrale Stöße • Die meisten Stöße sind nicht zentral. Sie können dezentrale Stöße zum Beispiel beim Billard beobachten. Die Impulse kann man dennoch bestimmen. Wenn eine Kugel nicht zentral auf eine andere stößt, lassen sich die Vektoren jeweils in zwei zueinander senkrechte Komponenten zerlegen (▶5). Für die eine Komponente ergibt sich dann ein zentraler Stoß, für den die bekannten Gleichungen gelten, und die dazu senkrechte Komponente ändert sich nicht.

1 ■ Zeigen Sie, dass beim Golf die Geschwindigkeit des Schlägers nach dem Stoß die gleiche ist wie vor dem Stoß.

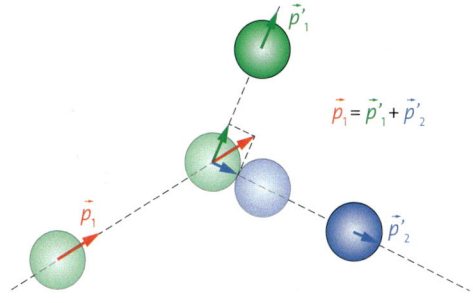

5 Die grüne Kugel stößt dezentral auf die ruhende blaue Kugel.

71

Methode

Herleitung der Geschwindigkeiten nach dem zentralen elastischen Stoß

Wir suchen die Geschwindigkeiten v'_1 und v'_2 nach dem Stoß. Wir haben für diese bereits eine Formel kennengelernt.

Zu zeigen ist, dass folgende Formeln gelten:

$$v'_1 = \frac{(m_1 - m_2) \cdot v_1 + 2m_2 \cdot v_2}{m_1 + m_2},$$

$$v'_2 = \frac{(m_2 - m_1) \cdot v_2 + 2m_1 \cdot v_1}{m_1 + m_2}.$$

Dafür nutzen wir den **Energieerhaltungssatz**:

$$\tfrac{1}{2} \cdot m_1 \cdot v_1^2 + \tfrac{1}{2} \cdot m_2 \cdot v_2^2 = \tfrac{1}{2} \cdot m_1 \cdot v'^2_1 + \tfrac{1}{2} \cdot m_2 \cdot v'^2_2, \qquad (1)$$

und den **Impulserhaltungssatz**:

$$m_1 \cdot v_1 + m_2 \cdot v_2 = m_1 \cdot v'_1 + m_2 \cdot v'_2. \qquad (2)$$

Da beide Gleichungen zusammen erfüllt sein müssen, bilden sie ein Gleichungssystem. Dieses lösen wir durch geschicktes Umformen der Gleichungen.

Betrachten wir zunächst den Energieerhaltungssatz und multiplizieren diesen mit 2, so erhalten wir:

$$m_1 \cdot v_1^2 + m_2 \cdot v_2^2 = m_1 \cdot v'^2_1 + m_2 \cdot v'^2_2.$$

Indem wir auf beiden Seiten dieser Gleichung $m_1 \cdot v'^2_1$ und $m_2 \cdot v_2^2$ subtrahieren, erhalten wir:

$$m_1 \cdot v_1^2 - m_1 \cdot v'^2_1 = m_2 \cdot v'^2_2 - m_2 \cdot v_2^2.$$

Ausklammern liefert:

$$m_1 (v_1^2 - v'^2_1) = m_2 (v'^2_2 - v_2^2).$$

Nutzen der 3. binomischen Formel führt schließlich auf:

$$m_1 (v_1 + v'_1)(v_1 - v'_1) = m_2 (v'_2 + v_2)(v'_2 - v_2). \qquad (3)$$

Nun wenden wir uns dem Impulserhaltungssatz zu und subtrahieren $m_1 \cdot v'_1$ und $m_2 \cdot v_2$. Wir erhalten:

$$m_1 \cdot v_1 - m_1 \cdot v'_1 = m_2 \cdot v'_2 - m_2 \cdot v_2.$$

Ausklammern liefert:

$$m_1 (v_1 - v'_1) = m_2 (v'_2 - v_2).$$

Diese Gleichheit nutzen wir aus und ersetzen in Gleichung (3) $m_1(v_1 - v'_1)$ durch $m_2(v'_2 - v_2)$.

Anschließend teilen wir durch $m_2(v'_2 - v_2)$ und erhalten:

$$(v_1 + v'_1) = (v'_2 + v_2).$$

Es gilt also auch:

$$v'_2 = v_1 + v'_1 - v_2. \qquad (4)$$

Diese Gleichung (4) nutzen wir wiederum und setzen ihre rechte Seite für v'_2 in den Impulserhaltungssatz (2) ein:

$$m_1 \cdot v_1 + m_2 \cdot v_2 = m_1 \cdot v'_1 + m_2 (v_1 + v'_1 - v_2).$$

Wir multiplizieren aus und erhalten:

$$m_1 \cdot v_1 + m_2 \cdot v_2 = m_1 \cdot v'_1 + m_2 \cdot v_1 + m_2 \cdot v'_1 - m_2 \cdot v_2.$$

Diese Gleichung stellen wir so um, dass alle (und nur) die Summanden mit dem Faktor v'_1 auf der rechten Seite des Gleichheitszeichens stehen.

Durch Subtraktion von $m_2 \cdot v_1$ und Addition von $m_2 \cdot v_2$ ergibt sich:

$$m_1 \cdot v_1 + 2m_2 \cdot v_2 - m_2 \cdot v_1 = m_1 \cdot v'_1 + m_2 \cdot v'_1.$$

Durch Ausklammern erhalten wir:

$$(m_1 - m_2)v_1 + 2m_2 \cdot v_2 = (m_1 + m_2)v'_1.$$

Im letzten Schritt teilen wir durch $(m_1 + m_2)$ und erhalten die gewünschte Gleichung:

$$\frac{(m_1 - m_2) \cdot v_1 + 2m_2 \cdot v_2}{m_1 + m_2} = v'_1$$

1 Führen Sie die Herleitung entsprechend für

$$v'_2 = \frac{(m_2 - m_1) \cdot v_2 + 2m_1 \cdot v_1}{m_1 + m_2}$$

durch.

2 Ein Medizinball ($m = 3$ kg) wird mit $4\,\tfrac{m}{s}$ gegen einen ruhenden Basketball ($m = 0,6$ kg) geschossen. Berechnen Sie die Geschwindigkeiten nach dem Stoß.

3 Eine Kugel mit der Geschwindigkeit v_1 stößt gegen eine ruhende Kugel ($v_2 = 0$).
Berechnen Sie die Geschwindigkeiten nach dem Stoß für beide Kugeln für folgende Fälle:
  a Kugel 1 ist genauso schwer wie die ruhende Kugel 2.
  b Kugel 1 ist sehr viel leichter als die ruhende Kugel 2, d. h., m_1 ist gegenüber m_2 vernachlässigbar.
  c Kugel 1 ist sehr viel schwerer als die ruhende Kugel 2, d. h., m_2 ist gegenüber m_1 vernachlässigbar.

Material

Grundlagen der Mechanik • Erhaltungssätze

Versuch A • Energieumwandlung bei einem Pendel

V1 Bewegungsenergie beim Fadenpendel

Materialien: Stativmaterial, Schnur, Pendelkörper, Lichtschranke, Waage, Messwerterfassungssystem

Arbeitsauftrag:
– Befestigen Sie die Schnur mit dem Pendelkörper an einer waagerechten Stativstange. Positionieren Sie die Lichtschranke so, dass der Pendelkörper im tiefsten Punkt die Lichtschranke passiert (▶1A).

– Lassen Sie das Fadenpendel in unterschiedlichen Höhen starten. Bestimmen Sie jeweils die Geschwindigkeit im tiefsten Punkt.
– Berechnen Sie jeweils die Höhenenergie und die kinetische Energie.

– Vergleichen Sie die Werte und diskutieren Sie Ihr Ergebnis.
– Verändern Sie den Versuchsaufbau wie in ▶1B. Messen Sie, welche Höhe das Pendel auf der rechten Seite erreicht. Erklären Sie.

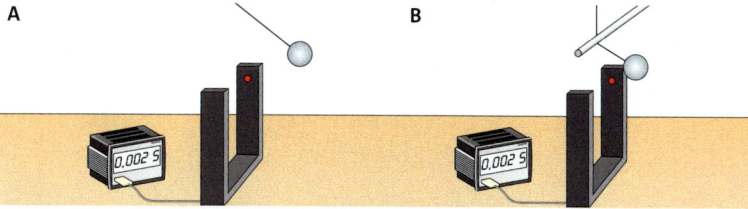

1 A Geschwindigkeitsmessung beim Pendel, **B** mit zusätzlicher Stange

Material A • Notfallspuren

An langen Hangstrecken mit starkem Gefälle befinden sich häufig Notfallspuren (▶A1). Auf ihnen können Fahrzeuge, deren Bremsen versagen, zum Stillstand gebracht werden.

A1 Notfallspur an der Autobahn

1 Erläutern Sie anhand des Energieerhaltungssatzes, wie eine solche Notfallspur gebaut ist. Geben Sie an, welche Energieumwandlungen beim Benutzen der Notfallspur durch ein Fahrzeug stattfinden.

2 Ein Lkw fährt mit $90 \frac{km}{h}$, als seine Bremsen versagen. Er nutzt eine Notfallspur mit 10 % Steigung. Berechnen Sie nach welcher Strecke der Lkw zum Stehen kommt. Nehmen Sie dazu an, dass es zu einer vollständigen Energieumwandlung kommt und betrachten Sie nur mechanische Energieformen.

3 Begründen Sie, warum in der Regel ein tiefes Kiesbett als Bodenbelag eingesetzt wird.

Material B • Energie beim Stabhochsprung

Beim Stabhochsprung versucht man mithilfe eines biegsamen Stabes über die Latte zu kommen. Bei dieser sehr anspruchsvollen Disziplin kommt es neben der Anlaufgeschwindigkeit auch auf die richtige Technik beim Überqueren der Latte an.

B1 Schematischer Bewegungsablauf beim Stabhochsprung

1 Beschreiben Sie den prinzipiellen Bewegungsablauf beim Stabhochsprung. Erläutern Sie dabei die Funktion des Sprungstabs.

2 Ein Sportler mit einer Masse von 85 kg überquert beim Stabhochsprung eine Höhe von 6 m.
a Geben Sie an, welche Energieformen beim Sprung auftreten.
b Berechnen Sie die maximale Höhenenergie des Springers.
c Schätzen Sie ab, welche Geschwindigkeit der Stabhochspringer beim Anlauf ungefähr erreichen kann. Bestimmen Sie seine Bewegungsenergie und vergleichen Sie sie mit der Höhenenergie. Erklären Sie mögliche Unterschiede.

1.13 Lösungsstrategie: Bilanzieren

1 Springender Ball

Wenn man einen Tennisball fallen lässt, springt er. Beobachtet man den Ball genauer, so stellt man fest, dass er während seiner Sprünge die Starthöhe nicht wieder erreicht. Woran liegt das?

Energieumwandlung beim springenden Ball • Die Energie als Bilanzgröße, kann betrachtet werden, um verschiedene Zustände eines Vorgangs zu beschreiben. Dabei wird die Energie des Systems auf jeweils verschiedene Energieformen aufgeteilt und der Unterschied zwischen zwei verschiedenen Zuständen durch die Umwandlung von Energieformen ineinander beschrieben: Vor dem Loslassen hat der Ball Höhenenergie, aber keine kinetische Energie. Während der Fallbewegung wandelt sich die Höhenenergie in kinetische Energie um. Wenn der Ball auf den Boden trifft, wird er abgebremst. Dabei verformt er sich und seine kinetische Energie wandelt sich in Spannenergie um. Anschließend bildet sich die Verformung wieder zurück und die gespeicherte Spannenergie wandelt sich wieder in kinetische Energie um. Während der Ball steigt, wird ein Teil der kinetischen Energie wieder in Höhenenergie umgewandelt. Am höchsten Punkt hat der Ball keine kinetische Energie mehr und seine Höhenenergie erreicht ein Maximum.

Energie bleibt erhalten • Während sich der Ball durch die Luft bewegt, wandelt sich auch ein Teil seiner kinetischen Energie durch Reibung in thermische Energie um. Diese thermische Energie verteilt sich in der Umgebung und der Ball springt nicht mehr so hoch wie zu Beginn. Die Energie ist zwar noch vorhanden, aber nicht mehr so leicht nutzbar. Deshalb sprechen wir davon, dass die Energie entwertet ist.

Wir sehen uns die besonderen Zustände beim springenden Ball im **Kontenmodell** an (▶ 2).

Bevor der Ball losgelassen wird, ist sein Energiekonto der Höhenenergie E_H vollständig gefüllt, während des Fallens wandelt sich Höhenenergie in kinetische Energie um. Beide Energiekonten ergeben aber erst zusammen mit der Energie auf dem Konto der thermischen Energie E_{therm} wieder den Wert der anfänglichen Höhenenergie. Auch beim Aufprall auf den Boden wird das Energiekonto E_{therm} weiter gefüllt.

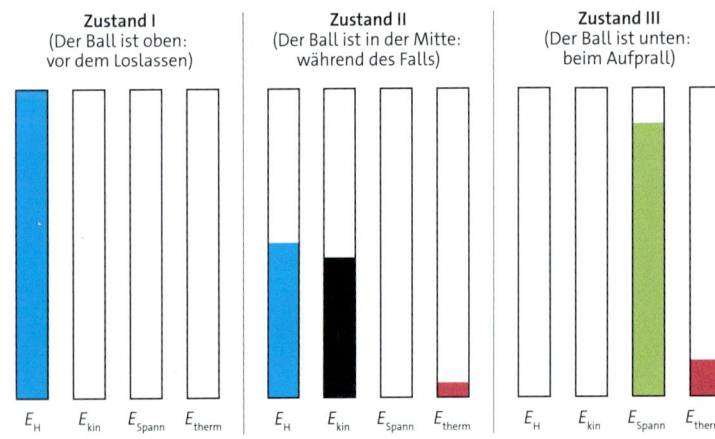

2 Kontenmodell des springenden Balls

Energiebilanz • Für verschiedene Zustände während der Ballbewegung bilden wir die Summe aller auftretenden Energieformen. Nach dem Energieerhaltungssatz bleibt diese Summe in einem abgeschlossenen System erhalten. Wir haben somit eine Bilanz der Energien aufgestellt. Verändert sich der Betrag einer Energieform beim Übergang von einem Zustand in einen anderen, so müssen sich die Beträge der übrigen Energieformen entsprechend ändern, sodass die Summe vor und nach dem Übergang gleich ist.

Die Methode des Bilanzierens der Energie kann für viele Vorgänge in der Mechanik eingesetzt werden, um auch dann weitere Größen berechnen zu können, wenn man nur wenig Information über ein System hat. Allerdings handelt es sich meist um Näherungen, da man oft vereinfachende Annahmen macht, wie z. B. die Reibungsfreiheit.

Beispiel **Bilanzieren beim Bouncen**

Aufgabe • Als Freizeit- und Sportgerät sind auf dem Markt verschiedene Sprungstelzen erhältlich. Sie bestehen aus einer bogenförmigen Sprungfeder, durch deren Spannung man deutlich höher springen kann (▶ 3).
Die Hersteller der Sprungstelzen für das Bouncen geben an, dass Sprintgeschwindigkeiten bis zu 45 $\frac{km}{h}$ erreicht werden können. Die Federkonstanten von Sprungstelzen sind unterschiedlich, da sie für die Masse des Nutzers angepasst sein müssen. Die Federkonstante unserer Sprungstelze kann mit 100 $\frac{N}{cm}$ abgeschätzt werden. Bisher wurden Höhen von 2 m und Weiten von 5 m erreicht. Es wird auch von 3 m Höhe berichtet. Beim Bouncen kann der Sportler nicht direkt aus dem Sprint in die Höhe springen, sondern wird unter einem bestimmten Winkel abspringen. Wir betrachten hier die Komponente der nach oben gerichteten Bewegung. In ▶ 4 ist die vektorielle Zerlegung der maximalen Geschwindigkeit in die x- und y-Komponente zu sehen.

a) Berechnen Sie die maximale Sprunghöhe der Sprungstelzen unter Annahme eines senkrechten Absprungs für $v_0 = 45 \frac{km}{h}$.
b) Berechnen Sie aus der bekannten maximalen Sprunghöhe von 3 m die Absprunggeschwindigkeit in y-Richtung und den Absprungwinkel α. Gehen Sie bei der Masse des Sportlers von 60 kg aus.

Lösung • **a)** Unter Vernachlässigung der Reibung gilt, dass die kinetische Energie vollständig in Höhenenergie umgewandelt wird: $E_H = E_{kin}$,

also: $m \cdot g \cdot h = \frac{1}{2} \cdot m \cdot v_0^2$.

An dieser Gleichung erkennt man, dass die maximale Sprunghöhe von der Masse des Sportlers unabhängig ist, da die Masse auf beiden Seiten der Gleichung steht, kann diese gekürzt werden.

$g \cdot h = \frac{1}{2} \cdot v_0^2$

3 Sprungstelzen zum Bouncen

Umstellen nach h und Einsetzen ergibt:

$h = \frac{1}{2} \cdot \frac{v_0^2}{g} = \frac{\left(45 \frac{km}{h}\right)^2}{2 \cdot 9{,}8 \frac{m}{s^2}} = \frac{\left(12{,}5 \frac{m}{s}\right)^2}{2 \cdot 9{,}8 \frac{m}{s^2}} \approx 7{,}97 \, m$.

Die theoretische maximale Sprunghöhe beträgt also fast 8 m.

b) Wenn wir eine Höhe von 3 m annehmen, können wir die Geschwindigkeit in y-Richtung beim Absprung berechnen:

$v_y = \sqrt{2 \cdot g \cdot h} = \sqrt{2 \cdot 9{,}8 \frac{m}{s^2} \cdot 3 \, m} \approx 7{,}67 \frac{m}{s}$.

Also gilt für die Geschwindigkeit in y-Richtung:

$v_y \approx 27{,}6 \frac{km}{h}$.

Um den Absprungwinkel zu berechnen, nutzen wir die Beziehung aus ▶ 4:

$\sin \alpha = \frac{v_y}{v_0} = \frac{27{,}6 \frac{km}{h}}{45 \frac{km}{h}} \approx 0{,}613$.

Der Absprungwinkel α beträgt also etwa 37,8°.

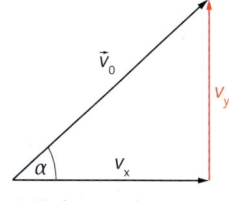

4 Zerlegung der Geschwindigkeit v_0

Methode

Bilanzieren mit dem Energiekontenmodell

Man kann die Energieerhaltung nutzen, um verschiedene Zustände in einem System zu untersuchen. Um sich einen Überblick über die Beiträge der beteiligten Energieformen zu verschaffen, weist man jeder Energieform ein eigenes Konto zu. Die Menge bzw. den Kontostand einer jeden Energieform veranschaulicht man im Energiekontenmodell durch eine Säule. Die Höhe der Säulen entspricht der Gesamtenergie. Je nach Zustand des Systems sind die Säulen für jede Energieform mehr oder weniger gefüllt.

Energiekontenmodell am Beispiel des Federpendels • Das Bilanzieren über das Energiekontenmodell soll am Beispiel eines idealen Federpendels durchgespielt werden. Hierzu werden exemplarisch drei verschiedene Zustände betrachtet, für die die Energiekonten aufgestellt werden. Bei einem Federpendel kann man vier verschiedene Energieformen betrachten: Die Höhenenergie E_H und die kinetische Energie E_{kin} des Massestücks, die Spannenergie E_{Spann} der Feder und die thermische Energie E_{therm}, die im Verlauf des Vorgangs den Anteil der nicht mehr umwandelbaren Energie darstellt.

Zu Beginn ist die Feder entspannt und die Masse in Ruhe. Die Gesamtenergie befindet sich im Konto der Höhenenergie, dieses ist vollständig gefüllt. Die Konten für Bewegungs- und Spannenergie sind dagegen leer. Wenn wir die Masse loslassen, bewegt sie sich nach unten und dehnt die Feder. Die Energie im Höhenenergiekonto nimmt ab, auf die Konten von Bewegungs- und Spannenergie wird „eingezahlt". Dieser Prozess setzt sich fort, bis nur noch das Spannenergiekonto gefüllt ist (▶1). Dann kehrt sich der Prozess um.

Aufstellen der Energiebilanz • Die Beiträge der einzelnen Konten summieren sich zur Gesamtenergie. Hier lautet die Bilanz (im reibungsfreien Fall, also E_{therm} immer null):

$$E_{ges} = E_H + E_{kin} + E_{Spann}.$$

Bestimmen der Gesamtenergie • Als Nächstes betrachten wir einen Zustand, bei dem nur Energieformen auftreten, deren Beträge wir aus gemessenen Größen berechnen können. Dazu eignet sich der Anfangszustand. Für die von uns gewählte Masse $m = 100\,g$ beträgt die gemessene Höhe oberhalb der maximalen Auslenkung $h = 10\,cm$. Für die Gesamtenergie gilt dann:

$$E_{Ges} = E_H = m \cdot g \cdot h$$
$$= 0{,}1\,kg \cdot 9{,}8\,\tfrac{N}{kg} \cdot 0{,}1\,m = 0{,}098\,Nm = 0{,}098\,J.$$

Rechnen mit der Energiebilanz • Mithilfe der Energiebilanz können wir jetzt verschiedene Größen, z. B. die Federkonstante bestimmen: Im Umkehrpunkt wäre das Konto der Spannenergie vollständig gefüllt. Für die Spannenergie gilt daher:

$$E_{Ges} = E_{Spann} = \tfrac{1}{2} \cdot D \cdot s^2.$$

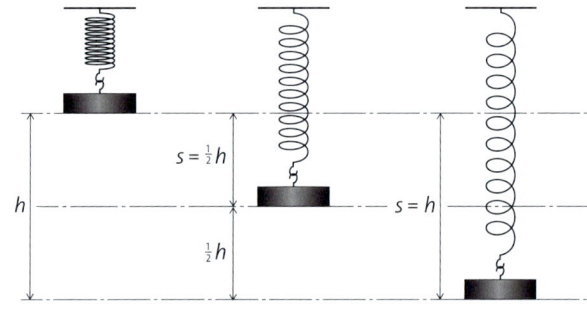

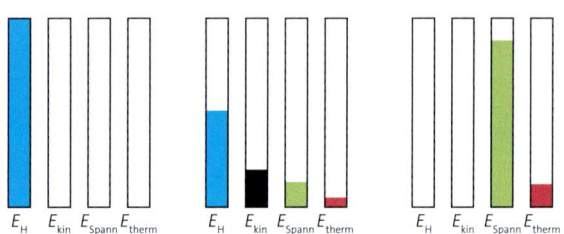

1 Energiekonten bei der Bewegung eines Federpendels

Damit erhalten wir:

$$D = \frac{2 \cdot E_{Ges}}{s^2} = \frac{2 \cdot 0{,}098\,Nm}{(0{,}1\,m)^2} = 19{,}6\,\tfrac{N}{m}.$$

Jetzt kennen wir so viele Größen des Systems, dass wir die Kontostände aller Energiekonten für jeden Zustand berechnen können. Wir wählen z. B. den mittleren Zeitpunkt. Dort ist die Auslenkung $s = 0{,}5 \cdot h = 5\,cm$ und die Höhe oberhalb der maximalen Auslenkung ist $0{,}5 \cdot h = 5\,cm$. Wir stellen unsere Energiebilanz nach E_{kin} um und erhalten:

$$E_{kin} = E_{Ges} - E_H - E_{Spann} = E_{Ges} - m \cdot g \cdot h - \tfrac{1}{2} \cdot D \cdot s^2$$
$$= 0{,}098\,J - 0{,}1\,kg \cdot 9{,}8\,\tfrac{m}{s^2} \cdot 0{,}05\,m - \tfrac{1}{2} \cdot 19{,}62\,\tfrac{N}{m} \cdot (0{,}05\,m)^2$$
$$\approx 0{,}098\,J - 0{,}049\,J - 0{,}0245\,J = 0{,}0245\,J$$

1 Zeichnen und berechnen Sie den Kontostand für einen Zustand analog zu ▶1, in dem die Auslenkung der Feder $s = 0{,}75 \cdot h$ beträgt.

2 Ein Ball wird mit einer Geschwindigkeit von $10\,\tfrac{m}{s}$ senkrecht nach oben geworfen. Stellen Sie eine Energiebilanz auf und bestimmen Sie die Höhe, die der Ball maximal erreichen kann. Zeigen Sie, dass die erreichte Höhe unabhängig von der Masse ist.

Material

Grundlagen der Mechanik • Lösungsstrategie: Bilanzieren

Versuch A • Energieerhaltung

V1 Energie beim springenden Ball

Materialien: Basketball, Tennisball, Fußball, Tischtennisball, Meterstab, Messwerterfassungssystem

Arbeitsauftrag:
– Bestätigen Sie, dass ein Ball nach dem Aufprall seine Ausgangshöhe nicht mehr erreicht.
– Lassen Sie hierzu einen Ball aus 1,5 m Höhe fallen.
– Ein Teil der Energie wird in thermische Energie umgewandelt. Überlegen Sie, wie Sie die Energieumwandlung in thermische Energie beim Basketball mithilfe eines Meterstabs oder eines Messwerterfassungssystems abschätzen können.
– Führen Sie entsprechende Versuche durch und berechnen Sie die Energie, die bei einem Aufprall in thermische Energie umgewandelt wird.
– Vergleichen Sie die Energieumwandlung bei verschiedenen Bällen. Diskutieren Sie die Ergebnisse.

Material A • Energieformen beim Federpendel

Beim Federpendel betrachtet man ein Massestück, das an einer Feder hängt und sich durch eine Auslenkung auf und ab bewegt. In ▶ A1 sind die Anteile der mechanischen Energieformen an der Gesamtenergie beim Federpendel in Abhängigkeit von der Ausdehnung der Feder dargestellt. Bei der Auslenkung C z. B. hat die Höhenenergie (auch: Lageenergie) einen Anteil von 50 %, die Bewegungsenergie und die Spannenergie haben jeweils einen Anteil von 25 % an der Gesamtenergie.

1 a ☐ Geben Sie die Anteile der Energieformen für die jeweiligen Auslenkungen A, B, D und E an.
 b ✏ Skizzieren Sie die Zustände eines Federpendels, die jeweils zu den Auslenkungen A bis E gehören.

2 ■ Erstellen Sie ein entsprechendes Diagramm für die Bewegung eines Federpendels, dessen Feder im oberen Umkehrpunkt nicht vollständig entspannt ist.

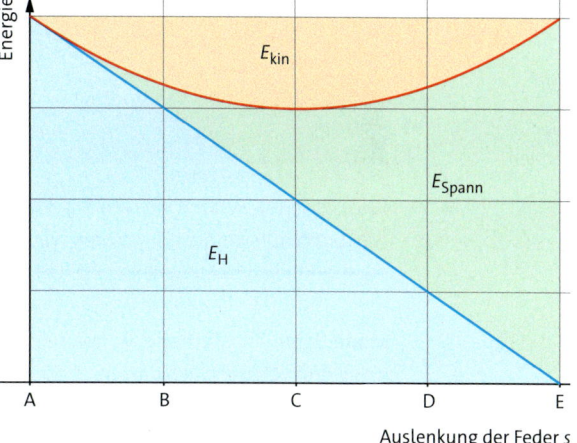

A1 Mechanische Energieformen beim Federpendel

Material B • Auf dem Jahrmarkt

Auf dem Jahrmarkt gibt es eine Achterbahn mit einem Looping, der einen Durchmesser von 10 m hat (▶ B1). Der Wagen wird bis zum Punkt A hochgezogen und setzt sich dort von selbst in Bewegung.

1 ✏ Erläutern Sie, warum man den genauen Verlauf der Bahn nicht benötigt, um z. B. die Geschwindigkeit am Fuß der Bahn berechnen zu können.

2 ✏ Stellen Sie für den Punkt B eine Energiebilanz auf.

3 Der Wagen soll sicher durch den Looping kommen.
 a ✏ Berechnen Sie, in welcher Höhe der Wagen dazu mindestens starten muss
 Hinweis: Im Punkt B muss die Zentripetalkraft mindestens so groß wie die Gewichtskraft auf den Wagen sein.
 b ■ Die berechnete Mindesthöhe reicht in der Realität nicht aus. Begründen Sie.

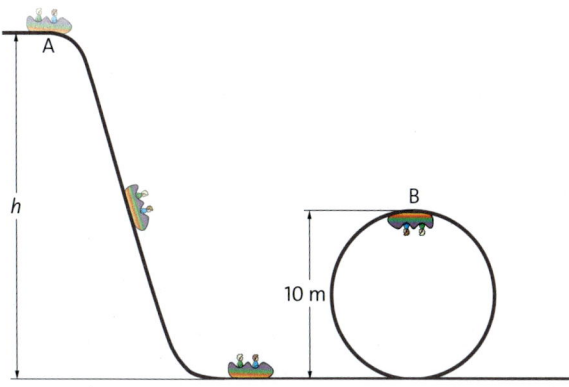

B1 Kommt der Wagen durch den Looping?

1.14 Modellierung

1 Kurvenfahrt beim Autorennen

Beim Formel-1-Rennen in Spielberg 2017 steuerten die Piloten durch viele Kurven. Dabei fuhren sie eine möglichst optimale Route. Wie können wir diese herausfinden?

Modellieren als Methode • Bein einem Autorennen geht es letztendlich darum, als Erster ins Ziel zu kommen – also für eine bestimmte Anzahl an Runden die schnellste Zeit zu haben. Dabei können viele Parameter eine Rolle spielen, z. B. wie eng durchfährt man die Kurven, wie stark bremst oder beschleunigt man, wie und wo nutzt man die Breite der Rennstrecke aus. Antworten auf diese Fragen kann man finden, indem man viele Testfahrten durchführt, diese vergleicht und so die optimale Route bestimmt. Dies ist jedoch sehr aufwendig.

Mit den heutigen Computern kann man Testfahrten auch simulieren. Die Methode der Computersimulation erlaubt es, komplexe Systeme und komplizierte Abläufe nach den Regeln der Physik mit verschiedenen Parametern durchzuspielen und zu untersuchen.

Im Experiment ist es dagegen oftmals nötig, sich auf einen Teil eines Ablaufs oder Systems zu beschränken. Daher ergänzt und erweitert dieses neue Verfahren der Modellierung mit Simulation die sonst im Physikunterricht übliche Untersuchung einer begrenzten Situation, wie beispielsweise eines Auffahrunfalls.

Komplexe Modellberechnungen, z. B. zur Auswirkung der Treibhausgases auf das Klima, berücksichtigen unzählige Parameter und Variablen.

Schrittweise Darstellung der Route • Wir wollen das Verfahren anhand der Optimierung der Rennroute für das Formel-1-Beispiel demonstrieren. Das Spiel kann man anschließend durch den Computer simulieren. Wenn ein Rennauto auf der Rennstrecke in Spielberg (▶ 2) eine Runde fährt, dann benötigt es dazu eine bestimmte Fahrtdauer. Wir suchen also eine Route mit einer möglichst kurzen Fahrtzeit. Dazu stellen wir die Zeit und die Route mithilfe von Intervallen dar. Für das Spiel wählen wir dabei recht grobe Schritte, die wir für den Computer verfeinern können. Konkret zerlegen wir die Rennstrecke (▶ 2) mithilfe von Karopapier (▶ 3). Dabei entspricht einer Kästchenlänge die Längeneinheit 10 m. Als Zeiteinheit wählen wir $\Delta t = 1$ s. Entsprechend betragen die Geschwindigkeitseinheit $10\frac{m}{s}$ und die Beschleunigungseinheit $10\frac{m}{s^2}$.

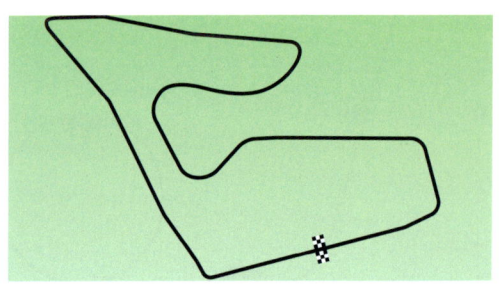

2 Verlauf der Rennstrecke in Spielberg, Österreich

Verhalten des Autos modellieren • Bei jedem Zeitschritt steuert der Pilot, indem er beschleunigt, bremst oder lenkt. Das modellieren wir durch die beiden Komponenten der Beschleunigung a_x und a_y. Diese nehmen jeweils den Wert $0\,\frac{m}{s^2}$ oder $10\,\frac{m}{s^2}$ oder $-10\,\frac{m}{s^2}$ an.

Eine maximale Beschleunigung von $10\,\frac{m}{s^2}$ ist realistisch. Denn die beschleunigende Kraft entspricht der Haftreibungskraft der Reifen. Diese ist weitgehend durch die Normalkraft $m \cdot g$ begrenzt. Entsprechend der Grundgleichung der Mechanik ist die beschleunigende Kraft gleich $m \cdot a$. Somit ist die Beschleunigung a weitgehend durch den Ortsfaktor g begrenzt.

Ausgehend von Geschwindigkeit und Position, die das Auto zu Beginn eines Zeitintervalls (1 s) hat, ergeben sich Position und Geschwindigkeit am Ende des Zeitintervalls (▶ 4).

NEWTON'sche Mechanik im Modell • Entsprechend der Beschleunigungen beträgt die x-Komponente der Geschwindigkeitsänderung:

$\Delta v_x = a_x \cdot \Delta t = \pm 10\,\frac{m}{s^2} \cdot 1\,s = \pm 10\,\frac{m}{s}$.

oder: $\Delta v_x = a_x \cdot \Delta t = 0\,\frac{m}{s^2} \cdot 1\,s = 0\,\frac{m}{s}$.

Die neue x-Komponente der Geschwindigkeit beträgt daher:

$v_x(t + \Delta t) = v_x(t) + \Delta v_x$.

Analog gilt für die Änderung der x-Koordinate:

$\Delta x = v_x \cdot \Delta t$.

Die neue x-Koordinate berechnen wir wie folgt:

$x(t + \Delta t) = x(t) + \Delta x$.

Für die y-Koordinaten der Größen gilt Entsprechendes. Insgesamt ist ein möglicher Zug in ▶ 4 gezeigt.

Spiel des Formel-1-Rennens • Wir spielen das Fahren einer Runde mit Bleistift und Papier durch, wobei ein Spieler seine Route selbst entwickelt. Eine solche Route zeigt ▶ 5, wobei der Spieler mit der roten Route 43 Züge oder 43 s für einen Weg von ungefähr 1,2 km benötigte. Die reale Rekordrundenzeit beträgt 68 s bei einer Strecke von 4,3 km. Auf unserer kürzeren Rennbahn kann man nicht so schnell fahren wie auf der langen realen Strecke. Bei einem Wettspiel fahren mehrere Spieler simultan (▶ 5) und setzen im Falle einer Kollision 5 Züge aus.

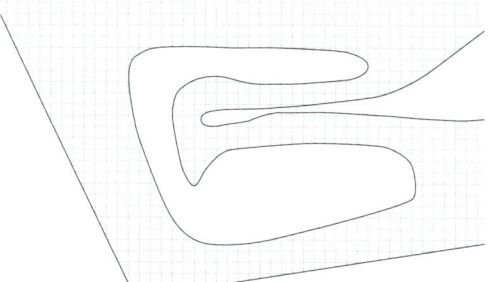

3 Zerlegung der Rennstrecke

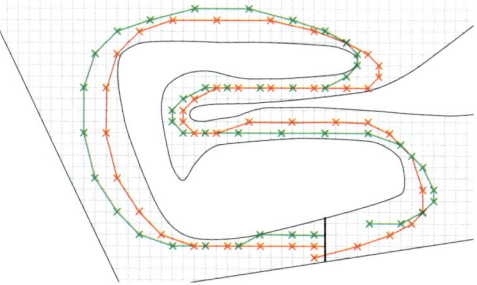

4 Möglicher Zug

5 Modelliertes Rennen

1 📝 Modellieren Sie ein Auto, das mit einer Geschwindigkeit von $100\,\frac{km}{h}$ fährt und eine Vollbremsung durchführt. Nutzen Sie die im Text verwendeten Parameter.
  a Ermitteln Sie so die Bremsdauer.
  b Ermitteln Sie so den Bremsweg.

2 📝 Modellieren Sie ein Auto, das mit $50\,\frac{km}{h}$ wendet, also seine Fahrtrichtung um 180° ändert. Nutzen Sie die im Text verwendeten Parameter.
  a Ermitteln Sie so die Fahrtdauer.
  b Ermitteln Sie so den ungefähren Radius der entstehenden Route.

3 📝 Ein Lkw mit einer Länge von 20 m und einer Geschwindigkeit von $60\,\frac{km}{h}$ wird von einem Pkw möglichst schnell überholt. Der Pkw fährt anfangs 30 m hinter dem Lkw mit ebenfalls $60\,\frac{km}{h}$. Modellieren Sie den Vorgang mit den im Text verwendeten Parametern.
  a Ermitteln Sie so die Dauer des Überholvorgangs.
  b Ermitteln Sie so die Strecke zum Überholen.

4 📝 Ein Gepard erreicht eine Beschleunigung von $10\,\frac{m}{s^2}$. Modellieren Sie, wie ein Gepard beim Verfolgen der Beute eine Wende läuft. Nutzen Sie die im Text verwendeten Parameter. Ermitteln Sie so den ungefähren Radius der Route.

Landung einer Rakete • Im Weltall arbeiten über 1000 Satelliten in Bereichen wie Kommunikation, GPS, Wetter oder Geoinformation. Ständig werden neue Satelliten mit Raketen ins All gebracht. Dabei sind Raketenflüge sehr aufwendig und teuer, weil man u. a. die Rakete nur ein einziges Mal verwenden kann. Im Jahr 2015 gelang es aber erstmals, die Hauptstufe der Falcon 9 nach Abtrennung in einem autonom geregelten Rückwärtsflug kontrolliert zu landen (▶ 1).

Modellierung des Raketenflugs • Die Rakete erreichte 225 s nach dem Start die größte Höhe von 110 km, setzte dort die Nutzlast ab, begann den Sinkflug und landete weitere 225 s später. Diesen Sinkflug mit der Landung modellieren wir. Die Leermasse der Rakete beträgt 15 000 kg. Dabei vernachlässigen wir, dass die Rakete aus zwei separaten Antriebsstufen besteht.

Im unkontrollierten Sinkflug wird die Rakete durch ihre Gewichtskraft beschleunigt und schlägt mit einer großen Geschwindigkeit wahrscheinlich auf der Meeresoberfläche auf. Durch eine entgegengerichtete Schubkraft kann der Flug kontrolliert werden. Dabei soll das Triebwerk so reguliert werden, dass es zu Beginn nur einen geringen Schub gibt, der aber mit abnehmender Höhe immer größer wird. Modelliert wird das durch eine **Schubkraft** F_P, die proportional zur Abweichung der aktuellen Flughöhe y von einer Orientierungshöhe w ist:

$F_P = -k \cdot (y - w)$.

Proportionalitätsfaktor k und die Orientierungshöhe w sind frei wählbar. Diese Parameter müssen so festgelegt werden, dass die Rakete nach 225 s mit der Geschwindigkeit $v = 0$ landet.

Wir modellieren also den zeitlichen Verlauf der Höhe y. Im höchsten Punkt ist $y = 110$ km, $v = 0 \frac{m}{s}$ und $t = 0$. Auf die Rakete wirken die Gewichtskraft $m \cdot g$ und die Kraft F_P:

$F = -m \cdot g - k \cdot (y - w)$.

Simulation • Wir berechnen gemäß der Grundgleichung der Mechanik die Beschleunigung:

$a = -g - k \cdot \frac{(y-w)}{m}$.

Hiermit ermitteln wir die Geschwindigkeit v und die Höhe y ähnlich wie beim Autorennen. Dazu verwenden wir eine Tabellenkalkulation (▶ 2).

1 Landung der Rakete Falcon 9

t	F	a	v	y
0	−127 150,0	−8,476667	0,00	110 000,0
0,1	−127 150,0	−8,476667	−0,85	110 000,0
0,2	−127 149,8	−8,476655	−1,70	109 999,9
0,3	−127 149,5	−8,476633	−2,54	109 999,7

2 Tabellenkalkulation mit $w = 120$ km und $k = 2 \frac{N}{m}$

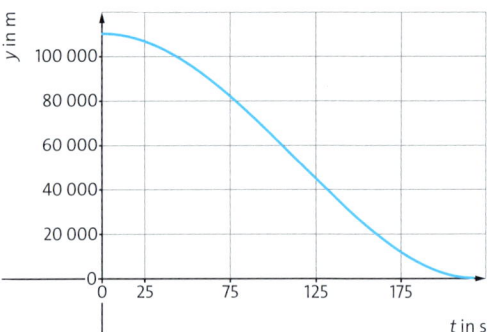

3 Autonome Landung: Höhe abhängig von der Zeit

Die beiden Parameter w und k ermitteln wir durch Probieren. So erhalten wir für $w = 120$ km und $k = 2 \frac{N}{m}$ eine Bruchlandung nach etwa 200 s Flugdauer. Wir probieren weiter, bis die Rakete nach 225 s sanft mit $v = 0$ landet (▶ 3). Das funktioniert mit $k = 2{,}93 \frac{N}{m}$ und $w = 105$ km.

1 ▨ Modellieren Sie eine sanfte Landung nach 300 s Flugdauer.

2 ▨ Bestimmen Sie die zur Landung in ▶ 3 maximal benötigte Schubkraft.

Material

Grundlagen der Mechanik • Modellierung

Material A • Analyse eines Flugs der Falcon 9

Der Flug der Rakete Falcon 9 Version v 1.1 ist in ▶ A1 dargestellt.

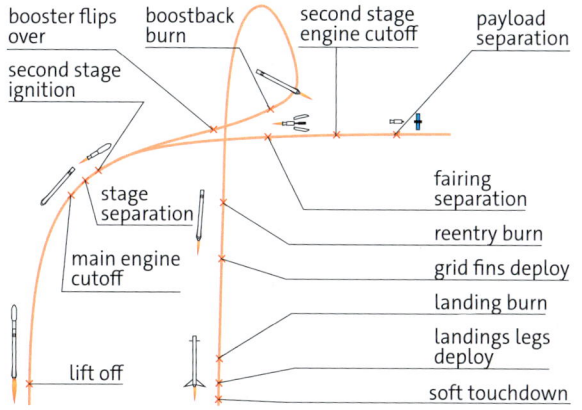

A1 Flugphasen der Falcon 9

1 a ☐ Beschreiben Sie den Ablauf des Flugs.
b ◪ Die erste Stufe macht 75 % der Kosten aus. Wie wurde das beim Flug berücksichtigt?

2 ◪ Der Verlauf der Flughöhe wurde aufgezeichnet und im t-y-Diagramm in ▶ B1 dargestellt. Modellieren Sie einen ähnlichen Verlauf zunächst vereinfachend, indem Sie von einer konstanten Masse von 15 000 kg ausgehen. Bestimmen Sie passende Parameter k und w, sodass die Rakete nach 225 s ihre Gipfelhöhe von 110 km erreicht und nach weiteren 225 s sanft mit $v = 0$ landet.

3 ◪ Untersuchen Sie für den Flugverlauf die Schubkraft.
a Deuten Sie Maxima und Minima der Schubkraft.
b Beschreiben Sie, wie die modellierte Rakete nach 450 s weiter fliegen würde, wenn man sie nicht am Boden abschalten würde.

Material B • Impulserhaltung bei der Rakete

Wir untersuchen nun, wie viel Treibstoff das Raketentriebwerk benötigt.

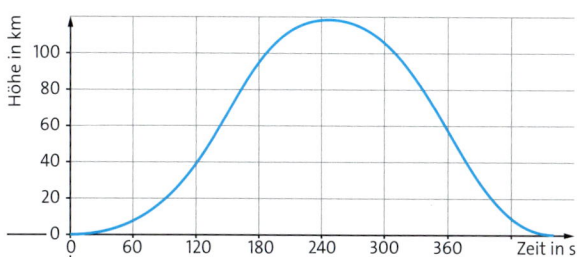

B1 Flughöhenverlauf der Falcon 9

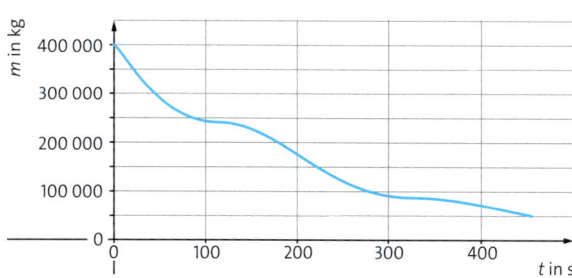

B2 Verlauf der Masse $m(t)$ der Falcon 9

1 ■ Weil das Triebwerk mit dem Rückstoßprinzip arbeitet, analysieren wir es mit dem Prinzip der Impulserhaltung. Das Triebwerk stößt Gas mit einer Geschwindigkeit v_{Gas} aus. Dabei verringert sich die Masse m der Rakete in einem Zeitintervall Δt um eine Massendifferenz Δm.
a Erläutern Sie, wie Sie diesen Zusammenhang in die Modellierung einbringen können.
b Begründen Sie folgende Gleichung:
$\Delta m \cdot v_{Gas} = m \cdot \Delta v$.

2 ◪ Wir gehen von einer Geschwindigkeit $v_{Gas} = 2000 \frac{m}{s}$ sowie von der Startmasse 400 t aus.
a Ermitteln Sie für Ihre Modellierung den zeitlichen Verlauf der Masse $m(t)$.
b Ein entsprechender Verlauf der Masse der Rakete wurde für den Fall eines langsamer austretenden Gases mit $v_{Gas} = 1500 \frac{m}{s}$ modelliert (▶ B2). Vergleichen Sie mit Ihrer Modellierung.
c Erläutern Sie, wie sich der Verlauf der Masse ändert, wenn die Rakete beim Erreichen der Gipfelhöhe ihre Nutzlast absetzt (▶ A1).

Material C • Verlauf der Schubkraft

Analysieren Sie für Ihre Modellierung den Verlauf der benötigten Schubkraft $F(t)$.

1 ■ Ermitteln Sie $F(t)$ mithilfe der Grundgleichung der Mechanik aus dem Massenverlauf $m(t)$ und der modellierten Beschleunigung $a(t)$.
a Stellen $F(t)$ grafisch dar.
b Erläutern Sie Minima und Maxima der Schubkraft.

2 ■ Erörtern Sie, ob der Treibstoffverbrauch durch einen anderen Flugverlauf gesenkt werden könnte.

Grundlagen der Mechanik

Geschwindigkeit	Die mittlere Geschwindigkeit ist der Quotient aus einer Strecke Δs und dem dafür benötigten Zeitintervall Δt: $\overline{v} = \frac{\Delta s}{\Delta t}$. Je kleiner Δt ist, desto genauer beschreibt $\overline{v}$ die momentane Geschwindigkeit $v(t)$ zu einem Zeitpunkt t. Die momentane Geschwindigkeit ist gegeben durch die Steigung der Tangente, die den t-s-Graphen an der Stelle t berührt.	
Beschleunigung	Die mittlere Beschleunigung ist der Quotient aus der Geschwindigkeitsänderung Δv und dem benötigten Zeitintervall Δt: $\overline{a} = \frac{\Delta v}{\Delta t}$. Die momentane Beschleunigung $a(t)$ zu einem Zeitpunkt t ist gegeben durch die Steigung der Tangente, die den t-v-Graphen an der Stelle t berührt.	
Gleichförmige Bewegung	Bei einer gleichförmigen Bewegung ist die Geschwindigkeit konstant. Für den Ort gilt: $s(t) = s_0 + v \cdot t$, mit $s_0 = s(t = 0)$. Die zurückgelegte Strecke im Intervall Δt entspricht dem Flächeninhalt des Rechtecks im t-v-Diagramm: $\Delta s = v \cdot \Delta t$.	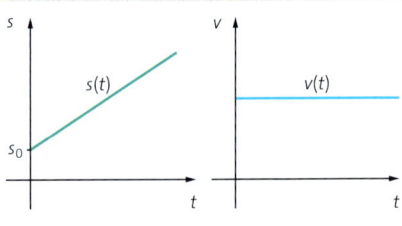
Gleichmäßig beschleunigte Bewegung	Eine Bewegung mit konstanter Beschleunigung heißt gleichmäßig beschleunigte Bewegung. $v(t) = v_0 + a \cdot t$, $s(t) = s_0 + v_0 \cdot t + \frac{1}{2} a \cdot t^2$ v_0: Anfangsgeschwindigkeit für $t = 0\,\text{s}$	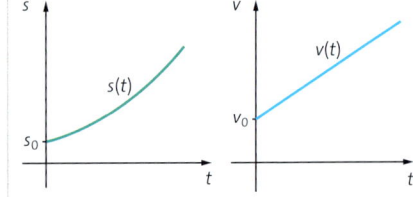
Freier Fall	Idealisierte Fallbewegung ohne Berücksichtigung des Luftwiderstands, wodurch alle Körper unabhängig von Größe und Masse gleich fallen. Der freie Fall ist eine gleichmäßig beschleunigte Bewegung: $s_y(t) = h_0 - \frac{g}{2} \cdot t^2$ mit h_0: Anfangshöhe; g: Fallbeschleunigung (Ortsfaktor) Auf der Erde beträgt die Fallbeschleunigung $g = 9{,}8\,\frac{\text{m}}{\text{s}^2}$.	
Superpositionsprinzip bei Bewegungen	Teilbewegungen eines Körpers überlagern sich unabhängig voneinander zu einer Gesamtbewegung, z. B. die horizontale gleichförmige Bewegung und der freie Fall zum waagerechten Wurf.	
Waagerechter Wurf	Beim waagerechten Wurf überlagern sich eine gleichförmige Bewegung in x-Richtung und der freie Fall in y-Richtung. Eine waagerecht geworfene Kugel trifft stets gleichzeitig mit einer aus gleicher Höhe frei fallenden Kugel auf dem Boden auf. $s_x(t) = v_0 \cdot t$ $s_y(t) = h_0 - \frac{1}{2} \cdot g \cdot t^2$ Wurfparabel: $s_y(s_x) = h_0 - \frac{g}{2} \cdot \frac{s_x^2}{v_0^2}$	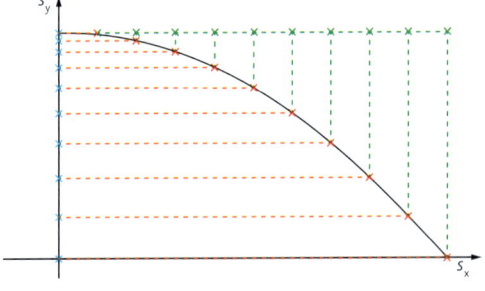

Grundlagen der Mechanik

Schiefer Wurf	Beim schiefen Wurf wird ein Körper schräg zur Horizontalen mit einer Anfangsgeschwindigkeit geworfen. Dadurch überlagern sich eine gleichförmige Bewegung in x-Richtung und der freie Fall mit einer Anfangsgeschwindigkeit. Die größte Abwurfweite bei einer Abwurfhöhe von 0 m erreicht man mit einem Abwurfwinkel von 45°.
Trägheitsprinzip	Ein Körper behält seine geradlinig gleichförmige Bewegung bei – oder er bleibt in Ruhe –, solange keine (resultierende) Kraft auf ihn ausgeübt wird. Dieses Prinzip bezeichnet man als das 1. Newton'sche Axiom.
Grundgleichung der Mechanik	Wird eine Kraft $\vec{F}$ auf einen Körper der Masse m ausgeübt, erfährt er eine Beschleunigung $\vec{a}$: $\vec{F} = m \cdot \vec{a}$ Diesen Zusammenhang bezeichnet man als das 2. Newton'sche Axiom.
Wechselwirkungsprinzip	Wenn ein Körper A eine Kraft $\vec{F}_{AB}$ auf einen zweiten Körper B ausübt, dann übt gleichzeitig der Körper B eine gleichgroße, aber entgegengesetzt wirkende Kraft $\vec{F}_{BA}$ auf den Körper A aus: $\vec{F}_{AB} = -\vec{F}_{BA}$ Diesen Zusammenhang bezeichnet man als das 3. Newton'sche Axiom.
Reibung und Reibungskräfte	Zwischen den Berührungsflächen zweier Körper treten Reibungskräfte auf. Bewegt sich dabei ein Körper, ist die Reibungskraft immer gegen die Bewegungsrichtung gerichtet und führt zum Abbremsen des Körpers. Viele Reibungskräfte sind von der Normalkraft, mit der die Körper aneinanderpressen, abhängig. Es gibt verschiedene Arten von Reibungskräften. Haftreibungskraft: $F_{HR} = \mu_{HR} \cdot F_N$ Gleitreibungskraft: $F_{GR} = \mu_{GR} \cdot F_N$ Rollreibungskraft: $F_{RR} = \mu_{RR} \cdot F_N$ Luftreibungskraft: $F_{LR} = \frac{1}{2} \cdot c_W \cdot \varrho \cdot A \cdot v^2$ F_N – Normalkraft $\mu_{HR}, \mu_{GR}, \mu_{RR}$ – Reibungskoeffizienten c_W – Widerstandsbeiwert ϱ – Dichte der Luft A – Querschnittsfläche des Körpers v – Geschwindigkeit des Körpers
Impuls und Impulserhaltung	Der Impuls $\vec{p}$ ist das Produkt aus Masse m und Geschwindigkeit $\vec{v}$: $\vec{p} = m \cdot \vec{v}$. In einem abgeschlossenen System ist der (Gesamt-)Impuls erhalten: $\vec{p} = \vec{p'}$. $\vec{p}$: Impuls des Systems vor dem Stoß $\vec{p'}$: Impuls des Systems nach dem Stoß
Energie und Energieerhaltung	In einem abgeschlossenen, mechanischen System bleibt die Summe der beteiligten, mechanischen Energien erhalten: $E_{Ges} = E_{kin} + E_H + E_{Spann}$.
Mechanische Energieformen	Mechanische Energieformen werden bei physikalischen Vorgängen innerhalb eines mechanischen Systems ineinander umgewandelt: kinetische Energie (Bewegungsenergie): $E_{kin} = \frac{1}{2} \cdot m \cdot v^2$ Höhenenergie (Lageenergie): $E_H = m \cdot g \cdot h$ Spannenergie (z. B. bei einer Feder): $E_{Spann} = \frac{1}{2} \cdot D \cdot s^2$

Check-up

Übungsaufgaben

1 Bei einem 200-m-Sprint wurden folgende Zwischenzeiten erfasst.

s in m	20	40	60	80	100	120	140	160	180	200
t in s	2,6	4,8	6,6	8,5	10,5	12,6	14,8	17,1	19,4	21,9

   a ☐ Zeichnen Sie aus den Werten das *t-s*-Diagramm.
   b ☐ Bestimmen Sie aus der Laufzeit die Durchschnittsgeschwindigkeit.
   c ◪ Fertigen Sie mithilfe der Werte ein *t-v*-Diagramm an und geben Sie den Zeitabschnitt mit der größten Durchschnittsgeschwindigkeit an.

2 ◪ Der Astronaut David Scott ließ 1971 auf dem Mond einen Hammer und eine Feder, die er jeweils in einer Hand hielt, fallen. Beide Gegenstände erreichten nach einer Zeit von 1,2 s gleichzeitig den Boden. Seine Hände befanden sich in etwa 1,20 m Höhe.
   a Erläutern Sie die Beobachtungen und erklären Sie den Verlauf des Versuchs, wenn er auf der Erde durchgeführt wird.
   b Berechnen Sie aus den Angaben die Fallbeschleunigung auf dem Mond. Geben Sie die Bewegungsgleichung an und erstellen Sie ein *t-h*-Diagramm mithilfe einer Messwerttabelle.

3 ◪ Ein Fahrzeug beschleunigt gleichmäßig für 12 s aus dem Stand auf 50 $\frac{km}{h}$, fährt dann für 2 min gleichförmig, reduziert vor einer roten Ampel die Geschwindigkeit mit einer Verzögerung von 0,6 $\frac{m}{s^2}$ auf 35 $\frac{km}{h}$.
   a Erstellen Sie jeweils das *t-s*-, *t-v*- und *t-a*-Diagramm der Bewegung.
   b Ermitteln Sie aus dem *t-v*-Diagramm die zurückgelegte Gesamtstrecke.

4 ◪ Ein Pfeil wird abgeschossen. Für die Bewegung des Pfeils kann man die Strecke abhängig von der Zeit durch folgende Gleichung beschreiben:
$s(t) = 0{,}5\,\text{m} \cdot \left[1 - \cos\left(\frac{200}{s} \cdot t\right)\right]$
Die zum Zeitpunkt $t = 0{,}004$ s auftretende momentane Geschwindigkeit soll mithilfe einer Tabelle und stetiger Ergänzung berechnet werden.
   a Erstellen Sie eine Tabelle mit mittleren Geschwindigkeiten für Zeitintervalle von $t = 0{,}004$ s bis $t = 0{,}004$ s $+ \Delta t$, wobei Sie für Δt Werte wählen, die immer kleiner werden.
   b Ergänzen Sie in der Tabelle passend eine momentane Geschwindigkeit.
   c Erläutern Sie den Begriff der stetigen Ergänzung.

5 ◪ Bei einer Katapultachterbahn wird der Wagen beim Start nach vorne katapultiert. Dabei kann man die zurückgelegte Strecke abhängig von der Zeit durch folgende Gleichung beschreiben: $s(t) = 2\,\frac{m}{s^2} \cdot t^2$. Berechnen Sie die momentane Geschwindigkeit zum Zeitpunkt $t = 0{,}5$ s mithilfe des Differenzenquotienten.
Hinweise: Gehen Sie von einem Term für die mittlere Geschwindigkeit für das Zeitintervall von 0,5 s bis 0,5 s $+ \Delta t$ aus, wobei Δt variabel bleibt.

6 ◪ Ole hilft seiner Oma beim Gießen des Gartenbeets. Wenn er die Öffnung des Wasserschlauchs 1,10 m waagerecht über den Boden hält, trifft der Wasserstrahl genau den gegenüberliegenden Rand des Beets.
   a Beschreiben Sie die Bewegung des Wasserstrahls. Zeichnen Sie die Bahnkurve (s_x-s_y-Diagramm).
   b Ole weiß, dass das Beet 3,30 m breit ist. Berechnen Sie die Geschwindigkeit des Wassers beim Austritt aus dem Schlauch.

7 ☐ Ein Gepard ($m = 50$ kg) kann innerhalb von nur 3 Sekunden von 0 auf 100 $\frac{km}{h}$ beschleunigen.
   a Berechnen Sie die mittlere Beschleunigung, die der Gepard dabei aufbringt und vergleichen Sie diese mit der Beschleunigung eines Ferraris ($a = 7{,}1\,\frac{m}{s^2}$).
   b Berechnen Sie die Kraft, die der Gepard bei einer solchen Beschleunigung aufwenden muss.

8 ☐ Zieht man langsam an einer Rolle Toilettenpapier, rollt sich das Papier allmählich ab. Zieht man jedoch ruckartig an der Rolle, reißen einzelne Blätter ab. Erklären Sie das unterschiedliche Verhalten.

9 ◪ Ein Auto fährt in dichtem Nebel. Die Sichtweite beträgt ungefähr 50 m.
   a Bestimmen Sie mithilfe der Faustformeln für den Reaktionsweg und den Bremsweg die Geschwindigkeit, bei welcher der Anhalteweg 50 m beträgt.

[Reaktionsweg in m] = $\frac{[\text{Tachostand}]}{10} \cdot 3$

[Bremsweg in m] = $\left(\frac{[\text{Tachostand}]}{10}\right)^2$

   b Beurteilen Sie diese Vorschrift: „Beträgt die Sichtweite durch Nebel, Schneefall oder Regen weniger als 50 m, so darf nicht schneller als 50 $\frac{km}{h}$ gefahren werden, wenn nicht eine geringere Geschwindigkeit geboten ist."
   c Beurteilen Sie die Anwendbarkeit der Faustformel „halber Tachostand" bei Nebel.

Grundlagen der Mechanik

10 ☐ Erklären Sie mithilfe der Grundgleichung der Mechanik, welche Rolle die Masse eines Fahrzeugs beim Beschleunigungsvorgang spielt.

11 ◪ Bei Fahrten in den Urlaub sollte auf das korrekte Verstauen des Gepäcks geachtet werden.
a Nehmen Sie zur Packweise auf dem untenstehenden Foto Stellung.
b Erklären und begründen Sie, was mit der schweren Flechtkiste bei einer Vollbremsung höchstwahrscheinlich passieren würde.
c Beschreiben Sie den Nutzen und die Funktionsweise eines Sicherheitsgurts.

12 ◪ Ein Unfallgutachter berechnet aus den Verformungen zweier Pkws nach einem Unfall, dass die Aufprallenergie des unfallverursachenden Pkws 531 kJ betrug. Die Masse des Pkws beträgt 1600 kg. Der Gutachter kommt zu dem Schluss, dass das Fahrzeug die an der Unfallstelle geltende Geschwindigkeitsbegrenzung von $80\,\frac{km}{h}$ nicht eingehalten hat. Vollziehen Sie die Beurteilung des Gutachters mithilfe einer Rechnung nach.

13 ◪ Ein Skater fährt in einer Halfepipe mit einem Durchmesser von 8,0 m. Zu Beginn lässt er sich aus dem Stand über den oberen Rand der Halfpipe fallen und fährt ohne weiteren Antrieb in der Bahn.
a Beschreiben Sie die stattfindenden Energieumwandlungen. Gehen Sie darauf ein, welche Höhe der Skater maximal auf der gegenüberliegenden Seite der Halfpipe erreichen kann.
b Berechnen Sie die Geschwindigkeit im tiefsten Punkt, wenn die Reibung unberücksichtigt bleibt.
c Manche Skater vollführen Sprünge vom Rand der Halfpipe aus und erreichen dabei deutlich größere Höhen als beim Start. Erläutern Sie den scheinbaren Widerspruch zum Energieerhaltungssatz.

Mithilfe des Kapitels können Sie:	Aufgabe	Hilfe
✓ für die Größen Geschwindigkeit und Beschleunigung Durchschnitts- und Momentanwerte aus den entsprechenden Diagrammen ermitteln.	3	S. 8-10, S. 14-15
✓ gleichförmige und gleichmäßig beschleunigte Bewegungen anhand von t-s- und t-v-Diagrammen unterscheiden und beschreiben.	1	S. 9-10, S. 15
✓ den freien Fall als gleichmäßig beschleunigte Bewegung benennen und die Idealisierungen, die zum freien Fall führen, beschreiben.	2	S. 44-45
✓ den waagerechten und schiefen Wurf als Überlagung zweier Teilbewegungen beschreiben und Wurfweite, Wurfhöhe und Flugzeit berechnen.	6	S. 52-54, S. 56-57
✓ Verfahren zur Berechnung der momentanen Geschwindigkeit anwenden.	4, 5	S. 11
✓ die Grundgleichung der Mechanik anwenden und die drei Newton'schen Axiome (Trägheits-, Aktions- und Wechselwirkungsprinzip) erläutern.	7, 8, 10	S. 24-26, S. 32
✓ Risiken und Sicherheitsmaßnahmen im Straßenverkehr mithilfe der Newton'schen Axiome beurteilen.	9, 11	S. 36-37, S. 60-61
✓ die Gleichung für die kinetische Energie nennen und zur Lösung von Aufgaben und Problemen nutzen.	12	S. 66
✓ mithilfe des Energieerhaltungssatzes der Mechanik argumentieren.	13	S. 68-69

▶ Die Lösungen zu den Übungsaufgaben finden Sie im Anhang.

Klausurtraining

Musteraufgabe mit Lösung

Aufgabe • Skispringen

Stefan Kraft erzielte 2017 mit einer Sprungweite von 253,5 m den Weltrekord im Skispringen. Man kann den Sprung als schiefen Wurf oder als Gleitflug modellieren. Die erste Phase ist jeweils der Anlauf. Bei der Schanze betrug die Anlauflänge $a = 134$ m, der typische Neigungswinkel $\gamma = 36°$.

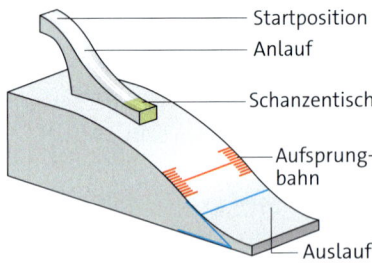

a Berechnen Sie die Höhe h des Anlaufs. Ermitteln Sie die maximale Absprunggeschwindigkeit v_{max}, die ohne jede Reibung erreicht würde.

b Die reale Absprunggeschwindigkeit beträgt $v_0 = 28 \frac{m}{s}$, beim Absprung hat die Anlaufbahn den Neigungswinkel $\alpha = 11°$. Berechnen Sie die waagerechte und senkrechte Komponente $v_{x,0}$ und $v_{y,0}$ der Absprunggeschwindigkeit v_0 mit richtigen Vorzeichen. Geben Sie den Vektor der Absprunggeschwindigkeit an.

c Leiten Sie eine Gleichung für die zurückgelegte Flugweite $x(t)$ abhängig von der Flugdauer t für den idealen Fall ohne Reibung her.

d Zeigen Sie für den Fall eines Wurfs ohne Reibung, dass die Gleichung für die vertikale Flugstrecke abhängig von der Flugdauer t ist:
$y(t) = v_{y,0} \cdot t - \frac{g}{2} \cdot t^2$.

e Der Hang hinter der Absprungkante wird näherungsweise durch die Gleichung $y = -0{,}6 \cdot x - 3$ m dargestellt. Zeichnen Sie diesen Hang und die Flugparabel $y(x)$ vom Absprung bis zur Landung. Ermitteln Sie dabei die Flugweite x_L und die Flugdauer t_L bis zur Landung. Vergleichen Sie mit der tatsächlichen Flugweite von 253,5 m.

f Ermitteln Sie für die Hypothese konstanter Geschwindigkeitskomponente $v_x(t) = v_{x,0}$ die zur Flugweite von 253,5 m passende Flugdauer t_L. (Realistisch sind acht Sekunden.) Beurteilen Sie die Hypothese $v_x = v_{x,0}$, stellen Sie eine Folgerung für $v_{x,L}$ im Vergleich zu $v_{x,0}$ auf.

g Die tatsächliche Geschwindigkeit bei der Landung beträgt $v_L = 130 \frac{km}{h}$. Vergleichen Sie mit v_0. Berechnen Sie daraus die vertikale Komponente der Geschwindigkeit bei der Landung $v_{y,L}$ für den Fall, dass die Flugbahn bei der Landung tangential zum Hang mit der Gleichung $y = -0{,}6 \cdot x - 3$ m verläuft.

h Ermitteln Sie die Beschleunigung a, die bei einer gleichmäßig beschleunigten Bewegung zu diesem Wert $v_{y,L}$ führen würde. Erläutern Sie das tatsächliche Flugverhalten anhand der unteren Abbildung.

Lösung

a $h = 134$ m $\cdot \sin 36° = 78{,}76$ m;
Beim Hinunterfahren wird Höhenenergie in kinetische Energie umgewandelt. Im reibungsfallen Fall git die Energieerhaltung:
$E_{kin} = E_H \Rightarrow \frac{1}{2} \cdot m \cdot v^2 = m \cdot g \cdot h$
$v_{max} = \sqrt{2 \cdot g \cdot h} = 39{,}3 \frac{m}{s}$

b $v_{x,0} = 28 \frac{m}{s} \cdot \cos 11° = 27{,}5 \frac{m}{s}$
$v_{y,0} = -28 \frac{m}{s} \cdot \sin 11° = -5{,}3 \frac{m}{s}$
$\vec{v}_0 = \begin{pmatrix} 27{,}5 \\ -5{,}3 \end{pmatrix} \frac{m}{s}$

c Ohne Reibung ist v_x konstant. Es liegt eine gleichförmige Bewegung vor: $x(t) = v_{x,0} \cdot t = 27{,}5 \frac{m}{s} \cdot t$

d $v_y(t)$ durch Ableitung bzw. Aufstellen des Differenzenquotienten aus $y(t)$ bilden: $v_y(t) = v_{y,0} - g \cdot t$.
$v_y(t)$ ist von der Zeit abhängig.

e Stützpunkte der Parabel für z. B. $t = 0; 0{,}2$ s; $0{,}4$ s usw. und die Gerade $y = -0{,}6 \cdot x - 3$ m einzeichnen. Schnittpunkte der beiden Graphen: bei $x = 70$ m und $y = -45{,}5$ m.

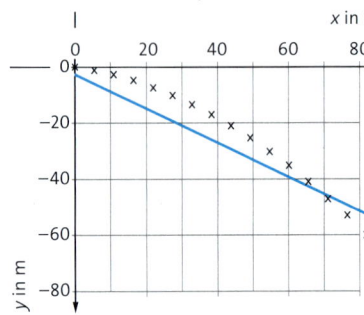

f $t_L = \frac{253{,}5 \text{ m}}{v_{x,0}} = \frac{253{,}5 \text{ m}}{27{,}5 \frac{m}{s}} = 9{,}2$ s

Da die reale Flugzeit kürzer war, muss v_x größer sein. Die Hypothese ist falsch.

g $v_L = 36{,}1 \frac{m}{s} > v_0$
v_L verläuft entlang der Geraden, sodass für die senkrechte Komponente $v_{y,L}$ gilt: $v_{y,L} = v_L \cdot \sin \alpha$; mit $\tan \alpha = -0{,}6 \Rightarrow v_{y,L} = -18{,}6 \frac{m}{s}$
$a = \frac{\Delta v_{y,L}}{t_L} = \frac{-18{,}6 \frac{m}{s} - (-5{,}4 \frac{m}{s})}{8 \text{ s}} = -1{,}7 \frac{m}{s^2}$

Der Springer wirkt wie eine Tragfläche und erzeugt die Auftriebskraft $F = m \cdot 8{,}1 \frac{m}{s^2}$.

Übungsaufgaben mit Hinweisen

Aufgabe 1 • Newtons Axiome

Bei einer Flutkatastrophe ist Familie Sieling auf dem Dach ihres überfluteten Hauses von Wasser eingeschlossen. Die Rettungskräfte lassen ein Boot ins Wasser und stoßen mit ihren Paddeln das Wasser kräftig nach hinten. Kurz vor dem Haus hören die Retter auf zu paddeln und das Boot fährt von alleine zu den Sielings. Als die Familie an Bord ist, nimmt das Boot relativ langsam Fahrt auf, obwohl alle Retter wieder kräftig paddeln. Da greifen auch die Sielings zu den Paddeln, sodass das Boot eine größere Beschleunigung erreicht.

a Nennen Sie Newtons drei Axiome.
b Ordnen Sie den verschiedenen Phasen der Rettung passende Axiome zu und erläutern Sie diese am Beispiel.

Aufgabe 2 • Tibet-Bahn

Die Tibet-Bahn von Xining nach Lhasa im Himalaya ist eine technische Meisterleistung. Sie ist 1956 km lang und als höchste Bahnstrecke der Welt führt sie bis in 5072 m Höhe. Dabei überwindet sie Steigungen bis 2 % (das entspricht einem Höhenunterschied von 2 m auf einer horizontalen Strecke von 100 m).

a Geben Sie an, welche Reibungsarten grundsätzlich bei der Bewegung des Zuges auftreten.
b Skizzieren Sie die Situation des Zuges an einem Anstieg von 2 % mit den relevanten Kräften.
c Begründen Sie, welche Reibungsart bezüglich der Steigung der begrenzende Faktor ist.
d Berechnen Sie den minimalen Reibungskoeffizienten, der zwischen Schiene und Rad auftreten darf.

Hinweise

Aufgabe 1

a Trägheitsprinzip: Ein Körper behält seine gleichförmige Bewegung bei oder bleibt in Ruhe, solange keine Kraft auf ihn ausgeübt wird. Aktionsprinzip: Wird eine Kraft $\vec{F}$ auf einen Körper der Masse m ausgeübt, dann erfährt er eine Beschleunigung $\vec{a}$. Es gilt: $\vec{F} = m \cdot \vec{a}$. Wechselwirkungsprinzip: Wenn ein Körper A eine Kraft $\vec{F}_{AB}$ auf einen zweiten Körper B ausübt, dann übt gleichzeitig der Körper B eine Gegenkraft $\vec{F}_{BA}$ auf den Körper A aus und es gilt: $\vec{F}_{AB} = -\vec{F}_{BA}$
b Paddeln: Wechselwirkungsprinzip. Indem man eine Kraft nach hinten auf das Wasser ausübt, erfährt man selbst eine Kraft nach vorne. Kurz vor dem Ziel: Trägheitsprinzip. Die vorhandene Geschwindigkeit wird (nahezu) beibehalten. Rückfahrt: Aktionsprinzip. Größere Masse verringert die Beschleunigung. Größere Kraft (mehr Paddler) vergrößert die Beschleunigung.

Aufgabe 2

a Reibungskräfte treten grundsätzlich zwischen den Rädern des Zuges und der Oberfläche (Schiene) auf. Rollen die Räder sind das konkret Haftreibungskräfte und Rollreibungskräfte. Zusätzlich tritt durch den Widerstand der Luft die Luftreibungskraft auf.
Hinweis: Zusätzlich treten auch Reibungskräfte zwischen den beweglichen Teilen am Zug auf, z. B. bei Achsen, in den Motoren usw.
b Es muss eine schiefe Ebene skizziert werden, auf der der Zug steht. Beteiligte Kräfte sind die senkrecht stehende Gewichtskraft, die im rechten Winkel zur schiefen Ebene stehende Normalkraft und die Hangabtriebskraft.
c Haftreibungskraft, da die Räder nicht durchdrehen und ins Rutschen kommen dürfen. Ist diese überwunden, wirkt nur noch die kleinere Gleitreibungskraft.
d $F_{HR} = F_H$
$F_N \cdot \mu_{HR} = F_G \cdot \sin\alpha$
$F_G \cdot \cos\alpha \cdot \mu_{HR} = F_G \cdot \sin\alpha$
$\mu_{HR} = \dfrac{F_G \cdot \sin\alpha}{F_G \cdot \cos\alpha}$
$\mu_{HR} = \tan\alpha$
$\mu_{HR} = \dfrac{2\,m}{100\,m} = 0{,}02$

Klausurtraining

Training I • Bewegungen beschreiben und Größen berechnen

Aufgabe 1 • Maultrommel

Die Maultrommel ist ein kleines Musikinstrument. Zum Spielen hält man es sich an den Mund und zupft an der Blattfeder in der Mitte, die dadurch zum Schwingen gebracht wird.
Die Bewegung ist dabei so schnell, dass man die Blattfeder mit dem Auge nur noch verschwommen sehen kann. Da das menschliche Auge zu träge ist, wird die Bewegung mit einer Hochgeschwindigkeitskamera aufgezeichnet. Mit einer solchen Kamera werden in einer Sekunde 210 Bilder aufgenommen.

M2 Maultrommel

a Die sechs Einzelaufnahmen sind hintereinander entstanden. Ermitteln Sie die Zeitdifferenz zwischen zwei einzelnen Aufnahmen.

b Die Spitze der Blattfeder bewegt sich in den Einzelaufnahmen nach oben. Ermitteln Sie jeweils die zurückgelegte Strecke der Blattfederspitze zwischen allen Einzelaufnahmen und die Gesamtstrecke zwischen der ersten und letzten Einzelaufnahme.

c Ermitteln Sie aus Ihren Ergebnissen aus den Teilaufgaben a) und b) die jeweiligen Momentangeschwindigkeiten und die Durchschnittsgeschwindigkeit für die gesamte Bildfolge. Vergleichen Sie die ermittelten Geschwindigkeiten und ziehen Sie Rückschlüsse.

Der Graph des t-s-Diagramms zeigt die Messwerte für die Bewegung der Blattfeder und die Regression.

d Interpretieren Sie den Verlauf des Graphen im t-s-Diagramm. Erläutern Sie daran, warum man von einer „schwingenden" Bewegung der Feder sprechen kann.

e Ermitteln Sie mithilfe des Graphen im t-s-Diagramm die Durchschnittsgeschwindigkeit. Wählen Sie als Zeitintervall die Stellen des oberen und unteren Umkehrpunkts der Bewegung der Blattfederspitze.

f Ermitteln Sie anhand des Graphen die Stelle mit der größten Momentangeschwindigkeit und geben Sie diese an. Beschreiben Sie Ihr Vorgehen.

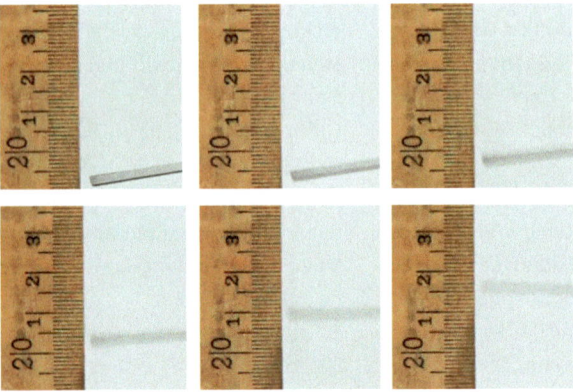

M1 Aufeinanderfolgende Einzelaufnahmen mit der Hochgeschwindigkeitskamera

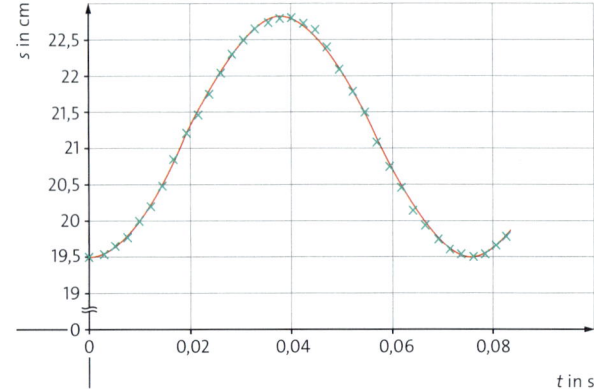

M3 Bewegung der Blattfederspitze: Messwerte (grün) und Regressionskurve (rot)

Aufgabe 2 • Feder zum Schießen

Max schießt während des Physikunterrichts mit einer Schraubenfeder aus einem Kugelschreiber (Federhärte $D = 20 \frac{kg}{s^2}$) eine Kaugummikugel ($m = 2$ g) von der Tischoberfläche ($h_T = 80$ cm) senkrecht in die Luft. Die Physiklehrerin bemerkt dies und möchte, dass er wieder mitarbeitet. Sie stellt ihm daher passende Aufgaben.

a Max soll die maximale Höhe der Kugel berechnen und ermittelt $h_{max} = 1{,}3$ m. Bestätigen Sie sein Ergebnis.

b Max soll die Flugweite der Kugel berechnen, wenn er diese waagerecht vom Tisch abschießt. Entwickeln Sie ein Vorgehen. Berechnen Sie auch die Aufprallgeschwindigkeit und den Auftreffwinkel auf den Boden.

Training II • Bewegung, Energie und Impuls

Folgende Situation liegt vor: Ein Tennisball mit der Masse $m = 58$ g fällt aus einer unbekannten Höhe auf den Boden und prallt von diesem wieder hoch.

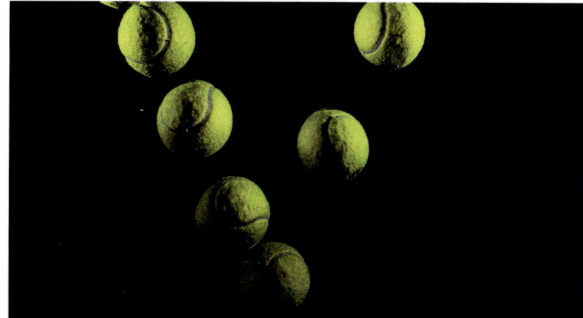

M4 Aufspringender Ball

Aufgabe 1 • Aufprall des Tennisballs

Das Diagramm zeigt den zeitlichen Verlauf der Geschwindigkeit des Tennisballs vom Zeitpunkt der Berührung des Bodens bis zum Verlassen des Bodens.

a Beschreiben Sie den Kurvenverlauf. Teilen Sie hierzu die Bewegung in geeignete Zeitabschnitte.
b Berechnen Sie die mittlere Beschleunigung, die der Tennisball während des Aufprallens erfahren hat.
c Bestimmen Sie die momentane Beschleunigung des Tennisballs für $v = 0$.
d Erstellen Sie ein t-a-Diagramm für den dargestellten Vorgang. Erläutern Sie dabei Ihr Vorgehen.

Aufgabe 2 • Energiebetrachtungen

Den Aufprall des Tennisballs kann man auch aus energetischer Sicht betrachten. Hierzu wurde das Energiekontenmodell angewandt.

a Erläutern Sie die Energieumwandlungen, die vom Fallenlassen bis zum Wiederaufsteigen des Balls stattfinden. Benennen Sie die Energiearten.
b Ordnen Sie die dargestellten Zustände im Energiekontenmodell möglichen Zeitpunkten im t-v-Diagramm zu. Begründen Sie kurz.
c Bestimmen Sie rechnerisch mithilfe von Informationen aus dem Diagramm jeweils die kinetische Energie des Tennisballs vor und nach dem Aufprall auf den Boden. Ziehen Sie Schlussfolgerungen aus Ihrem Ergebnis.
d Bestimmen Sie mithilfe der Informationen aus dem Diagramm, aus welcher Höhe der Tennisball auf den Boden gefallen ist und welche Höhe er nach dem Aufprall maximal wieder erreichen kann. Erstellen Sie jeweils eine Darstellung im Energiekontenmodell.

e Im Energiekontenmodell ist noch eine Energieform nicht benannt. Erläutern Sie, um welche Energieform es sich handelt.
f Begründen Sie, warum die Umwandlung von Energie in diese vierte Energieform letztendlich dazu führen wird, dass der Ball irgendwann zum Liegen kommt.
g Schätzen Sie aus dem Diagramm ab, wie oft der Ball ungefähr aufprallen kann, bevor er zum Liegen kommt. Erläutern Sie Ihr Vorgehen.

Aufgabe 3 • Kraft und Impuls

Neben der Energie können auch die am Vorgang beteiligten Kräfte und Impulse betrachtet werden.

a Begründen Sie, warum man aus dem t-v-Diagramm schließen kann, dass beim Vorgang eine Kraft auf den Ball wirkte.
b Berechnen Sie aus den ermittelten Beschleunigungen aus den Teilaufgaben 1b und 1c die jeweilige Kraft, die auf den Ball wirkte.
c Ermitteln Sie die Impulsänderung des Balls während des gesamten Vorgangs.
d Erläutern Sie anhand der vorliegenden Situation, was man unter der Impulserhaltung bei physikalischen Vorgängen versteht. Erklären Sie, welche Impulsänderung dabei der Boden erfahren muss.

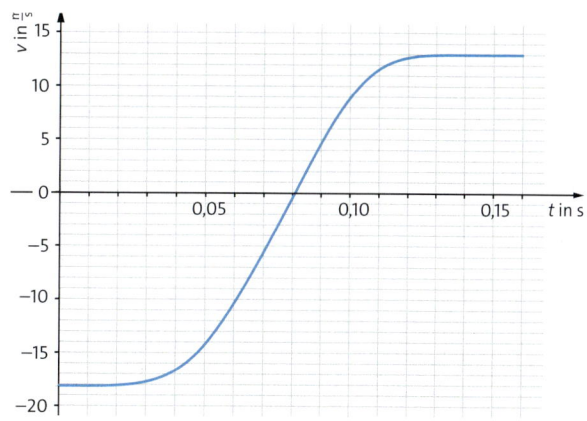

M5 t-v-Diagramm

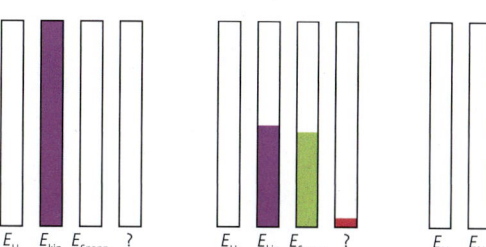

M6 Energiekonten des Vorgangs

2 Kreisbewegung, Gravitation und physikalische Weltbilder

▶ Von der Erde aus kann man den Mond am wolkenfreien Himmel leicht beobachten. Er umkreist die Erde auf seiner Bahn etwa alle 28 Tage. Solche Kreisbewegungen lassen sich durch verschiedene Größen beschreiben.

▶ Damit der Mond auf seiner Umlaufbahn bleibt, wird er durch die Gravitationskraft von der Erde angezogen. Mithilfe der Gravitation lassen sich auch die Umlaufbahnen anderer Himmelskörper berechnen und vorhersagen. Die Vorstellung, wie sich Sonne, Planeten und Erde zueinander bewegen, hat sich von der Antike bis zur heutigen Zeit mehrmals gewandelt.

Mit einem Abstand von etwa 380 000 km ist der Mond der nächste Himmelskörper zur Erde.

2.1 Kreisbewegungen beschreiben

1 Hammerwerfer

Beim Hammerwerfen schleudert der Werfer einen 16 englische Pfund (7,26 kg) schweren Hammer, der an einem 4 Fuß (1,22 m) langen Draht befestigt ist. Dabei dreht sich der Sportler in einem Abwurfkreis mit einem Durchmesser von 7 Fuß (2,14 m) und lässt schließlich los. Wie ist es möglich, dass Spitzenathleten Wurfweiten von über 80 m erreichen?

Kenngrößen der Kreisbewegung • Bisher haben wir uns vor allem mit geradlinigen Bewegungen beschäftigt. Drehungen wie sie der Sportler ausführt, können damit aber nicht gut beschrieben werden. Betrachtet man z. B. die Kugel am Hammer, kann deren Drehbewegung auch nicht als eine zusammengesetzte Bewegung beschrieben werden. Die Kugel vollführt eine Bewegung auf einer kreisförmigen Bahn mit dem Werfer im Mittelpunkt. Es ist eine **Kreisbewegung**.

Um die Bewegung beschreiben zu können, benötigen wir einige Kenngrößen. Dabei beschränken wir uns auf die gleichförmige Kreisbewegung.

> Die Bewegung eines Körpers mit konstanter Geschwindigkeit auf einer Kreisbahn heißt gleichförmige Kreisbewegung.

ω – griech. „omega"
φ – griech. „phi"

Bei einer gleichförmigen Bewegung wird in gleichen Zeiträumen immer die gleiche Strecke zurückgelegt: $v = \frac{\Delta s}{\Delta t}$. Bei der Kreisbewegung heißt diese Größe **Bahngeschwindigkeit**.
Sie lässt sich leicht aus weiteren Kenngrößen der Kreisbewegung berechnen:

Die **Umlaufzeit T** ist die Zeit für einen Umlauf auf der Kreisbahn. Aus ihr leitet sich die **Drehfrequenz f** ab. Sie ist der Kehrwert der Umlaufzeit bzw. der Quotient aus der Anzahl n beliebiger Umläufe und der dafür benötigten Zeit t.

$$f = \frac{1}{T} = \frac{n}{t}. \qquad \text{Einheit: } [f] = \frac{1}{s} = 1\,\text{Hz (Hertz)}$$

Nutzt man für die Berechnung der Bahngeschwindigkeit die Umlaufzeit T, dann entspricht die zurückgelegte Strecke Δs für einen Umlauf gerade dem Umfang der Kreisbahn $u = 2 \cdot \pi \cdot r$. Der Abstand r zum Mittelpunkt der Kreisbahn heißt **Bahnradius**.

$$v = \frac{\Delta s}{\Delta t} = \frac{2 \cdot \pi \cdot r}{T} = 2 \cdot \pi \cdot r \cdot f$$

Auf einer Drehscheibe liegen drei Münzen (▶ 2). Die drei Körper bewegen sich jeweils auf ihrer Kreisbahn mit derselben – von der Drehscheibe vorgegebenen – Umlaufzeit bzw. Drehfrequenz, aber die Radien ihrer Bahnen sind verschieden. Folglich sind auch ihre Bahngeschwindigkeiten verschieden.
Die Änderung des Drehwinkels $\Delta\varphi$ ist aber bei allen Körpern auf der Drehscheibe gleich. Sie haben die gleiche **Winkelgeschwindigkeit ω**.

$$\omega = \frac{\Delta\varphi}{\Delta t}$$

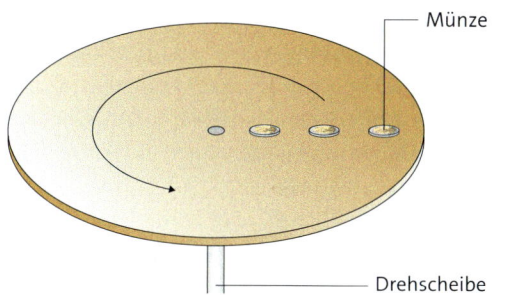

2 Drehscheibe mit Münzen

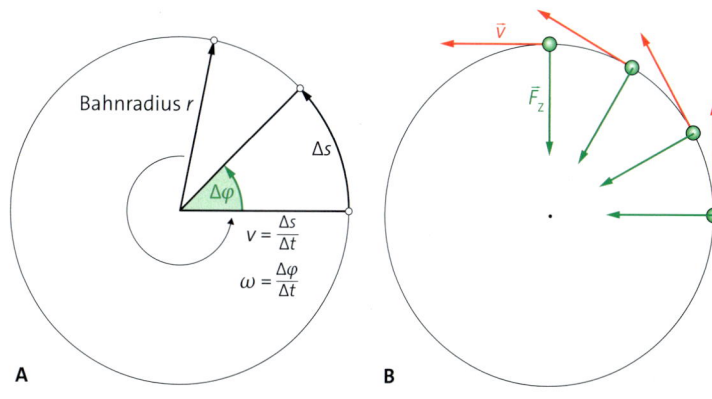

3 **A** Größen und **B** Vektoren am Kreis

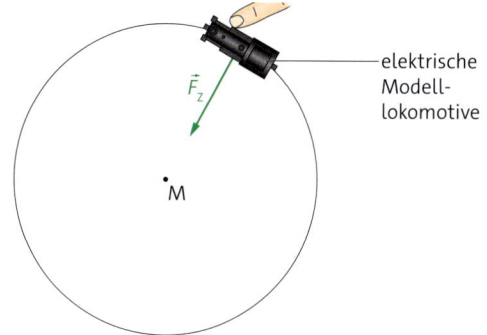

4 Die Lokomotive wird durch eine Zentripetalkraft auf der Kreisbahn gehalten.

Bevor wir die Winkelgeschwindigkeit genau angeben, betrachten wir den Zusammenhang von Gradmaß und Bogenmaß.

Bogenmaß • Bei Kreisbewegungen ist es besonders einfach, den Winkel aus der Länge des Kreisbogens zu bestimmen. Bisher haben wir Winkel meist in Grad angegeben. Eine weitere Möglichkeit, Winkel anzugeben, ist das **Bogenmaß**. Die Länge des Kreisbogens am Einheitskreis ist dabei ein Maß für den Winkel. So entspricht $\alpha = 360°$ einem Bogenmaß von $\alpha_{rad} = 2\pi$. Damit gilt für die Winkelgeschwindigkeit:

$$\omega = \frac{\Delta \varphi}{\Delta t} = \frac{2\pi}{T} = 2\pi \cdot f.$$

Die Einheit von ω ist nicht 1 Hz, sondern $1\frac{1}{s}$.

Kräfte am Kreis • Nach dem ersten NEWTON'schen Axiom verharrt ein Körper in Ruhe oder in geradlinig gleichförmiger Bewegung, solange keine Kraft auf ihn wirkt. Nach dem Loslassen des Hammers bewegt dieser sich bei Vernachlässigung von Reibung und Gravitation geradlinig gleichförmig. Die Richtung der Geschwindigkeit entspricht also der Tangente am Kreis (▶ 3B). Was hält den Hammer aber vor dem Loslassen auf der Kreisbahn?

Dazu führen wir ein Experiment durch (▶ 4). Eine elektrisch betriebene Modelllokomotive soll auf einer Kreisbahn fahren. Der Elektromotor realisiert jedoch eine geradlinig gleichförmige Bewegung. Damit wir die Lok auf der Kreisbahn halten, muss ständig eine zum Kreismittelpunkt gerichtete Kraft, die **Zentripetalkraft** F_Z, auf die Lok wirken (▶ 4).

> Damit sich ein Körper auf einer Kreisbahn bewegt, muss ständig eine zum Kreismittelpunkt gerichtete Kraft, die Zentripetalkraft, auf ihn wirken.

Für eine große Wurfweite muss der Hammer eine möglichst große Bahngeschwindigkeit erreichen. Diese große Geschwindigkeit erreicht der Hammerwerfer durch seine Kreisbewegung mit großem Radius und hoher Drehfrequenz.

$$v = 2\pi \cdot r \cdot f = \omega \cdot r$$

Doch warum dreht sich der Hammerwerfer nicht noch öfter? Dazu müssen wir uns im nächsten Schritt die Zentripetalkraft genauer ansehen.

1 ☐ Die Drehscheibe (▶ 2) dreht sich mit einer Umlaufzeit von 0,8 s. Die drei Münzen haben vom Drehpunkt einen Abstand von 5 cm, 10 cm und 15 cm. Berechnen Sie Winkelgeschwindigkeit und Bahngeschwindigkeit der Münzen.

2 ▢ Ein Hammerwerfer beschleunigt den Hammer auf eine Geschwindigkeit von $20\frac{m}{s}$. Draht- und Armlänge betragen zusammen 2,0 m. Berechnen Sie die Umlaufzeit und die Drehfrequenz, die der Hammerwerfer erreichen muss.

Ein Winkel im Bogenmaß hat die Einheit rad: $360° = 2\pi$ rad. Entsprechend gilt für die Einheit der Winkelgeschwindigkeit: $[\omega] = \frac{rad}{s}$. rad ist jedoch eine dimensionslose Einheit und kann daher in Rechnungen durch 1 ersetzt werden.

Zentripetalkraft

Um zu untersuchen, welche Größen Einfluss auf die Zentripetalkraft haben, betrachten wir noch einmal das Experiment mit den Münzen auf der Drehscheibe (▶ 2, S. 93). Grundsätzlichen werden die Münzen durch die Haftreibung auf der Drehscheibe gehalten. Sie ist für die verwendeten Münzen gleich. Erhöhen wir die Drehfrequenz, fangen die Münzen von außen nach innen an zu rutschen. Der Radius und die Bahngeschwindigkeit (Winkelgeschwindigkeit) müssen also Einfluss auf die Zentripetalkraft haben.

Wir können auch vermuten, dass die Masse des Körpers Einfluss auf die Kraft hat, die erforderlich ist, um ihn auf der Kreisbahn zu halten. Beim Hammerwurf hat das Sportgerät der Frauen mit 4 kg eine über 3 kg geringere Masse als bei den Männern.

1 Zentralkraftgerät

Mit einem Zentralkraftgerät (▶ 1) untersuchen wir den Einfluss der Größen Masse, Geschwindigkeit und Umlaufzeit auf die Zentripetalkraft. Die Zentripetalkraft F_Z können wir am Federkraftmesser ablesen. Dieser ist über einen Faden mit einem beweglichen Wagen auf dem rotierenden Schlitten verbunden. Am Motor können wir die Drehzahl und damit die Umlaufzeit T einstellen. Über die Fadenlänge können wir den Bahnradius r variieren. Der Wagen bietet die Möglichkeit, verschiedene Massestücke aufzusetzen.

Abhängigkeit von der Masse • Bei konstanter Umlaufzeit und konstantem Radius ($T = 1{,}88$ s, $r = 0{,}25$ m, $v = 1{,}00\,\frac{m}{s}$) variieren wir die Masse m des Wagens. Die Messwerte zeigen, dass die Zentripetalkraft proportional zur Masse steigt: $F_Z \sim m$ (▶ 2).

	F_Z in N	m in kg
1	0,20	0,05
2	0,38	0,10
3	0,58	0,15
4	0,80	0,20
5	1,00	0,25

2 Abhängigkeit der Zentripetalkraft von der Masse

$y = 4{,}04x - 0{,}014$
$R^2 = 0{,}9989$

Abhängigkeit von der Bahngeschwindigkeit • Die Bahngeschwindigkeit ändern wir, indem wir die Drehzahl variieren. Masse und Radius halten wir konstant ($m = 0{,}05$ kg, $r = 0{,}20$ m). Die Messwerte zeigen, dass die Zentripetalkraft mit der Bahngeschwindigkeit zunimmt (▶ 3). Es gilt: $F_Z \sim v^2$.

	F_Z in N	T in s	v in $\frac{m}{s}$
1	0,10	2,35	0,53
2	0,20	1,43	0,88
3	0,45	0,94	1,34
4	0,70	0,75	1,68
5	0,90	0,65	1,93

3 Abhängigkeit der Zentripetalkraft von der Bahngeschwindigkeit

$y = 0{,}2218x^2 + 0{,}0395x + 0{,}0033$
$R^2 = 0{,}9994$

Abhängigkeit vom Radius • Um die Abhängigkeit von F_Z vom Radius zu untersuchen, wählen wir für den Wagen eine feste Masse ($m = 0{,}10$ kg) und eine feste Bahngeschwindigkeit ($v = 1{,}00\,\frac{m}{s}$). Mithilfe des Fadens variieren wir den Radius der Kreisbahn. Die Messwerte zeigen, dass die Zentripetalkraft mit zunehmendem Radius abnimmt (▶ 4). Es gilt: $F_Z \sim \frac{1}{r}$.

	F_Z in N	T in s	r in m
1	1,00	0,63	0,10
2	0,65	0,94	0,15
3	0,50	1,26	0,20
4	0,40	1,57	0,25
5	0,33	1,88	0,30
6	0,28	2,20	0,35

4 Abhängigkeit der Zentripetalkraft vom Radius

$y = 0{,}0946x^{-1{,}037}$
$R^2 = 0{,}9998$

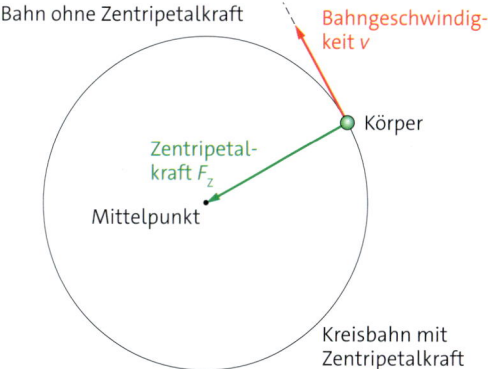

5 Zentripetalkraft

bei Weiten um 80 m beträgt ca. 25 $\frac{m}{s}$. Ein typischer Radius ergibt sich aus der Draht- und Armlänge sowie der Bewegung im Wurfkreis und beträgt ca. 2,2 m. Mit der Hammermasse von 7,26 kg ergibt sich:

$$F_Z = \frac{m \cdot v^2}{r} = \frac{7{,}26\,\text{kg} \cdot 625\,\frac{m^2}{s^2}}{2{,}2\,\text{m}} = 2063\,\text{N}$$

Der Hammerwerfer muss kurzzeitig also eine Kraft von etwa 2060 N aufbringen. Das schaffen nur Spitzenathleten.

Aus den drei gewonnenen Zusammenhängen können wir schließen:

$F_Z \sim \frac{m \cdot v^2}{r}$.

Durch Einsetzen der aufgenommenen Messwerte zeigen wir, dass der Proportionalitätsfaktor 1 ist. Für die Zentripetalkraft gilt somit:

$F_Z = \frac{m \cdot v^2}{r}$.

Zentripetalbeschleunigung • Damit sich ein Körper auf einer Kreisbahn bewegt, muss es eine zum Mittelpunkt des Kreises gerichtete Kraft, die Zentripetalkraft, geben. Nach dem NEWTON'schen Grundgesetz gilt:

$F = m \cdot a$.

Es muss also auch eine zum Mittelpunkt gerichtete Beschleunigung geben (▶ 5). Dies ist die Zentripetalbeschleunigung a_Z:

$\left. \begin{array}{l} F_Z = \frac{m \cdot v^2}{r} \\ F_Z = a_Z \cdot m \end{array} \right\} \quad a_Z = \frac{v^2}{r}$

> Die Zentripetalbeschleunigung $a_Z = \frac{v^2}{r}$ wirkt senkrecht zur Bewegungsrichtung des Körpers und ist zum Kreismittelpunkt gerichtet.

Wir hatten die Frage gestellt, warum sich der Hammerwerfer nicht schneller dreht, um den Hammer auf eine noch größere Geschwindigkeit zu beschleunigen. Der Hammerwerfer muss den Hammer während der Drehung halten. Dabei muss er die Kraft F_Z aufbringen. Eine typische Abwurfgeschwindigkeit

1 ☐ Die Trennscheibe eines Winkelschleifers (Flex) dreht sich mit 12 500 Umdrehungen pro Minute (▶ 6). Die Trennscheibe hat einen Durchmesser von 125 mm.
a Berechnen Sie die Winkelgeschwindigkeit der Trennscheibe und die Bahngeschwindigkeit, die ein Punkt am äußeren Rand der Trennscheibe hat.
b Berechnen Sie die Zentripetalbeschleunigung, die ein Punkt am äußeren Rand der Trennscheibe erfährt.

2 Die Erde dreht sich an einem Tag um die eigene Achse und in 365 Tagen um die Sonne. Gehen Sie bei beiden Bewegungen von einer Kreisbahn aus.
Berechnen Sie die Bahngeschwindigkeit, mit der sich ein Körper auf der Erdoberfläche bewegt
a ☐ bei der Rotation um die Erdachse,
b ☐ bei der Rotation um die Sonne.

3 ◨ Wäscheschleudern mit einem Trommeldurchmesser von 30 cm erreichen Drehzahlen von bis zu 2400 Umdrehungen pro Minute.
a Berechnen Sie die Geschwindigkeit, mit der sich die Trommelwand bewegt.
b Berechnen Sie die Zentripetalbeschleunigung auf ein Wasserteilchen an der Trommelwand.
c Berechnen Sie die Kraft, die auf ein Wasserteilchen in der Nähe der Trommelwand wirkt.

4 ■ Für Spielzeugautos gibt es Loopingbahnen, bei denen die Autos auf einer biegsamen Anlaufbahn beschleunigt werden (▶ 7). Der Looping der Bahn hat einen Durchmesser von 25 cm. Berechnen Sie die Höhe, aus der das Auto mindestens starten muss, um den Looping durchfahren zu können.

6 Funkenflug beim Winkelschleifer

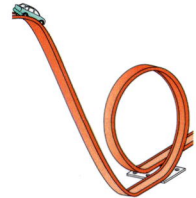

7 Loopingbahn

Material

Versuch A • Verhalten von Körpern bei der Kreisbewegung

V1 Kräfte sichtbar machen

Materialien: Experimentiermotor, Stativmaterial, Drehscheibe, Glas, Korken, Kerze, Windlicht, Klebstoff oder Klebeband

Arbeitsauftrag:
- Bauen Sie das Experiment entsprechend der Abbildung auf: Befestigen Sie einen Faden am Korken und kleben Sie diesen Faden an den Deckel des Glases. Der Faden sollte so lang sein, dass der Korken bei geschlossenem Deckel etwa 2 cm über dem Boden des Glases hängt. Füllen Sie das Glas mit Wasser und schließen Sie es mit dem Deckel.
- Stellen Sie das Glas umgekehrt auf die Drehscheibe.
- Regeln Sie die Drehzahl des Motors langsam hoch, sodass das Glas nicht herunterfällt.
- Beschreiben Sie Ihre Beobachtungen und erklären Sie diese.
- Wiederholen Sie das Experiment mit einer brennenden Kerze. Stellen Sie die Kerze dazu in das Windlicht. Vergleichen Sie Ihre Beobachtungen und erklären Sie diese.

1 Befestigung des Korkens am Deckel

2 Auf den Kopf gestelltes wassergefülltes Glas mit am Deckel befestigten Korken

Versuch B • Winkelgeschwindigkeit und Beschleunigung

V1 Analyse mit dem Smartphone

Materialien: Salatschleuder, Smartphone mit geeigneter App zur Aufzeichnung von Winkelgeschwindigkeit und Beschleunigung, Handtuch oder Schal

Arbeitsauftrag:
Hinweis: Achten Sie darauf, das Smartphone gut zu fixieren, sodass es bei dem Versuch nicht beschädigt wird.
- Öffnen Sie die App und starten Sie die Messung.
- Legen Sie das Smartphone an den Innenrand der Salatschleuder.
- Fixieren Sie das Smartphone mit dem Handtuch oder dem Schal so, dass es bei der Rotation der Salatschleuder an der gewählten Position bleibt und sich nicht in der Schüssel selbst bewegen kann.
- Schließen Sie den Deckel der Salatschleuder und drehen Sie diese möglichst gleichmäßig mit verschiedenen Geschwindigkeiten.
- Die App liefert das ω-a-Diagramm und das ω^2-a-Diagramm. Beschreiben Sie den Zusammenhang von Winkelgeschwindigkeit und Zentripetalbeschleunigung.
- Messen Sie den Radius, auf dem sich das Smartphone in der Salatschleuder gedreht hat. Berechnen Sie aus den gewonnenen Daten die Bahngeschwindigkeit des Smartphones.
- Überprüfen Sie den Zusammenhang von ω und a in weiteren Experimenten, z. B. während einer Kurvenfahrt.

3 Smartphone in Salatschleuder

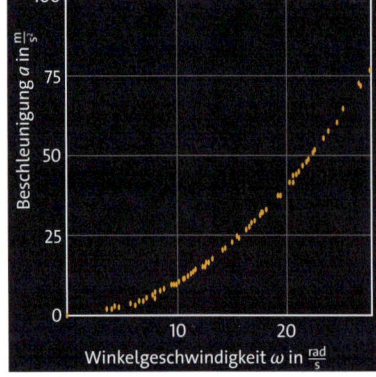
4 Messung der Beschleunigung

Material A • Höchstgeschwindigkeit bei Kreisbewegungen

Kurvenfahrten mit einem Fahrzeug können als Kreisbewegungen beschrieben werden. Die Abbildungen zeigen die Verläufe verschiedener Straßen.

Fahrbahn	Haftreibungszahl
trocken	0,8 (0,4–1,0)
nass	0,5 (0,4–0,6)
vereist	0,1

A2 Haftreibungszahlen für verschiedene Fahrbahnverhältnisse

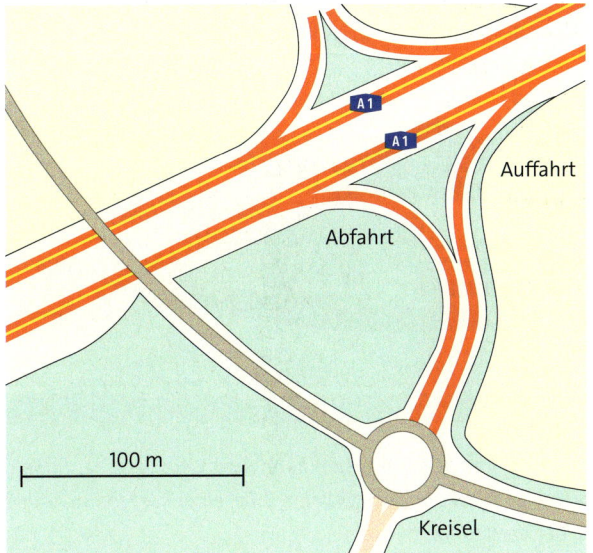

A1 Anschlussstelle Elsdorf

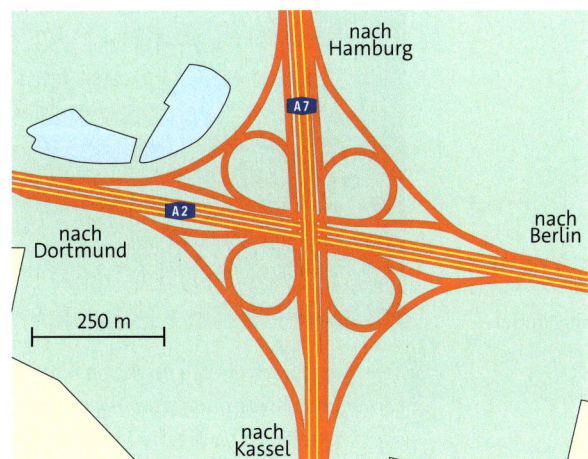

A3 Autobahnkreuz Hannover-Ost

1. ◩ Berechnen Sie für die Anschlussstelle Elsdorf jeweils die maximale Geschwindigkeit für trockene Straßenverhältnisse (▶A1).
   a Abfahren von der Autobahn
   b Auffahren auf die Autobahn
   c Durchfahren des Kreisels

2. ◩ Wiederholen Sie ihre Berechnungen (▶A1)
   a für eine nasse Fahrbahn,
   b für eine vereiste Fahrbahn.
   c Schlagen Sie ein jeweils geeignetes Tempolimit vor und begründen Sie ihre Entscheidung.

3. ◩ Berechnen Sie für das Autobahnkreuz Hannover-Ost jeweils die maximale Geschwindigkeit bei trockenen Straßenverhältnissen für die angegebenen Übergänge (▶A3).
   a Von Berlin nach Hamburg
   b Von Dortmund nach Hamburg

4. ◩ Wiederholen Sie ihre Berechnungen
   a für eine nasse Fahrbahn,
   b für eine vereiste Fahrbahn.

Material B • Winkelgeschwindigkeit beim Hammerwerfen

Den Weltrekord im Hammerwerfen der Männer hält der Russe Jurij Sjedych mit einer Weite von 86,74 m. Diesen Rekord stellte er 1986 bei den Leichtathletik-Europameisterschaften in Stuttgart auf. Die Abwurfhöhe kann für die Berechnungen vernachlässigt werden.

Masse des Hammers in kg	7,26
Abstand der Metallkugel zur Drehachse in m	2,0
Wurfweite in m	86,74

B1 Daten zum Hammerwurf

1. ◩ Berechnen Sie die Winkelgeschwindigkeit und die Umlaufzeit, die Jurij Sjedych im Moment des Abwurfs erreichen musste.

2. ◩ Berechnen Sie die wirkende Zentripetalkraft kurz vorm Abwurf.

3. ■ Jurij Sjedych hatte eine Körpergröße von 1,85 m. Erläutern Sie, ob und wie sich eine größere Körperlänge auf die Wurfweite auswirken kann.

2.2 Kreisbewegungen im Alltag

1 Ein Pkw fährt schnell durch einen Verkehrskreisel.

Kreisbewegungen treten im Alltag häufig auf. Vor allem im Straßenverkehr kann man viele Beispiele finden, bei denen die Bewegung (zumindest zum Teil) auf einer Kreisbahn stattfindet, z. B. bei einer Kurvendurchfahrt oder im Kreisverkehr. Was hält das Fahrzeug auf der Kreisbahn?

Die Schrägstellung der Vorderreifen ist zwar verantwortlich für die Kurvenfahrt. Würden aber keine Kräfte wirken, würde der Pkw aufgrund der Trägheit geradeaus weiterfahren. Die Vorderräder würden dann nicht mehr rollen, sondern einfach rutschen. Die Kraft, die den Pkw auf der Kreisbahn – also in der Kurve – hält, ist die Zentripetalkraft, die hier durch die Reibungskräfte zwischen Reifen und Fahrbahn realisiert ist. Daher ist es wichtig, keine abgefahrenen Reifen zu nutzen und den Fahrbahnbedingungen nach angemessen zu fahren.

Physik der Kurvenfahrt • Vom Rennsport ist bekannt, dass eine Kurve nur mit einer bestimmten Maximalgeschwindigkeit durchfahren werden kann. Quietschende Geräusche beim schnellen Durchfahren bedeuten, dass die Reifen die Haftung verlieren und ins (geräuschvolle) Rutschen kommen. Wir können daher vermuten, dass die folgenden Größen Einfluss auf die Kurvenfahrt und die mögliche Maximalgeschwindigkeit haben: Kurvenradius, Masse des Autos, Beschaffenheit von Reifen und Straße. Damit der Pkw in der Kurve die Spur hält, muss die Haftreibungskraft F_{HR} zwischen Straße und Reifen mindestens so groß wie die Zentripetalkraft sein:

$F_Z \leq F_{HR}$, wobei $F_Z = \frac{m \cdot v^2}{r}$ und $F_{HR} = \mu_{HR} \cdot F_N$.

Am Beispiel des Kreisverkehrs berechnen wir die maximale Kurvengeschwindigkeit. Der Pkw fährt dazu auf einen Kurvenradius von 20 m durch den Kreisel. Der Kleinwagen hat eine Masse von 1000 kg und der Asphalt ist trocken. Der Haftreibungskoeffizient μ_{HR} für die Reifen beträgt bei diesen Bedingungen z. B. 0,9.

$$F_Z \leq F_{HR}$$
$$\frac{m \cdot v^2}{r} \leq \mu_{HR} \cdot F_G$$
$$\frac{m_{Pkw} \cdot v^2}{r} \leq \mu_{HR} \cdot m_{Pkw} \cdot g$$
$$v \leq \sqrt{\mu_{HR} \cdot g \cdot r}$$
$$v \leq \sqrt{0{,}9 \cdot 9{,}8 \tfrac{m}{s^2} \cdot 20\,m} \approx 13{,}3 \tfrac{m}{s} \approx 47{,}8 \tfrac{km}{h}$$

Der Pkw kann den trockenen Kreisel mit einer Maximalgeschwindigkeit von 47 $\frac{km}{h}$ durchfahren. Wir erkennen in der Rechnung, dass die Masse des Pkw keinen Einfluss hat. Sie kann beim Lösen der Ungleichung gekürzt werden.

Es gibt Kurven, die eine sogenannte Kurvenüberhöhung aufweisen, d. h., dass die Fahrbahn an der Innenseite tiefer liegt als an der Außenseite (▶ 2). Durch die Überhöhung kann die Kurve schneller durchfahren werden, weil hier weitere Kräfte wirken.

Zentrifugalkraft • Häufig hört man im Zusammenhang mit der Kurvengeschwindigkeit von der Zentrifugal- bzw. Fliehkraft. Die Argumentation ist dann so, dass die Zentrifugalkraft zu groß wird, wenn das Fahrzeug beim Fahren aus der Kurve fliegt. Wir können die Kraft spüren, wenn man z. B. im Auto bei einer Kurvenfahrt an die Tür gedrückt wird (▶ **2, rotes Kräfteparallelogramm**). Diese Kraft lässt sich mit dem Trägheitsprinzip erklären. Daher handelt es sich bei der Zentrifugalkraft um eine Trägheitskraft, die nur in bestimmten Bezugssystemen auftritt.

Zur näheren Untersuchung nehmen wir eine zweite Perspektive ein. Der Insasse im Fahrzeug führt aufgrund seiner Trägheit eine geradlinige Bewegung aus. Ein ruhender Beobachter am Straßenrand erkennt deshalb, dass die Fahrzeugtür (und auch der Sitz) eine nach innen gerichtete Kraft auf den Insassen ausübt (▶ **2, blaues Kräfteparallelogramm**). Dies ist die Zentripetalkraft. Sie sorgt für die Richtungsänderung und hält den Insassen auf der Kreisbahn. Die nur für den Insassen spürbare Zentrifugalkraft $\vec{F}_{ZF}$ und die im ruhenden System beobachtete Zentripetalkraft $\vec{F}_Z$ sind betragsmäßig gleich und entgegengesetzt gerichtet. Da die beiden Kräfte aber nicht in einem gemeinsamen Bezugssystem auftreten, sind es weder Gegenkräfte noch bilden sie ein Kräftegleichgewicht.

> Die Zentrifugalkraft $\vec{F}_{ZF}$ bzw. Fliehkraft ist eine Trägheitskraft. Sie ist entgegen der Zentripetalkraft gerichtet, hat den gleichen Betrag wie die Zentripetalkraft und kann nur in beschleunigten Bezugssystemen gemessen werden.

In der Abbildung mit der überhöhten Kurve erkennt man, dass die Zentripetalkraft nicht ausschließlich durch die Haftreibungskraft aufgebracht werden muss (▶ **2**). Auf den Pkw wirkt eine Trägheitskraft, die ihn stärker gegen die Fahrbahn drückt. So kann der Pkw bei der richtigen Geschwindigkeit auch ohne Reibung durch die Kurve fahren.
Die gleiche Situation beschreiben wir nun aus der Perspektive des Fahrers. Am Kräfteparallelogramm in ▶ **2** ist der Fall dargestellt, dass die Resultierende aus Zentrifugalkraft und Gewichtskraft gleich der Normalkraft ist. Auch aus dieser Perspektive treten keine weiteren Kräfte längs der Fahrbahn auf und der Pkw kann die Kurve reibungsfrei durchfahren.

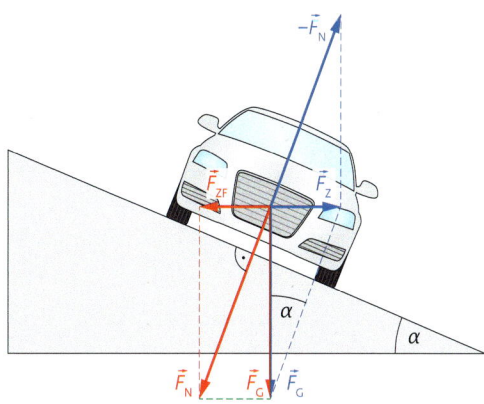

2 Kräfte bei Kurvenüberhöhung

Für welche Geschwindigkeit ist diese Bedingung erfüllt? Es gilt:

$\vec{F}_Z = -\vec{F}_N + \vec{F}_G$ und $\vec{F}_{ZF} = \vec{F}_N - \vec{F}_G$.

Für den Neigungswinkel α folgt, dass $\tan\alpha = \frac{F_Z}{F_G}$.

Einsetzen der Formeln für F_Z und F_G:

$\tan\alpha = \frac{m \cdot v^2}{r \cdot m \cdot g} = \frac{v^2}{r \cdot g}$,

$v = \sqrt{r \cdot g \cdot \tan\alpha}$.

Mit dieser Formel berechnen wir die Geschwindigkeit, mit der ein Pkw eine überhöhte Kurve reibungsfrei durchfahren kann.

1 Ein Pkw durchfährt eine Kurve mit dem Radius 50 m. Die Kurve hat eine Neigung von 10°.
  a ☐ Berechnen Sie die Geschwindigkeit für ein reibungsfreies Durchfahren der Kurve.
  b ▨ Berechnen Sie die erforderliche Kurvenneigung, damit der Pkw die Kurve mit einer Geschwindigkeit von 60 $\frac{km}{h}$ durchfahren kann.

2 ▨ Bei trockener Fahrbahn kann der Pkw deutlich schneller durch die Kurve fahren.
  a Skizzieren Sie den Pkw an einer geneigten Ebene (ähnlich ▶ **2**). Zeichnen Sie die Vektoren der Reibungskräfte ein.
  b Ergänzen Sie die Zeichnung um den Vektor der Hangabtriebskraft.
  c Stellen Sie eine Gleichung auf, die alle zum Kreismittelpunkt gerichteten Kräfte zusammenfasst.

3 ■ Erläutern Sie, warum zum Durchfahren sehr stark überhöhter Kurven eine Mindestgeschwindigkeit notwendig ist.

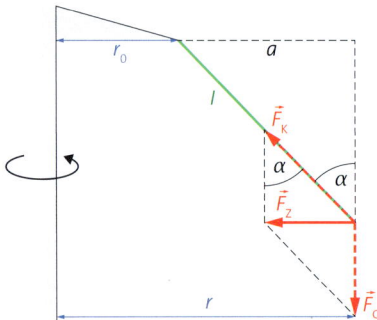

1 Kräfte am Kettenkarussell

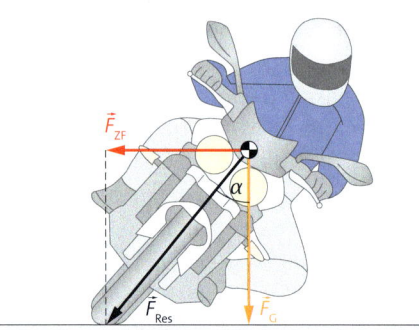

3 Kräfte aus Sicht des Motorradfahrers

2 Kettenkarussell

Kräfte am Kettenkarussell • Im Kettenkarussell bewegen sich die Sitze bei der Rotation nach außen. Welche Kräfte wirken hier?

Im Ruhezustand hängen die Sitze an ihren Ketten gerade herunter. Auf die Sitze wirken die senkrecht nach unten gerichtete Gewichtskraft $\vec{F}_G$ und die gleichgroß entgegengesetzt gerichtete Spannkraft der Kette $\vec{F}_K$. Setzt sich das Kettenkarussell in Bewegung, dann bewegen sich die Sitze nach außen auf eine Kreisbahn mit einem größeren Bahnradius. Die Spannkraft der Kette $\vec{F}_K$ ist jetzt nicht mehr nach oben gerichtet. Sie spannt mit der Gewichtskraft $\vec{F}_G$ ein Kräfteparallelogramm auf, dessen Diagonale die Zentripetalkraft $\vec{F}_Z$ ist. Nach ▶ 1 gilt:

$$\tan\alpha = \frac{F_Z}{F_G} = \frac{m \cdot v^2}{r \cdot m \cdot g} = \frac{v^2}{r \cdot g}.$$

Mithilfe dieser Beziehung können wir ermitteln, welcher Winkel α sich einstellt, wenn sich das Karussell mit einer Umlaufzeit T bewegt. Dazu ersetzen wir die Bahngeschwindigkeit v durch:

$$v = \frac{2\pi \cdot r}{T}.$$

Wir erhalten:

$$\tan\alpha = \frac{v^2}{r \cdot g} = \frac{4\pi^2 \cdot r^2}{r \cdot g \cdot T^2} = \frac{4\pi^2 \cdot r}{g \cdot T^2}.$$

Wir müssen weiter berücksichtigen, dass die Kette nicht direkt an der Drehachse befestigt ist, sondern in einem Abstand r_0. Die Länge der Kette ist l. Mit $a = l \cdot \sin\alpha$ und $r = r_0 + a$ folgt schließlich:

$$\tan\alpha = \frac{4\pi^2 \cdot r}{g \cdot T^2} = \frac{4\pi^2 \cdot (r_0 + l \cdot \sin\alpha)}{g \cdot T^2}.$$

Diese Gleichung können wir nicht nach α umstellen. Wir können aber die Lösungsfunktion des Taschenrechners nutzen, um zu bekannten Werten von r_0, l und T den Winkel α ermitteln zu lassen. Für $r_0 = 8,0$ m, $l = 5,0$ m und $T = 9,0$ s erhält man z.B. $\alpha \approx 27,1°$.

Kurvenfahrt eines Motorrads • Wir betrachten die Kurvenfahrt eines Motorrads aus der Perspektive des Fahrers. Die vektorielle Summe aus Zentrifugalkraft $\vec{F}_{ZF}$ und Gewichtskraft $\vec{F}_G$ ergibt die resultierende Kraft $\vec{F}_{Res}$, mit der das Motorrad gegen die Straße gedrückt wird. Die Kräfte werden ausgehend vom Massenschwerpunkt des Systems aus Motorrad und Fahrer eingezeichnet (▶ 3). Wir sehen, dass: $\vec{F}_{ZF} = \vec{F}_{Res} - \vec{F}_G$.

Die Zentrifugalkraft $\vec{F}_{ZF}$ darf nicht größer werden als die Haftreibungskraft $\vec{F}_{HR}$ der Reifen, sonst verliert das Motorrad seine Haftung auf der Straße.

Welchen Einfluss hat die Schräglage auf die Kurvenfahrt? Durch die stärkere Schräglage des Motorrads verlagert der Motorradfahrer seinen Schwerpunkt nach innen und verringert so den Radius und die Bahngeschwindigkeit. Damit das Motorrad nicht kippt, muss die resultierende Kraft $\vec{F}_{Res}$ durch die Schwerpunktachse des Motorrads verlaufen.

1 🔲 Die Umlaufzeit eines Kettenkarussells beträgt 4 s. Die Kette hat eine Länge von 5 m und ist im Abstand von 4 m von der Drehachse angebracht.
a Berechnen Sie den Winkel, um den die Sitze ausgelenkt werden.
b Berechnen Sie den Radius der Kreisbahn und die Bahngeschwindigkeit des Sitzes.

2 🔲 Beschreiben Sie den Einfluss der Masse der Passagiere auf den Auslenkwinkel.

3 🔲 Skizzieren Sie den Motorradfahrer aus ▶ 3. Nehmen Sie einen Perspektivwechsel vor und zeichnen Sie die Kräfte aus der Sicht eines ruhenden Beobachters ein. Beschreiben Sie die wirkenden Kräfte.

Material A • Berechnungen am Kettenkarussell

Beim Kettenkarussell sind die Sitze an beweglichen Ketten aufgehangen. Dreht sich das Karussell, bewegen sich die Sitze nach außen.

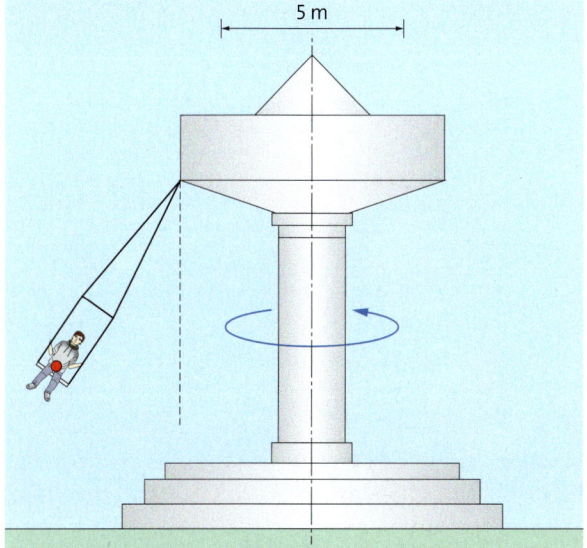

A1 Kettenkarussell

1 Die Abbildung zeigt die maßstäbliche Zeichnung eines Kettenkarussells. Der Massenschwerpunkt ist als roter Punkt in die Skizze gezeichnet (▶A1).
   a ☐ Nehmen Sie alle benötigten Maße aus ▶A1 auf.
   b ✎ Bestimmen Sie aus den Daten die Drehfrequenz und die Umlaufzeit des Kettenkarussells.
   c ✎ Berechnen Sie die Bahngeschwindigkeit der Person im Karussell.
   d ✎ Wiederholen Sie die Berechnungen aus 1b und 1c für einen doppelt so großen Winkel der Auslenkung der Kette.

2 Bei einem Kettenkarussell sind der Abstand der Aufhängung der Sitze von der Drehachse $r_0 = 8{,}0$ m und die Länge der Kette $l = 5{,}0$ m. Das Karussell hat eine Umlaufzeit von $T = 10$ s.
   a ☐ Ermitteln Sie den Winkel der Auslenkung.
   b ✎ Berechnen Sie die Kraft, die am Aufhängepunkt angreift, wenn Sitz und Passagier zusammen eine Masse von 80 kg haben.

Material B • Motorradfahren in Kurven

Eine weitere Technik zum Durchfahren von Kurven mit dem Motorrad ist das sogenannte Hanging-off. Dabei verändert der Fahrende seine Sitzposition so weit, dass es so aussieht, als ob er z. T. neben dem Motorrad hängt (daher auch der Name). Die Technik ist vor allem im Rennsport verbreitet und erfordert viel Kraft und Können, weshalb sie nicht im normalen Straßenverkehr angewendet werden sollte!

1 ✎ Übertragen Sie das Bild sinnvoll reduziert. Schätzen Sie die Position des Massenschwerpunkts des Systems Fahrer–Motorrad ab und zeichnen Sie diesen und die wirkenden Kräfte ein. Vergleichen Sie mit der Abbildung ▶3 von Seite 100.

B1 Starkes Hanging-off in einer Linkskurve

2 ☐ Beschreiben Sie, welchen Nutzen der Rennfahrer aus dem Hanging-off zieht.

Material C • Tempolimit in Kurven

In einer neuen Umgehungsstrecke hat die engste Kurve einen Innenradius von 80 m.

Fahrbahn	Haftreibungszahl (Beispielwerte)
trocken	0,8
nass	0,5
vereist	0,1

C1 Haftreibungszahlen für verschiedene Fahrbahnverhältnisse

1 ✎ Ein Pkw fährt mit 90 $\frac{\text{km}}{\text{h}}$ auf der regennassen Strecke.
   a Entscheiden Sie, ob das Fahrzeug die engste Kurve dieser Strecke durchfahren kann.
   b Wiederholen Sie die Rechnung für trockene Fahrbahnverhältnisse.

2 ✎ Entscheiden Sie auf Basis Ihrer Berechnungen, ob in dieser Kurve ein Tempolimit erforderlich ist.

2.3 Weltbilder und Planetenbahnen

1 Unser Sonnensystem

Unser Sonnensystem umfasst zahlreiche Planeten, die sich jeweils auf eigenen Umlaufbahnen um die Sonne bewegen. Heute ist dieses Bild selbstverständlich, doch war das schon immer so? Wie hat sich unser Weltbild von der Antike bis zur heutigen Zeit gewandelt?

Das Weltbild der Antike • Schon in der Antike beobachtete man den Himmel genau. Astronomen konnten u.a. die Zeitpunkte für Sonnen- und Mondfinsternisse im Voraus berechnen. Anhand der Positionen, die Planeten vor den Sternbildern einnahmen, wurde aber auch das Schicksal der Menschen vorhergesagt. Naturphilosophen wie ARISTOTELES (384–322 v. Chr.) beschäftigten sich ebenfalls mit Himmelserscheinungen. CLAUDIUS PTOLEMÄUS (100–160 n. Chr.) fügte die Überlegungen seiner Vorgänger zusammen. Er etablierte ein Weltbild, das bis ins Mittelalter anerkannt blieb.
Im Zentrum des ptolemäischen Weltbilds steht die Erde (▶ **2**), weshalb man auch vom **geozentrischen Weltbild** spricht. Dabei setzen sich auf der Erde alle Körper aus den vier Elementen Erde, Wasser, Feuer und Luft zusammen. Diese bestimmen auch, wohin sich ein Körper von sich aus bewegt: Ein Stein fällt herunter, weil er zur Erde gehört, während eine Kerzenflamme nach oben steigt, da Feuer über der Luft liegt. Alles außerhalb der Mondsphäre besteht aus einem fünften Element, dem Äther. Mond, Sonne und die damals bekannten fünf Planeten bewegen sich auf kugelförmigen Himmelssphären. Ganz außen liegt die Sphäre der ortsfesten Fixsterne.

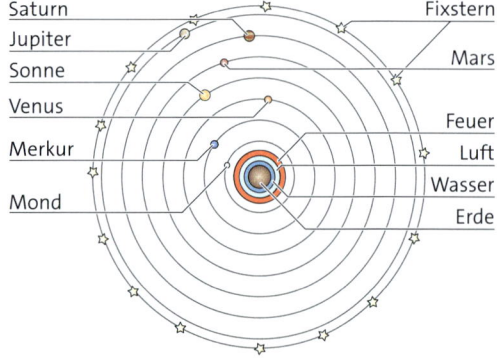

2 Geozentrisches Weltbild nach Ptolemäus

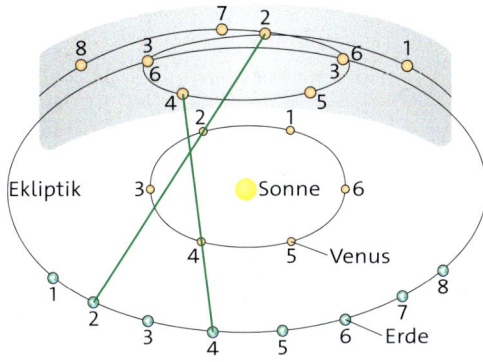

3 Planetenschleife der Venus

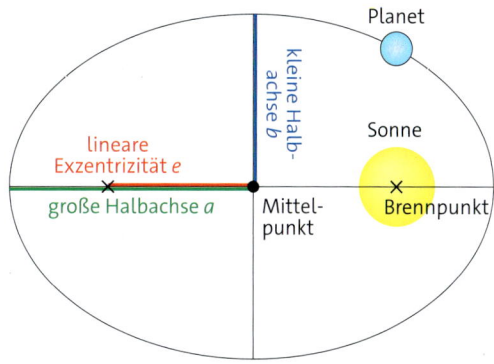

4 Charakteristische Größen einer Planetenbahn

Die Geburt der Naturwissenschaften • Anfang des 17. Jahrhunderts beobachtete der Italiener GALILEO GALILEI (1564–1642) den Nachthimmel erstmals mithilfe eines Fernrohrs. Er entdeckte, dass mehrere Monde um den Jupiter kreisen und dass somit nicht alle Himmelskörper um die Erde kreisen müssen. Damit brachte er das geozentrische Weltbild ins Wanken.
Galilei begann, die Bewegungen von Körpern planmäßiger zu untersuchen, und beschrieb seine Beobachtungen konsequent mithilfe der Mathematik. So erkannte er, dass die Fixsterne viel weiter von uns entfernt sind als ursprünglich angenommen.

Schleifenbewegung der Planeten • Von der Erde aus betrachtet bewegen sich die Planeten gelegentlich mit wechselnder Geschwindigkeit in rückwärts gerichteten Schleifenbahnen (▶ 3). Im einfachen geozentrischen Weltbild ist das unmöglich. Ptolemäus erklärte dies deshalb mithilfe eines komplizierten Systems von verschachtelten Kreisbahnen, auf denen sich die Planeten um ihre eigentlichen Kreisbahnen drehen.
Für Galilei war die einfachere Erklärung überzeugender, die das **heliozentrische Weltbild** lieferte: Alle Planeten bewegen sich auf kreisförmigen Bahnen um die Sonne (▶ 3). Dieses Weltbild wurde bereits 1514 von NIKOLAUS KOPERNIKUS (1473–1543) vorgeschlagen.
Die Vorhersagen deckten sich aber nicht immer genau mit den Beobachtungen. Dieses Problem löste sich durch die Arbeiten des deutschen Astronomen JOHANNES KEPLER (1571–1630).
Mit seinen Keplerschen Gesetzen konnte er die Planetenbahnen mathematisch exakt beschreiben und vorhersagen.

Die Planetenbahnen nach Kepler • Eine zentrale Erkenntnis von Kepler war, dass sich die Planeten unseres Sonnensystems nicht auf Kreisbahnen, sondern auf elliptischen Bahnen um die Sonne bewegen. Die Sonne befindet sich dabei in einem Brennpunkt der Ellipsen und somit nicht im Zentrum (▶ 4, ▶ 5). Mathematisch wurde dies als **erstes Keplersches Gesetz** formuliert.

Die Geometrie einer Ellipse • Ellipsen besitzen eine ovale Form und somit haben im Gegensatz zu Kreisen nicht alle Punkte auf einer Ellipse den gleichen Abstand zum Mittelpunkt. Für eine Ellipse gilt, dass die Summe der Abstände eines Punkts auf der Ellipse zu den beiden Brennpunkten der zweifachen Länge der großen Halbachse entspricht.
Charakteristische Punkte einer Ellipse sind die sogenannten Brennpunkte, welche auf den großen Halbachsen liegen. Die lineare Exzentrizität e gibt dabei den Abstand zwischen Brennpunkt und Mittelpunkt an. Daraus lässt sich eine wichtige Kenngröße der Ellipse ableiten, die sogenannte **numerische Exzentrizität** ε. Sie stellt die lineare Exzentrizität mit der Länge der großen Halbachse ins Verhältnis und dient anschaulich als Maß der Deformation eines Kreises: $\varepsilon = \frac{e}{a}$.

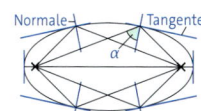

5 Brennpunkte einer Ellipse

> Nach Keplers erstem Gesetz bewegen sich Planeten auf elliptischen Umlaufbahnen um die Sonne.

1 📝 Recherchieren Sie, welche Bedeutungen der Kalender und somit die Astronomie für das Entstehen der Landwirtschaft hatten. Beschreiben Sie den Umgang der verschiedenen Kulturen damit.

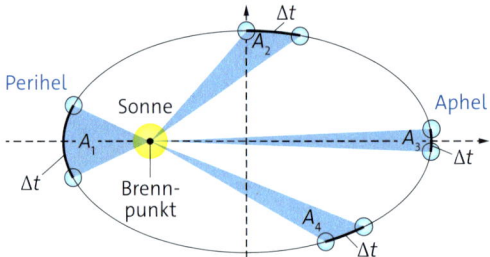

1 Keplers Flächensatz

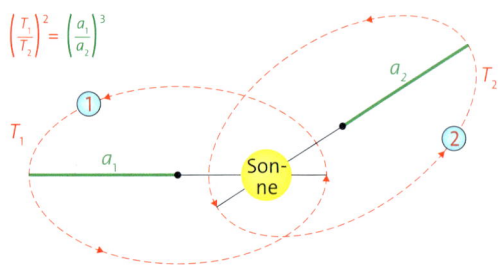

2 Zwei Planeten umkreisen die Sonne

Fahrstrahlen im Sonnensystem • Wenn wir den Brennpunkt mit einem Punkt auf dem Rand der Ellipse mittels einer Linie verbinden, haben wir einen sogenannten Fahrstrahl konstruiert. Stellen wir uns nun vor, dass sich dieser Punkt kontinuierlich auf der Ellipse in eine Richtung bewegt und wir den Fahrstrahl mitverfolgen, so wird eine Fläche innerhalb der Ellipse aufgespannt (▶ 1).

Dieser Fahrstrahl hatte auch für Kepler eine besondere Bedeutung, denn eine weitere zentrale Erkenntnis von ihm war, dass der Fahrstrahl, den ein Planet auf seiner elliptischen Umlaufbahn um die Sonne bildet, stets in gleichen Zeiten jeweils gleiche Flächen überstreicht. Das funktioniert nur, wenn die Geschwindigkeit des Planeten bei Annäherung an die Sonne ansteigt (▶ 1). Je näher der Planet an der Sonne ist, desto kürzer ist auch sein Fahrstrahl. Damit die Fläche genauso groß ist wie in einem sonnenfernen Bereich, muss der Planet in der gleichen Zeit einen größeren Teil seiner Umlaufbahn überfahren. Die Geschwindigkeit erreicht ihr Maximum somit am sonnennächsten Punkt, dem **Perihel**. Entsprechend verringert sie sich, nachdem das Perihel passiert wurde und erreicht ihr Minimum am sonnenfernsten Punkt, dem **Aphel**. Mathematisch wurde dieser Zusammenhang als das **zweite Keplersche Gesetz**, auch bekannt als **Flächensatz**, formuliert.

> Der Fahrstrahl zwischen Sonne und Planeten überstreicht in gleichen Zeiten jeweils gleiche Flächen: $\frac{\Delta A}{\Delta t}$ = const.
> Die Geschwindigkeit des Planeten steigt mit fallendem Abstand zur Sonne.

Planetenbahnen hängen zusammen • Wir betrachten nun die Bewegung zweier Planeten um die Sonne. Jeder Planet bewegt sich auf seiner eigenen elliptischen Umlaufbahn, wobei sich die Sonne in einem gemeinsamen Brennpunkt befindet (▶ 2). In beeindruckender Weise lässt sich eine geometrische Verbindung zwischen den Umlaufzeiten T_1 und T_2 beider Planeten herleiten. Und zwar erkannte Kepler, dass das Verhältnis der 2. Potenzen ihrer Umlaufzeiten genau dem Verhältnis der 3. Potenzen der Längen der großen Halbachsen ihrer Ellipsenbahnen entspricht:

$$\left(\frac{T_1}{T_2}\right)^2 = \left(\frac{a_1}{a_2}\right)^3.$$

So können wir beispielsweise die Umlaufzeit eines Planeten um die Sonne messen und unter der Kenntnis beider Umlaufbahnen rechnerisch exakt auf die Umlaufzeit des anderen Planeten schließen. Dieser Zusammenhang ist als **drittes Keplersches Gesetz** bekannt. Aus der obigen Gleichung können wir ableiten, dass das Verhältnis zwischen Umlaufzeit und Länge der großen Halbachse mit entsprechenden Potenzen für jede elliptische Umlaufbahn konstant ist:

$$\frac{T_1^2}{a_1^3} = \frac{T_2^2}{a_2^3} = K.$$

Diese Konstante ist die sogenannte **Kepler-Konstante**. Tatsächlich können wir Keplers drittes Gesetz auf sämtliche Himmelskörper, die sich um ein zentrales Objekt bewegen, ausweiten und kommen zu demselben Ergebnis. So lässt sich für alle Planeten unseres Sonnensystems eine einheitliche Kepler-Konstante berechnen, jedoch beispielsweise auch für alle Monde, welche sich um den Jupiter bewegen. Der Literaturwert für die unsere Sonne umkreisenden Planeten beträgt $K = 2{,}97 \cdot 10^{-19} \frac{s^2}{m^3}$.

> Für die Bewegung aller Himmelskörper um ein zentrales Objekt gilt nach dem dritten Keplerschen Gesetz:
> $\frac{T^2}{a^3} = K.$

Inquisition • Die Beobachtungen von Galilei und Kepler zeigten, dass das geozentrische Weltbild nicht haltbar war. Doch ihr naturwissenschaftliches Vorgehen war noch nicht akzeptiert. Das heliozentrische Weltbild widersprach dabei besonders den Ansichten der christlichen Kirche. Unter anderem bot es keinen Platz für Himmelssphären. Daher wurden die Verfechter des heliozentrischen Weltbildes durch die Inquisition verfolgt und in Gerichtsprozessen zu Gefängnis- und Todesstrafen verurteilt. So lebte Galilei viele Jahre in Hausarrest und wurde gezwungen, seine Ansichten öffentlich zu widerrufen. Erst 1992 wurde Galilei formal durch die römisch-katholische Kirche rehabilitiert.

Im Jahr 2008 distanzierte sich die Kirche erneut von der Verurteilung Galileis. Heute hat der Vatikan Kirche und Wissenschaft als miteinander vereinbar erklärt. Der Vatikan betreibt sogar ein eigenes High-Tech-Teleskop in Arizona, mit dem christliche Astronomen das Universum erforschen.

Das Gravitationsgesetz • Die drei Keplergesetze sind reine mathematische Beschreibungen, die aus den Beobachtungen der Planetenbewegungen hervorgingen. Es fehlte allerdings eine allgemeingültige Erklärung für die Ursache dieser Bewegungen. Im Jahr 1685 gelang dem britischen Physiker ISAAC NEWTON (1643–1727) der entscheidende Schritt zum neuen Weltbild. Er konnte die Bewegungen der Himmelskörper ebenso wie die Bewegungen der Körper auf der Erde auf ein gemeinsames Prinzip zurückführen: die **Gravitation**. Er erkannte, dass sich alle Körper nur aufgrund ihrer Masse gegenseitig anziehen. Mit seinem Gravitationsgesetz ließen sich all diese Bewegungen erklären (▶ S. 108–109). Newtons Vorgehen war so erfolgreich, dass man glaubte, man könne alle physikalischen Vorgänge auf diese Weise beschreiben und auch exakt vorhersagen.

Heutiges Weltbild • Trotz Newtons Leistungen wurde die Natur der Gravitation auch in der heutigen Zeit noch nicht vollständig enträtselt. Eine der Hauptaufgaben in der modernen Physik besteht nach wie vor in der Formulierung einer einheitlichen Theorie der Gravitation, welche die Physik extrem kleiner Objekte, die sogenannte Quantenphysik, mit der Physik in astronomischen Größen, der Allgemeinen Relativitätstheorie, verbindet.

Reale Planetenbahnen • In der Realität gibt es zahlreiche Störfaktoren, die sich auf die Form der Planetenbahnen auswirken. So besitzen diese keine konstanten Exzentrizitäten, sondern verlaufen ungleichmäßig. Dominierend hierfür ist die Kraft, die ursächlich für die Keplerbahnen ist – die Gravitation. Anschaulich lässt sich sagen, dass jeder Himmelskörper in gravitativer Wechselwirkung zu allen anderen Himmelskörpern steht. Betrachtet man also nur die Bewegung von beispielsweise zwei Körpern, so vernachlässigt man einige maßgebliche Kraftbeiträge, welche für ein exaktes Modell der Realität betrachtet werden müssen. Jedoch sind solche Berechnungen komplex und für ein System aus drei Himmelskörpern oder mehr nur noch näherungsweise lösbar.

Mit der fortschreitenden technologischen Entwicklung erreichen die Genauigkeiten und Komplexitäten solcher Berechnungen allerdings eine immer höhere Güte.

Planet	Große Halbachse in AE	Mittlere Exzentrizität ε
Merkur	0,387	0,20563069
Venus	0,723	0,00677323
Erde	1	0,01671022
Mars	1,524	0,09341233
Jupiter	5,203	0,04839266
Saturn	9,537	0,05415060
Uranus	19,191	0,04716771
Neptun	30,069	0,00858587

3 Daten zu den Planetenbahnen

AE ist die Abkürzung für Astronomische Einheit. Dies ist der ungefähre mittlere Abstand der Erde zur Sonne: 1 AE = 149 597 870 700 m.

1 🔲 Berechnen Sie mithilfe der Kepler-Konstante, sowie der Längen der großen Halbachsen für die Planeten Venus, Saturn, Jupiter und Neptun die jeweiligen Umlaufzeiten der Planetenbahnen (▶ 3).

2 🔲 Berechnen Sie für Merkur und Jupiter die Entfernungen Perihel–Sonne, sowie Aphel–Sonne mithilfe der Daten in der Tabelle (▶ 3). Erklären Sie, inwiefern sich beide Bahnen unterscheiden.

Material

Versuch A • Bahnen

V1 Bahn in der Ebene

Dieser Versuch klärt, warum eine Planetenbahn innerhalb einer Ebene verläuft.

Materialien: Radiergummi, Seil

Arbeitsauftrag:
– Bohren Sie ein Loch in den Radiergummi und binden Sie ihn ans Ende eines Fadens. Schleudern Sie den Radiergummi auf einer vertikalen Kreisbahn (▶ 1). Bestätigen Sie: Wenn der Geschwindigkeitsvektor und der Kraftvektor stets in der Bahnebene liegen, dann bleibt die Bewegung in dieser Ebene.
– Schleudern Sie den Radiergummi so, dass die Bahn eine Schraubenlinie bildet. Begründen Sie experimentell: Wenn der Geschwindigkeitsvektor und der Kraftvektor zunächst in einer Ebene liegen, dann führt eine zusätzliche senkrecht zur Ebene wirkende Kraftkomponente zu einer Bahn, die nicht mehr in einer Ebene, sondern allgemeiner durch den Raum verläuft.
– Erzeugen Sie eine weitere Bahn, die nicht in einer Ebene verläuft und beschreiben Sie die dazu nötigen Kräfte.
– Erläutern Sie mithilfe der beiden Versuche, warum die Bewegung einer Probemasse im Gravitationsfeld einer felderzeugenden Masse immer in einer Ebene abläuft.

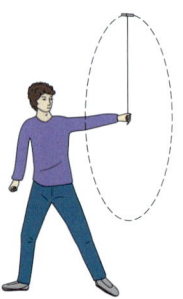

1 Bahn in einer Ebene

V2 Bahnen bei einer Zentralkraft

Materialien: Starker Neodymmagnet, Stahlkugel, Tischplatte

Arbeitsauftrag:
– Befestigen Sie einen starken Neodymmagneten mittig unterhalb einer Tischplatte. Lassen Sie eine Stahlkugel über die Tischplatte rollen. Geben Sie dabei der Kugel so Schwung, dass ungefähr eine elliptische Bahn entsteht, die allerdings langfristig nach innen verläuft.
– Erklären Sie, warum die Bahn langfristig nach innen verläuft.
– Geben Sie der Kugel so Schwung, dass die Kugel von außen auf das Kraftzentrum zuläuft und ungefähr eine Hyperbelbahn entsteht.
– Untersuchen Sie, welchen Einfluss die Anfangsgeschwindigkeit darauf hat, ob die Bahn elliptisch oder hyperbolisch verläuft. Recherchieren Sie zur Fluchtgeschwindigkeit und vergleichen Sie.
– Starten Sie die Kugel vom Kraftzentrum aus so, dass diese zurückkommt bzw. nicht mehr zurückkommt. Deuten Sie mithilfe des Konzepts der Fluchtgeschwindigkeit.
– Deuten Sie die Versuchsergebnisse als Modellversuche für die Bahnen im Gravitationsfeld einer felderzeugenden Masse. Beobachten Sie, wo die Kugel besonders schnell ist und vergleichen Sie mit dem zweiten Keplerschen Gesetz.

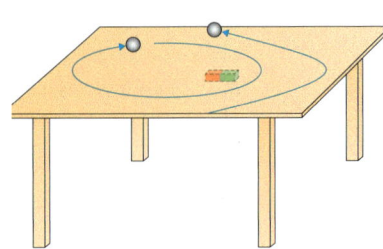

2 Bahnen bei einer Zentralkraft

V3 Mittlere und wahre Ortszeit

Um 12 Uhr wahre Ortszeit (WOZ) steht die Sonne am höchsten, wogegen um 12 Uhr mittlere Ortszeit (MOZ) der Zeiger einer Uhr 12 anzeigt. Der Zeitunterschied Δt hat zwei Summanden: Die Zeitunterschiede Δt_E durch die Elliptizität der Erdbahn und Δt_N durch die Neigung der Erdachse. Wir ermitteln Δt_E.

Materialien: Computer, Tabellenkalkulationsprogramm

Arbeitsauftrag:
– Stellen Sie in den Spalten A–E die Zeit t in Schritten von $\Delta t = 10^5$ s, den zugehörigen Polarwinkel $\Delta\varphi$, den gesamten Winkel φ von 0 bis 2π nach einem Umlauf und den Abstand $r(\varphi) = \frac{p}{(1 + \varepsilon \cos(\varphi))}$ zwischen Erde und Sonne da mit $p = 149\,553\,329$ km, $\varepsilon = 0{,}016708$ und die Ellipsenfläche $A = p^2 \cdot (1 - \varepsilon^2)^{-1{,}5}$. Nach dem zweiten Keplerschen Gesetz gilt für die Fläche $A(t) = q \cdot t$ mit einer Konstanten q. Berechnen Sie q als Quotienten aus A und der Dauer t_a eines Jahres.
– Stellen Sie die Fläche $\Delta A(t)$ als Dreiecksfläche $\Delta A(t) = r \cdot \frac{\Delta r}{2}$ mit $\Delta r = r \cdot \Delta\varphi$ dar. Leiten Sie damit $\Delta\varphi = 2 \cdot q \cdot \frac{\Delta t}{r^2}$ her und ermitteln Sie die Werte in den Spalten A–E iterativ.
– Stellen Sie den mittleren Winkel $\overline{\varphi} = \omega \cdot t$ und $\Delta t_E = 24 \cdot 60$ min $\cdot \frac{(\varphi - \overline{\varphi})}{(2\pi)}$ in den Spalten F und G dar. Erstellen Sie ein $\Delta t_E(t)$-Diagramm und beschreiben sowie erläutern Sie ▶ 3.

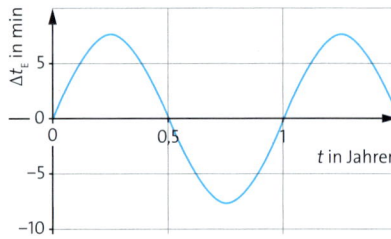

3 Zeitdifferenz

Kreisbewegung, Gravitation und physikalische Weltbilder • Weltbilder und Planetenbahnen

Material A • Beobachtungen zum dritten Keplerschen Gesetz

Kepler entdeckte 1619 sein drittes Gesetz anhand von Beobachtungsdaten des Astronomen TYCHO BRAHE (1546 bis 1601).

Planet	Halbachse a in a(Erde)	Umlaufdauer in Tagen
Saturn	9,556	10759,12
Jupiter	5,206	4332,37
Mars	1,5225	686,59
Erde	1	365,25
Venus	0,721	224,42
Merkur	0,392	87,58

A1 Daten zu ausgewählten Planetenbahnen

1 Erläutern Sie die entsprechenden Daten in der Tabelle.

2 a Stellen Sie die Daten im a-T-Diagramm dar. Begründen Sie, dass eine lineare Regression auszuschließen ist.
b Stellen Sie $\lg T$ abhängig von a dar. Begründen Sie, dass eine exponentielle Regression auszuschließen ist.
c Stellen Sie $\lg T$ abhängig von $\lg a$ dar. Zeichnen Sie eine Ausgleichsgerade und formulieren Sie den passenden Funktionsterm.

3 a Lösen Sie den Funktionsterm nach der Periodendauer T auf und vergleichen Sie mit dem dritten Keplerschen Gesetz.
b Fassen Sie zusammen, wie man mit logarithmischen Darstellungen eine passende Regression finden kann.

Material B • Startplätze für Weltraumraketen

Die ESA, die europäische Weltraumagentur, startet von ihr betriebene Raketen wie die Ariane 5 mit einer Masse von 800 t nicht in Europa, sondern in Französisch-Guayana (Südamerika) bei 5° nördlicher Breite.

B1 Raumfahrtzentrum in Südamerika mit Äquator (rote Linie)

1 Vom Raumfahrtzentrum soll eine Ariane 5 starten.
a Ermitteln Sie die Geschwindigkeit der Rakete, die sie aufgrund der Erddrehung dort schon vor dem Start hat.
b Ermitteln Sie die kinetische Energie, der Rakete, die sie aufgrund der Erdrotation schon vor dem Start hat.

2 Zum Vergleich wird ein (hypothetischer) Start der Rakete in Deutschland bei 50° nördlicher Breite betrachtet.
a Berechnen Sie die Geschwindigkeit und die kinetische Energie vor dem Start.
b Bestimmen Sie die Differenz der kinetischen Energien. Gehen Sie von einem Treibstoff mit 50 kJ Energie je Kilogramm aus. Ermitteln Sie den in Französisch Guayana gesparten Treibstoff. Entwickeln und erörtern Sie Folgerungen über die Nutzlast. Recherchieren Sie den Wert des Transports der Nutzlast.

Material C • Installation eines Satelliten

WALTER HOHMANN hat 1925 einen effizienten Ablauf beschrieben, mit dem man eine Rakete mit kurzer Brenndauer und permanent einsetzbaren Steuerdüsen entsprechend den Keplerschen Gesetzen in einen gewünschten Orbit bringen kann. Die Idee dazu ist in der Abbildung dargestellt.

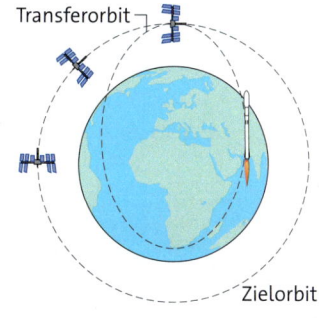

C1 Satellitenpositionierung

1 Beschreiben Sie die Abbildung.
a Deuten Sie die gestrichelten Linien als Keplersche Bahnen. Übertragen Sie dazu die Keplerschen Gesetze von der Masse der Sonne auf die Masse der Erde.
b Geben Sie an, wo ungefähr die Brennpunkte der Ellipse liegen.
c Beschreiben Sie den erreichten Orbit.

2 a Beschreiben Sie den Ablauf des Fluges.
b Leiten Sie einen Term zur Berechnung der Bahngeschwindigkeit im erreichten Orbit her.
c Begründen Sie, dass diese Geschwindigkeit beim Zusammentreffen der beiden Teilorbits auf der Ellipse unterschritten bleibt.

2.4 Das Gravitationsgesetz

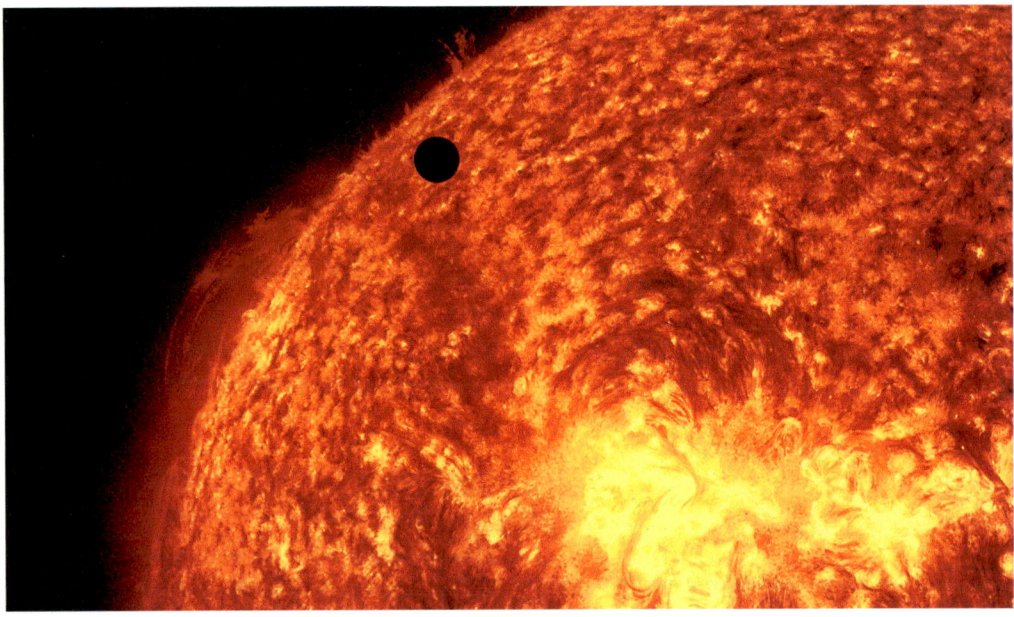

1 Venustransit (schwarzer Fleck vor der Sonne) und Protuberanzen

Wenn Gase in sogenannten Protuberanzen von der Sonnenoberfläche nach oben schießen, sind sie oft schneller als die Venus beim Transit. Dennoch ist die Gravitationskraft meist stark genug, um die Gase zurückzubewegen, aber zu schwach, um die Venus auf die Sonne fallen zu lassen. Welches Kraftgesetz liegt dem zugrunde?

Kraft auf Planet • Kepler zeigte, dass die Umlaufbahnen Ellipsen entsprechen. Für die meisten Planeten ist die Ellipsenform aber so schwach, dass man zur Vereinfachung von einer Kreisbahn ausgehen kann. Man kann dann die Gesetzmäßigkeiten der Kreisbewegung nutzen, um das von Isaac Newton formulierte Gravitationsgesetz abzuleiten.

Wir wissen, dass die Ursache für eine Kreisbewegung eine zum Mittelpunkt des Kreises gerichtete Kraft ist. Wenn ein Planet mit einer Masse m die Sonne auf einer Umlaufbahn mit einem Radius r umkreist (▶ 1), dann muss eben diese Zentripetalkraft wirken:

$$F_Z = m \cdot r \cdot \omega^2 = m \cdot r \cdot \frac{4\pi^2}{T^2}.$$

Welche grundlegende Kraft stellt diese benötigte Zentripetalkraft bereit? Hierzu folgerte Newton, dass die Anziehungskraft, die einen Apfel zu Boden fallen lässt, von ihrer Art die Gleiche ist, die einen Planeten auf seiner Umlaufbahn hält. Diese Kraft entsteht durch die Massen zweier Körper und heißt die **Gravitationskraft** F_G (▶ 2).
Wir setzen diese mit der Zentripetalkraft gleich:

$$F_G = F_Z = m \cdot r \cdot \frac{4\pi^2}{T^2}.$$

Unabhängig davon, wie groß die Umlaufdauer T eines Planeten auf seiner Bahn ist, sollte immer das gleiche Kraftgesetz gelten. Daher sollte F_G nur von den Massen des Planeten und der Sonne sowie vom Abstand r abhängen (▶ 2). Wir wollen zuerst T durch r ausdrücken. Das erreichen wir mit Keplers drittem Gesetz. Es gilt daher, wegen $T^2 = K \cdot a^3$ mit $a = r$:

$$F_G = m \cdot \frac{4\pi^2}{K} \cdot \frac{1}{r^2}.$$

Massenabhängigkeit • Kepler hat sein drittes Gesetz für die sechs damals bekannten Planeten gezeigt. Allgemeiner sollte es für jede beliebige Masse m gelten, die eine Entfernung r zur Sonne hat.
Also ist die Gravitationskraft F_G sowohl proportional zu $\frac{1}{r^2}$ als auch zu m:

$$F_G \sim \frac{m}{r^2}$$

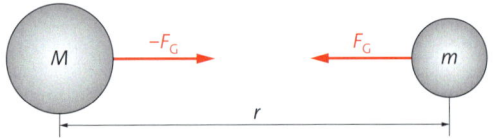

2 Wechselwirkende Gravitationskraft zwischen zwei Massen

Wie hängt die Gravitationskraft von der Masse m_S der Sonne ab? Erde wie Sonne bestehen aus Atomen, Elektronen und Atomkernen. Daher sollte die Gravitationskraft F_G ebenso proportional zur Masse m_S wie zur Masse m sein.

Gravitationsgesetz • Wir kombinieren beide Proportionalitäten, indem wir das Produkt bilden:

$F_G \sim \dfrac{m_S \cdot m}{r^2}$.

Die in der Gleichung notwendige Proportionalitätskonstante heißt universelle **Gravitationskonstante** G. Sie wurde von Isaac Newton 1687 im Zusammenhang mit dem Kraftgesetz dargelegt, aber noch nicht experimentell ermittelt.

> Zwei Massen m_1 und m_2 in einem Abstand r ziehen einander mit folgender Gravitationskraft an:
> $F_G = G \cdot \dfrac{m_1 \cdot m_2}{r^2}$
> Dieses Kraftgesetz heißt Newtons Gravitationsgesetz oder universelles Gravitationsgesetz.

Ermittlung der Gravitationskonstante • Die erste Messung von G gelang HENRY CAVENDISH 1797. Er konnte die Gravitationskraft F_G messen, die zwischen den beiden großen Kugeln M und den beiden kleinen Kugeln m in ▶ 3 wirkt. Dazu hängte er die beiden kleinen Kugeln an einen drehbar aufgehängten Balken und beobachtete den durch F_G hervorgerufenen Drehwinkel. Den Versuchsaufbau nennt man deshalb **Drehwaage**.
Die Kugeln in seinem Experiment besaßen die Massen $M = 158$ kg sowie $m = 0{,}73$ kg. Für eine Entfernung von $r = 211$ mm stellte Cavendish eine Kraft von $F_G = 0{,}1746$ µN fest. Dem entspricht eine Gravitationskonstante von:

$G = \dfrac{F_G \cdot r^2}{M \cdot m} \approx 6{,}74 \cdot 10^{-11} \dfrac{\text{m}^3}{\text{kg} \cdot \text{s}^2}$.

Der heutige Literaturwert beträgt:

$G = 6{,}6741 \cdot 10^{-11} \dfrac{\text{m}^3}{\text{kg} \cdot \text{s}^2}$.

Masse der Erde • Cavendish untersuchte mit seinem Versuch primär die Masse m_{Erde} der Erde. Dazu analysierte er die Gravitationskraft, welche die Masse m_{Erde} pro Probemasse m am Erdboden, also beim Erdradius $r_E = 6371$ km, ausübt:

$\dfrac{F_G}{m} = \dfrac{G \cdot m_{\text{Erde}}}{r_E^2} = g$.

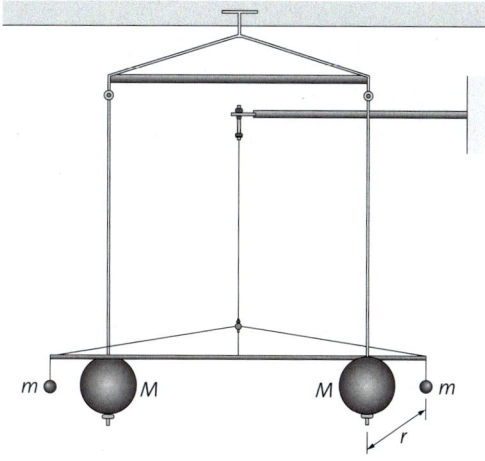

3 Cavendishs Drehwaage

Der Quotient ist offensichtlich gleich dem Ortsfaktor $g = 9{,}81 \dfrac{\text{N}}{\text{kg}}$. Wir lösen nach m_{Erde} auf:

$m_{\text{Erde}} = \dfrac{g \cdot r_E^2}{G} = 5{,}966 \cdot 10^{24}$ kg.

Daraus ermittelte Cavendish die Dichte der Erde:

$\varrho_{\text{Erde}} = \dfrac{m_{\text{Erde}}}{\frac{4\pi r_E^3}{3}} = 5508 \dfrac{\text{kg}}{\text{m}^3}$.

Er traf die Schlussfolgerung, dass der Erdkern überdurchschnittlich dicht sein muss und vermutlich aus Eisen besteht.

1 ☐ Ein Gewichtheber hat eine Masse von 100 kg. Berechnen Sie die Kraft, welche die Erde auf ihn ausübt und die Kraft, mit der er die Erde zu sich zieht.

2 Die ISS hat die Masse 420 t. Ein Astronaut hat mit Ausrüstung eine Masse von 100 kg.
a ☐ Berechnen Sie die Gravitationskraft, die den Astronauten zur ISS zieht.
b ◪ Erläutern Sie, warum die ISS nicht auf die Erde stürzt.
c ◪ Erläutern Sie, warum die Venus nicht auf die Sonne fällt.
d ◪ Erläutern Sie, warum die Protuberanzen auf die Sonne zurücksinken.

3 ◪ HUYGENS hat die Formel zur Zentripetalkraft entdeckt und 1669 in England veröffentlicht.
a Erörtern Sie die mögliche Bedeutung dieser Entdeckung für Kepler, Newton und Cavendish.
b Recherchieren Sie, welche Kraft Kepler für die Planetenbahnen vermutete.

> Der Term im Nenner zur Berechnung der Dichte der Erde entspricht dem Volumen einer Kugel mit dem Radius der Erde. Dies ist nur eine sehr gute Näherung, da die Erde keine vollständig regelmäßige Kugel ist.

> Nach heutigem Kenntnisstand besteht der der innere Erdkern aus Eisen und Nickel, während der äußere noch einen geringen Prozentsatz leichterer Elemente enthält.

1 Komet Neowise über Norddeutschland

3 Komet 2I/Borisov

Bahnen • Newton entwickelte nicht nur das universelle Gravitationsgesetz, er analysierte auch, welche Bahnen ein Himmelskörper im Gravitationsfeld einer Masse haben kann: Kreise, Ellipsen, Parabeln oder Hyperbeln. Diese Bahnen charakterisieren wir durch eine gemeinsame Gleichung. Ausgehend vom sonnennächsten Punkt, gibt diese den Abstand r zur Sonne in Abhängigkeit vom Winkel φ an, den der Himmelskörper bei der Bewegung um die Sonne zurückgelegt hat:

$$r(\varphi) = \frac{p}{(1 + \varepsilon \cdot \cos\varphi)}.$$

Dabei haben wir ε bereits als die **numerische Exzentrizität** kennengelernt. Hier bestätigen wir, dass sie die Abweichung von der Kreisbahn beschreibt, denn für $\varepsilon = 0$ ist der Radius konstant und die Bahn kreisförmig. Die Radien sind offensichtlich proportional zum sogenannten **Parameter** p der Bahn. Für die Umlaufbahn der Erde um die Sonne beträgt $p = 1{,}49553 \cdot 10^{11}$ m und $\varepsilon = 0{,}0167$. Somit ist die Bahn fast kreisförmig. Dagegen beträgt beim Kometen Neowise (▶1) der Parameter $p = 8{,}22 \cdot 10^{10}$ m und $\varepsilon = 0{,}9992$. Also ist die Ellipse sehr länglich. Entsprechend hat Neowise eine sehr lange Umlaufdauer T von über 5000 Jahren.

Der Parameter p, auch Halbparameter, ist die halbe Länge einer Ellipsensehne durch einen Brennpunkt, die senkrecht auf der Hauptachse steht.

Newton konnte mit dem Gravitationsgesetz also die durch Keplers Gesetze beschriebenen Bahnen physikalisch erklären. Dabei haben wir bisher nur Bahnen mit numerischen Exzentrizitäten $\varepsilon < 1$ betrachtet. Welche Bahnen entstehen bei $\varepsilon \geq 1$?

Aperiodischer Komet • Wenn die numerische Exzentrizität eines Kometen größer als 1 ist, dann wird der Nenner bei einem entsprechenden Winkel φ genau null. Das heißt, der Radius r wird bei diesem Winkel unendlich groß. Somit liegt bei diesem Winkel eine Asymptote der Flugbahn. Der Komet bewegt sich entsprechend auf einer **Hyperbelbahn** (▶2). Daher kehrt er nie zurück, sondern verlässt das Sonnensystem. Die Bewegung ist deshalb nicht periodisch, sondern **aperiodisch**. Ein Beispiel ist der Komet 2I/Borisov in (▶3). Er wurde am 30. August 2019 vom Amateurastronomen GENNADI WLADIMIROWITSCH BORISSOV entdeckt und erreichte auf seiner Hyperbelbahn am 2.10.2019 seine geringste Entfernung zur Sonne: 2 Erdbahnradien.

> Wenn die numerische Exzentrizität größer als 1 ist, dann ist die Bewegung aperiodisch und die Flugbahn ist eine Hyperbel.

Bei der numerischen Exzentrizität 1 ist die Bahn eine Parabel. Ein solcher Grenzfall tritt natürlich mit verschwindender Wahrscheinlichkeit auf. Die Bewegung ist ebenfalls aperiodisch.

Ein Himmelskörper hat immer dann eine aperiodische Bewegung, wenn er so schnell ist, dass die Gravitationskraft durch die Sonne zu klein ist, um ihn einzufangen.

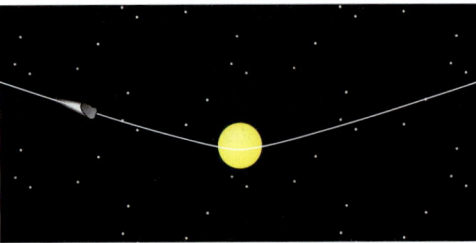

2 Hyperbelbahn des Kometen 2I/Borisov mit $\varepsilon = 3{,}4$

4 Kommunikationssatellit über der Erde

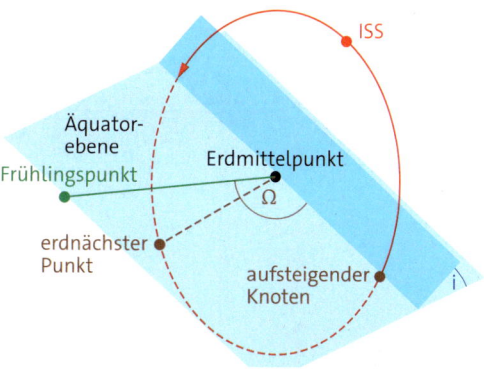

5 Orbit der ISS

Kommunikationssatellit • Der Satellit Astra 2E steht stets über dem Äquator in Afrika. So kann man gut eine Satellitenschüssel auf Astra 2E richten und somit Daten empfangen oder hinauf senden. Warum fällt der Satellit nicht herunter, wenn er immer an der gleichen Stelle steht?

Der Satellit ist von der Erde aus gesehen stationär, das nennt man geostationär. Somit hat er eine Umlaufdauer von 24 Stunden, $T = 24\,\text{h}$. Der Satellit hat eine Masse von $m = 6\,\text{t}$ sowie eine konstante Höhe. Also bewegt er sich auf einer Kreisbahn mit einem Radius r und seine Zentripetalkraft beträgt:

$$F_z = m \cdot r \cdot \omega^2 = m \cdot r \cdot \frac{4\pi^2}{T^2}.$$

Diese Kraft wird durch die Anziehung der Masse m_E der Erde bereitgestellt. Entsprechend wenden wir das Gravitationsgesetz an:

$$F_G = \frac{G \cdot m_E \cdot m}{r^2} = \frac{m \cdot r \cdot 4\pi^2}{T^2}.$$

Wir lösen nach r auf:

$$r = \left(\frac{G \cdot m_E \cdot T^2}{4\pi^2}\right)^{\frac{1}{3}}.$$

Nun setzen wir die Werte ein und berechnen:

$r = 42\,226\,\text{km}$.

Die Flughöhe beträgt (nach Subtraktion des Erdradius) somit $h = 35\,855\,\text{km}$.

Missionskontrolle • Im Europäischen Raumflugkontrollzentrum in Darmstadt werden viele Satelliten auf ihren Ellipsenbahnen um die Erde überwacht und gesteuert. Dazu sind sechs Zahlen wichtig, die **Bahnelemente**:

Der **Parameter p** und die **numerische Exzentrizität ε** charakterisieren die Form der Bahn. Beispielsweise fliegt die ISS auf einer Bahn mit $\varepsilon = 0{,}0008835$ und $p = 6\,723{,}837\,\text{km}$.
Jede Ellipse liegt in einer **Bahnebene**. Diese liegt aufgrund des Trägheitsprinzips stabil im Raum. Ihre Lage wird durch zwei weitere Bahnelemente beschrieben: Die ISS hat eine Bahnneigung relativ zur **Äquatorebene** von $i = 51{,}6448°$.

Der Bahnpunkt, an dem die ISS von der Süd- zur Nordhalbkugel wandert, heißt **aufsteigender Knoten** (▶ 5). Sein Längengrad am Himmel ist $\Omega = 122°$. Die Länge $\Omega = 0$ markiert der **Frühlingspunkt,** die Position der Sonne am Frühlingsanfang.
Als fünftes Bahnelement gibt man den Winkel zwischen dem aufsteigenden Knoten und dem erdnächsten Punkt an. Dies wären 257° bei der ISS.
Diese fünf Bahnelemente erhalten als sechstes Element einen **Bezugszeitpunkt**.

1 ◪ Geben Sie begründet an, ob die ISS senkrecht über Frankfurt oder über Hamburg zu sehen sein kann.

2 ◪ Analysieren Sie den Orbit der ISS.
 a Berechnen Sie minimale, maximale und mittlere Flughöhe.
 b Berechnen Sie näherungsweise die Umlaufdauer der ISS, indem Sie den mittleren Bahnradius als Kreisbahnradius verwenden.
 c Ermitteln Sie die Geschwindigkeit der ISS.
 d Recherchieren Sie die Lage des aufsteigenden Knotens und der großen Halbachse (▶ 5) der ISS.

Material

Versuch A • Fernkräfte und Abstand

V1 Magnetische Kraft

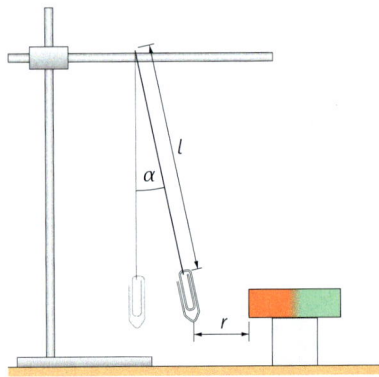

1 Magnetpendel

Neben der Gravitationskraft gibt es weitere grundlegende Fernkräfte: elektrische und magnetische Kräfte. Wir ermitteln die für die Fernkräfte wesentlichen Abstandsabhängigkeiten.

Materialien: Stabmagnet, Büroklammer, Faden, Stativ, Lineal

Arbeitsauftrag:
– Hängen Sie einen Faden mit einer Länge l an eine waagerechte Stativstange. Befestigen Sie daran eine Büroklammer mit einer Masse m. Legen Sie einen Stabmagneten auf eine Box in Höhe der Büroklammer und bringen Sie den Magneten in einen Abstand $r = 1\,cm$ (▶1).
– Messen Sie den Winkel α, um den der Faden ausgelenkt wird.
– Leiten Sie für die magnetische Kraft F_m den folgenden Term her: $F_m = m \cdot g \cdot \tan\alpha$.
– Ermitteln Sie die Kraft F_m, welche der Magnet auf die Büroklammer ausübt.
– Variieren Sie in einer Versuchsreihe den Abstand r und tragen Sie F_m abhängig von r in einem Diagramm auf.
– Untersuchen Sie das Kraftgesetz mithilfe einer passenden Regression.
– Vergleichen Sie mit dem Newtonschen Gravitationsgesetz.

V2 Drehwaage

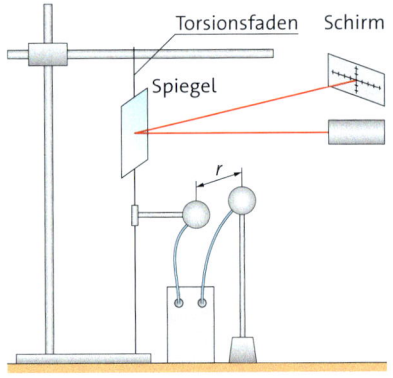

2 Drehwaage

Materialien: Drehwaage, Spannungsquelle, dünnes Lichtbündel, Lineal

Arbeitsauftrag:
– Bauen Sie die Drehwaage zur Messung der elektrischen Kraft F_{el} wie abgebildet auf (▶2), sodass die Strecke r orthogonal zur Halterung ist. Markieren Sie die Reflexion des Lichtbündels an einer Wand.
– Lenken Sie in einem Vorversuch die Halterung mit einer Kraft F um einen Winkel α aus und ermitteln Sie die Proportionalitätskonstante $D = \frac{F}{\alpha}$.
– Schließen Sie die beiden Kugeln mit weichen Drähten an eine Spannungsquelle an und schalten Sie eine Spannung von 5000 V bei geringer berührungssicherer Stromstärke ein (Vorsicht!).
– Messen Sie die Verschiebung des reflektierten Lichtbündels an der Wand und ermitteln Sie daraus den Winkel α, um den sich der Torsionsfaden dreht. Ermitteln Sie die elektrische Kraft.
– Variieren Sie in einer Versuchsreihe r und erstellen Sie das r-F_{el}-Diagramm. Zeigen Sie, dass $F_{el} \sim r^{-2}$ ist.

V3 Kraft und Magnetfeld

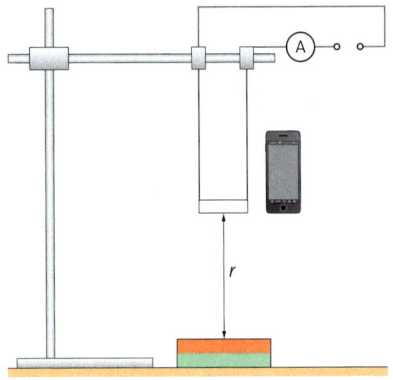

3 Leiterschaukel

Materialien: Leiterschaukel, Netzgerät, Kabel, Amperemeter, breiter Magnet, Lineal, Smartphone

Arbeitsauftrag:
– Wie ein Elektromagnet, so erfährt auch ein stromdurchflossener Leiter im Feld eines Magneten eine magnetische Kraft F_m. Bauen Sie dazu den Versuch wie abgebildet auf (▶3).
– Hängen Sie die Leiterschaukel in eine Höhe $r = 2\,cm$ und stellen Sie die Stromstärke auf ein Ampere. Messen Sie die Winkel α, um den die Schaukel ausgelenkt wird. Ermitteln Sie daraus die magnetische Kraft F_m welche auf die Leiterschaukel wirkt.
– Die Stärke des Magnetfeldes wird durch die physikalische Größe B charakterisiert. Installieren Sie auf Ihrem Smartphone eine App zur Aufzeichnung der Stärke des Magnetfeldes und messen Sie diese.
– Variieren Sie in einer Versuchsreihe die Höhe r und messen Sie F_m sowie B. Zeigen Sie, dass B proportional zu F_m ist.
– Erstellen Sie ein r-F_m-Diagramm und ermitteln Sie das Kraftgesetz mit einer passenden Regression.

Material A • Bahnen von Himmelskörpern

Die Position eines Himelskörpers kann kann mit $r(\varphi) = \frac{p}{1 + \varepsilon \cdot \cos\varphi}$ berechnet werden. Für die numerische Exzentrizität gilt: $\varepsilon = \frac{e}{a}$. Bei einem Planeten kann man den minimalen und den maximalen Abstand von der Sonne beobachten. Beim Merkur beträgt $r_{min} = 46\,001\,345$ km und $r_{max} = 69\,817\,326$ km.

1 Zeigen Sie, dass für die Exzentrizität gilt: $\varepsilon = \frac{(r_{max} - r_{min})}{(r_{max} + r_{min})}$. Zeigen Sie außerdem, dass der Parameter mithilfe des sonnennächsten Punktes durch $p = r_{min} \cdot (1 + \varepsilon)$ bestimmbar ist. Berechnen Sie p und ε.

2 Für drei Winkel φ wurden der Abstand r von der Sonne und die Koordinaten x und y mit einer Tabellenkalkulation berechnet. Erläutern Sie die Formeln und Zahlen in ▶ A1.

3 Um einen Graphen der Bahn zu erzeugen, wird die Tabellenkalkulation für 17 weitere Winkel fortgesetzt. Aus den Koordinaten wird das abgebildete x-y-Diagramm erstellt.
 a Bestätigen Sie das Diagramm durch eine eigene Tabelle.
 b Erstellen Sie ebenso einen Graphen für den erdnahen Asteroiden Apollo mit $r_{min} = 96\,939\,420$ km und $r_{max} = 343\,327\,113$ km.
 c Recherchieren Sie, inwiefern Apollo-Asteroiden auf die Erde stürzen können.

4 Im Lehrbuchtext wurden noch die Bahnen der Kometen Neowise und Borisov erwähnt.
 a Erstellen Sie entsprechend einen Graphen für den Kometen Neowise.
 b Erstellen Sie einen Graphen für den Kometen Borisov mit $\varepsilon = 3{,}4$ und $p = 2{,}99 \cdot 10^{11}$ m. Schränken Sie dazu φ so ein, dass stets $|\varepsilon \cdot \cos\varphi| < 1$ erfüllt ist.

A

	B	C	D	E	F
2	r_min	46001345			
3	r_max	69817326			
4	eps	=(C3-C2)/(C2+C3)			
5	p	=C2*(1+C4)			
6					
7	φ	r	x	y	Δφ
8	0	=p/(1+eps*COS(B8))	=C8*COS(B8)	=C8*SIN(B8)	=0,314
9	=B8+F8	=p/(1+eps*COS(B9))	=C9*COS(B9)	=C9*SIN(B9)	=0,314

B

	B	C	D	E	F
2	r_min	46001345			
3	r_max	69817326			
4	eps	0,2056316			
5	p	55460676			
6					
7	φ	r	x	y	Δφ
8	0	46001345	46001345	0	0,314
9	0,314	46388193	44120076	14327713	0,314
10					

A1 Berechnung der Planetenbahn: **A** Formeln; **B** Zahlen

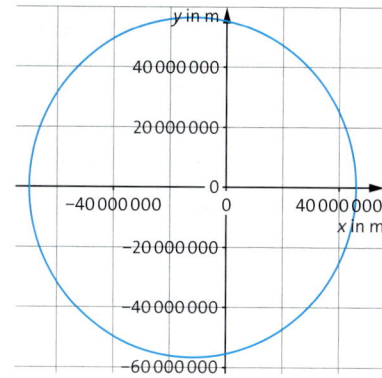

A2 Simulierte Planetenbahn des Merkurs

Material B • Bewegung von Himmelskörpern und Raumsonden

Wir wollen zusätzlich zu Material A auch das zeitliche Verhalten darstellen.

1 Auf seiner elliptischen Bahn überstreicht der Fahrstrahl in gleichen Zeitintervallen Δt stets die gleiche Fläche ΔA, aber auch einen zeitabhängigen Winkel $\Delta\varphi$. Die Fläche ist ungefähr ein Dreieck. Dabei entspricht die Höhe dem Abstand r zwischen Planet und Sonne und die Grundseite ist gleich der Bogenlänge $r \cdot \Delta\varphi$.
 a Begründen Sie, dass somit gilt: $\Delta A = \frac{1}{2} \cdot r^2 \cdot \Delta\varphi$.
 b Die doppelte Änderungsrate beträgt somit: $2 \cdot \frac{\Delta A}{\Delta t} = r^2 \cdot \frac{\Delta\varphi}{\Delta t}$. Diese konstante doppelte Änderungsrate ist bei jedem Planeten, Kometen und bei jeder Raumsonde mit abgeschaltetem Antrieb gleich der Wurzel aus dem Produkt aus Parameter p, Gravitationskonstante G und Sonnenmasse m: $2 \cdot \frac{\Delta A}{\Delta t} = \sqrt{p \cdot G \cdot m}$. Berechnen Sie diesen Betrag für den Merkur.

2 Wählen Sie für die Tabellenkalkulation in Material A das Zeitintervall $\Delta t = 380\,000$ s.
 a Leiten Sie $\Delta\varphi = \sqrt{(p \cdot G \cdot m)} \cdot \frac{2}{r^2}$ her und verwenden Sie diese Winkelzunahmen $\Delta\varphi$ in der Tabellenkalkulation. Stellen Sie die variable Winkelgeschwindigkeit $\frac{\Delta\varphi}{\Delta t}$ abhängig von der Zeit für einen Umlauf dar. Bestätigen und erläutern Sie.
 b Erstellen und deuten Sie ebenso die t-ω-Diagramme für Neowise, 2I/Borisov, 1862 Apollo und die Raumsonde „Mercury Planetary Orbiter" mit $\varepsilon = 0{,}16$ und $p = 3483$ km. Recherchieren Sie dazu die Aufgaben der Sonde.
 c Recherchieren Sie die Umlaufdauern T der elliptischen Bahnen und bestätigen Sie, dass die Simulationen diese Perioden T ergeben.

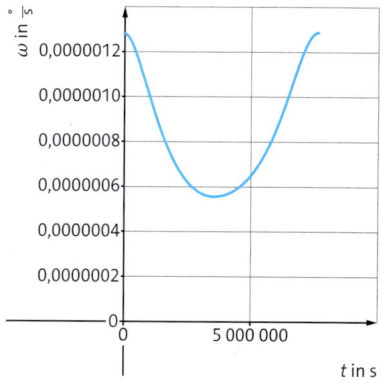

B1 Winkelgeschwindigkeit des Merkurs

2.5 Gravitationsfeld und Energie

1 Zwei Astronauten an ihrem Arbeitsplatz

Zwei Astronauten führen gerade Arbeiten an der ISS in der Umlaufbahn 408 km über dem Erdboden durch. Sie scheinen ruhig neben der Raumstation zu schweben. Wie ist das möglich?

Beim Konzept der Fernkraft bleibt die Frage offen, wie die Wechselwirkung zweier entfernter Körper übertragen wird. Das raumfüllende Gravitationsfeld dagegen bietet hierfür eine Erklärung und kann genau erforscht werden.

Gemeinsame Beschleunigungen • Wir sehen die Astronauten schwebend neben der ISS und erkennen so, dass sie durch die Erde die gleiche Beschleunigung erfahren wie die Raumstation. Warum sind diese Beschleunigungen trotz der stark unterschiedlichen Masse gleich? Die Erde zieht eine Masse m entsprechend dem Ortsfaktor g mit folgender Gravitationskraft an:

$F_G = g \cdot m$.

Nach dem zweiten Newtonschen Gesetz erfährt eine Masse die Beschleunigung

$a = \dfrac{F_G}{m} = \dfrac{g \cdot m}{m} = g$.

Die beiden Beschleunigungen entsprechen also jeweils dem Ortsfaktor g. Da sich die ISS und die Astronauten am gleichen Ort befinden, erfahren sie folglich die gleiche Beschleunigung.

> Die gravitative Beschleunigung wird durch den Ortsfaktor bestimmt.

Das Gravitationsfeld • Die Erde erzeugt in ihrer Umgebung ortsspezifische Gravitation, ein sogenanntes Gravitationsfeld. Der Ortsfaktor beschreibt die lokale Stärke dieses Gravitationsfeldes, d. h. die

Gravitationsfeldstärke. Die Gravitationskraft wird durch dieses raumfüllende **Feld** von der Erde auf eine Masse m übertragen.

Analog wird der Magnetismus vom Stabmagneten auf die Kompassnadeln durch ein **Magnetfeld** übertragen. Die Feldlinien beider Felder zeigen jedoch in unterschiedliche Richtungen. So zeigt das Gravitationsfeld der Erde zu dieser hin, wogegen das Magnetfeld geschlossene Feldlinien bildet (▶ 3).

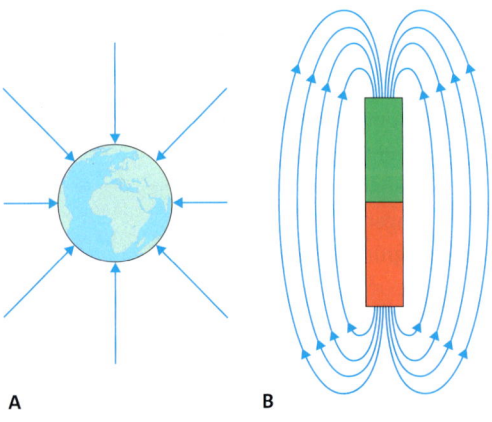

A   **B**

2 Im Vergleich: **A** Gravitationsfeld der Erde, **B** Magnetfeld eines Stabmagneten

Kreisbewegung, Gravitation und physikalische Weltbilder • Gravitationsfeld und Energie

3 Flut 1962 in Hamburg

Die Gezeiten • In der Nacht zum 17.2.1962 gab es an der deutschen Nordseeküste eine besonders hohe Flut, die auch in Hamburg zu verheerenden Überschwemmungen führte (▶ 3). Wie kam es dazu? Dazu betrachten wir zunächst die beiden **Flutberge**, welche sich ständig auf der Erde bilden (▶ 4). Die Erde befindet sich im Gravitationsfeld des Mondes. Die Gravitationsfeldstärke nimmt, wie wir wissen, mit dem Quadrat der Entfernung ab. Da die Erde eine gewisse Ausdehnung hat, wirkt daher auf die dem Mond zugewandte Seite (A in ▶ 4) eine größere Mondgravitation als auf den Massenmittelpunkt der Erde (M in ▶ 4). Entsprechend wirkt auf die vom Mond abgewandte Seite der Erde (B in ▶ 4) eine geringere Mondanziehung als auf den Erdmittelpunkt.

Die Differenz zwischen der gravitativen Beschleunigung $g_{M,A}$ in A und der Beschleunigung g_M in M wirkt als Gezeitenbeschleunigung, analog auch die Differenz zwischen der in B ($g_{M,B}$) und der in M. Zwar wird durch die Gezeitenkräfte auch der Erdkörper geringfügig verformt, in viel stärkerem Maße jedoch das Wasser der Ozeane. Auf der dem Mond zugewandten Seite wird das Wasser vom Erdmittelpunkt weggezogen, deshalb bildet sich ein Flutberg. Auf der vom Mond abgewandten Seite wird umgekehrt der Erdmittelpunkt (und damit der Ozeanboden) vom Ozean weggezogen, was auch hier in einem Flutberg resultiert.

Höhe der Flut • Um zu verstehen, wie es zu dieser verheerenden Flut kommen konnte, untersuchen wir zuerst die Höhe des Wassers bezogen auf Normalnull. Die Deiche hatten eine Höhe von $h_D = 5{,}7$ m, das mittlere Niedrigwasser lag bei $h_N = -0{,}73$ m und der mittlere Tidenhub durch den Mond bei $h_M = 2{,}44$ m. Zusätzlich staute ein Orkan aus Nordwesten das Wasser in der Elbe auf, weshalb eine Zunahme der Wasserhöhe um $h_O = 3{,}05$ m beobachtet wurde. Das maximale Hochwasser wäre somit folgende Summe:

$$h = h_N + h_M + h_O = 4{,}76 \text{ m}.$$

Dies liegt allerdings nach wie vor unterhalb der Deichhöhe, also fehlt uns noch ein wichtiger Teil der Erklärung. Wir müssen nämlich zusätzlich die Effekte der Sonne auf die Gezeiten betrachten.

In der besagten Nacht war Vollmond, daher lagen Mond, Erde und Sonne auf einer Geraden und durch die Gravitationskraft der Sonne vergrößerte sich einer der Flutberge weiter um die Höhe h_S. Der mittlere Tidenhub $h_M = 2{,}44$ m wird durch die folgende Differenz der beiden Gravitationsfeldstärken erzeugt:

$$\Delta g = g_{M,A} - g_M = 0{,}112 \cdot 10^{-5} \, \tfrac{N}{kg}.$$

Analog berechnen wir die Gravitationsfeldstärkendifferenz Δg_S, welche die Sonne mit ihrer Masse $m_S = 2 \cdot 10^{30}$ kg aus ihrer Entfernung von $d_S = 150 \cdot 10^6$ km erzeugt:

$$\Delta g_S = g_{S,A} - g_S = 0{,}0504 \cdot 10^{-5} \, \tfrac{N}{kg}.$$

Diese ist nur in etwa halb so groß, wie die Gravitationsfeldstärkendifferenz des Mondes. Daher ist ihre Gezeitenwirkung auch nur ungefähr halb so groß, woraus sich $h_S = 1{,}22$ m ergibt. Die gesamte Fluthöhe ist also folgende Summe, welche oberhalb der Deichhöhe liegt:

$$h = h_N + h_M + h_O + h_S = 5{,}98 \text{ m}.$$

Dies erklärt die Deicheinbrüche von 1962.

> Indices an h und g:
> M: Mond
> S: Sonne
> O: Orkan
> N: mittleres Niedrigwasser

> Wenn die Flutberge von Sonne und Mond einander addieren, spricht man von einer Springflut. Wenn sie einander aufheben, spricht man von einer Nippflut.

> Wir erleben den Wechsel von Ebbe und Flut, weil sich die Erde unter den Flutbergen dreht.

1 📝 Leiten Sie aus dem Newtonschen Gravitationsgesetz einen Term für die Gravitationsfeldstärke her.

2 📝 Berechnen Sie die Gravitationsfeldstärke g_S der Sonne bei der Erde.

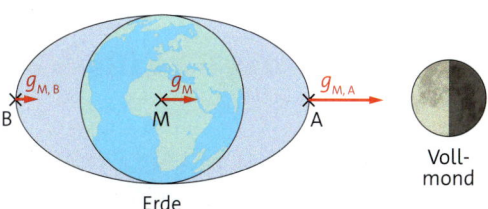

4 Flutberge auf der Erde

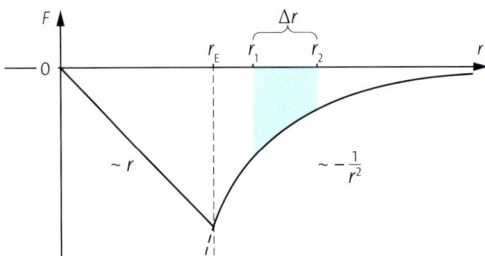

1 Gravitationskraft $F(r)$ mit Fläche als Arbeit

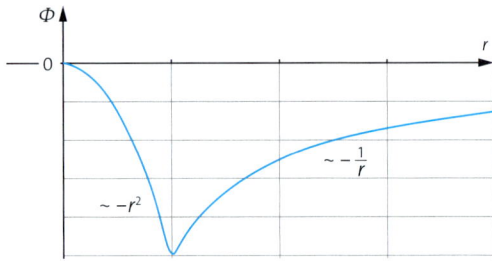

2 Gravitationspotenzial $\Phi(r)$

Arbeit W als Fläche • Ein Astronaut muss zur Reparatur eines Satelliten erst einmal an seinen Arbeitsplatz kommen. Dazu muss eine **Arbeit** W verrichtet werden. Wie können wir diese berechnen?

In (▶1) sehen wir die Gravitationskraft F einer Kugel, etwa der Erde, grafisch über den Abstand r vom Mittelpunkt aufgetragen. Da die Gravitationskraft zur Erde gerichtet ist, wählen wir ein negatives Vorzeichen. Die Gravitationskraft steigt näherungsweise linear bis zur Erdoberfläche und nimmt danach umgekehrt proportional zum Quadrat des Abstandes vom Erdmittelpunkt ab. Die Berechnung der Gravitationskraft hängt von der Masse eines zweiten Körpers im Gravitationsfeld des ersten ab, z. B. der des Astronauten m_A.

Zur Berechnung der Arbeit W können wir die Fläche zwischen dem $F(r)$-Graphen und der r-Achse berechnen (▶1). Dafür betrachten wir die aufgespannte Fläche für die Abstandsdifferenz $\Delta r = r_2 - r_1$ und erhalten:

$$W = G \cdot M \cdot m_A \cdot \left(\frac{1}{r_2} - \frac{1}{r_1}\right).$$

Anschaulicher ist jedoch eine feldspezifische Größe, die unabhängig von der Masse im Feld ist.

Gravitationspotenzial • Die Arbeit in (▶1) hängt ebenfalls noch von der Masse m_A des Astronauten ab. Das können wir ähnlich wie bei der Gravitationsfeldstärke vereinfachen, indem wir die Energie pro Masse $\frac{E_{pot}}{m_A}$ betrachten. Diesen Quotienten nennt man **Gravitationspotenzial**. Das Symbol dafür ist Φ und die Einheit $1\frac{J}{kg}$.

Ebenso wie die Gravitationsfeldstärke hängt auch das Gravitationspotenzial nur von der felderzeugenden Masse der Erde ab, nicht aber beispielsweise von der Masse des Astronauten.

Da die Gravitationsfeldstärke eine vektorielle Größe ist, ist sie unabhängig vom Ausgangspunkt. Dagegen ist für das Potenzial Φ ein Nullpunkt zu vereinbaren. Es ist üblich, diesen Nullpunkt beim Grenzfall unendlicher Distanz r zur felderzeugenden Masse zu wählen. Von dort aus gesehen geht es immer abwärts. Daher ist das Potenzial Φ immer negativ (▶2).

Daraus ergeben sich unter anderem Vorteile bei der Berechnung der verrichteten Arbeit im Gravitationsfeld, man kann den Nullpunkt jedoch frei wählen. Im Vergleich zur grafischen Bestimmung der Arbeit können wir das Potenzial mit einer handlichen Formel berechnen. Eine Masse m hat in der Entfernung r folgendes Gravitationspotenzial:

$$\Phi = -m \cdot \frac{G}{r}.$$

Das Gravitationspotenzial ist eine feldspezifische Größe, welche die Energie pro Masseneinheit in Abhängigkeit vom Abstand zum **felderzeugenden** Körper angibt.

Energie im Potenzial • Mithilfe des Potenzials können wir direkt berechnen, wie viel **potenzielle Energie** ΔE_{pot} einem Astronauten zugeführt wird, beziehungsweise welche Arbeit er verrichtet, wenn er vom Erdboden bei $r_E = 6378$ km zu seinem Arbeitsplatz auf der ISS im Orbit mit $r_O = r_E + 408$ km fliegt. Wir bestimmen zunächst mithilfe der Erdmasse $m_E = 5{,}972 \cdot 10^{24}$ kg die Potenzialdifferenz:

$$\Delta \Phi = \Phi(r_O) - \Phi(r_E) = 3{,}757 \frac{MJ}{kg}.$$

Schließlich berechnen wir die Arbeit als folgendes Produkt aus Potenzialdifferenz und Masse:

$$W = \Delta \Phi \cdot m_A = \frac{3{,}757\,MJ}{kg} \cdot 100\,kg = 375{,}7\,MJ.$$

Durch die übliche Vereinbarung, dass das Potenzial $\Phi(r)$ bei r gegen unendlich null wird, erreichen Körper mit negativer Energie $E < 0$ nur Entfernungen $r < \infty$ und sind somit im Potenzial an die felderzeugende Masse M **gravitativ gebunden**. Körper mit $E \geq 0$ dagegen sind nicht gebunden und verlassen M.

Fluchtgeschwindigkeit • Im Jahr 1981 wurde in Alaska im Allan-Hills-Eisfeld ein 31,4 g wiegender Stein gefunden. Der Stein entspricht in seiner Zusammensetzung völlig dem Mondgestein, das bei Mondlandungen eingesammelt und zur Erde gebracht wurde. Daher ist eindeutig geklärt, dass der Stein vom Mond stammt. Wie kommt dieser Stein dann nach Alaska?

Man vermutet, dass bei einem Asteroideneinschlag auf dem Mond dieser Stein vom Mond ins Weltall geschleudert wurde und später zufällig auf die Erde gefallen ist. Damit wir uns das genauer vorstellen können, fragen wir uns: Wie schnell muss der Stein dabei an der Mondoberfläche nach oben geschleudert worden sein?

Dazu bestimmen wir das Gravitationspotenzial an der Oberfläche des Mondes. Der Mond besitzt die Masse $m = 7{,}349 \cdot 10^{22}$ kg und hat den Radius $r = 1738$ km. Demnach beträgt das Potenzial an der Mondoberfläche:

$$\Phi = \frac{-7{,}349 \cdot 10^{22}\,\text{kg} \cdot G}{1738\,\text{km}} = 2{,}822\,\frac{\text{MJ}}{\text{kg}}.$$

Somit besaß jedes Kilogramm des Steins eine Startenergie von mindestens 2,822 MJ. Entsprechend dem Prinzip der Energieerhaltung lag diese Energie beim Start als Bewegungsenergie vor:

$$E_{kin} = \tfrac{1}{2} \cdot 1\,\text{kg} \cdot v^2 \geq 2{,}822\,\text{MJ}.$$

Wir lösen nach der Geschwindigkeit auf und erhalten:

$$v \geq \sqrt{5\,644\,000}\,\tfrac{\text{m}}{\text{s}} = 2376\,\tfrac{\text{m}}{\text{s}} = 8553\,\tfrac{\text{km}}{\text{h}}.$$

Das ist ein Vielfaches der Schallgeschwindigkeit. Man kennt inzwischen über 90 solcher Mondmeteoriten. Jeder von ihnen hatte beim Start an der Mondoberfläche mindestens diese Geschwindigkeit, sonst hätten sie den Mond nicht verlassen können. Man spricht daher von der **Fluchtgeschwindigkeit** v_F des Mondes. Generell hat jeder Himmelskörper seine spezifische Fluchtgeschwindigkeit. An unserer Berechnung erkennen wir, dass bei der Fluchtgeschwindigkeit die potenzielle Energie pro Kilogramm oder das Potenzial am Grund r_{Grund} gleich der kinetischen Energie pro Kilogramm ist:

$$\Phi(r_{Grund}) = \tfrac{1}{2} \cdot v_F^2.$$

Für die Fluchtgeschwindigkeit folgt somit:

$$v_F = \sqrt{2\,\Phi(r_{Grund})}.$$

Im Januar 1959 verließ mit Lunik 1 erstmals eine künstliche Raumsonde die Erde. Die entsprechende Fluchtgeschwindigkeit beträgt $v_F = 11\,183\,\tfrac{\text{m}}{\text{s}}$. Die Sonde ging anschließend in eine Umlaufbahn um die Sonne über.

> Die Fluchtgeschwindigkeit kennzeichnet die Mindestgeschwindigkeit, bei der ein Objekt genug kinetische Energie besitzt, um dem Gravitationspotenzial eines Himmelskörpers zu entfliehen.

1 Die Raumsonde Voyager 2 in (▶3) verlässt gerade das Sonnensystem. Berechnen Sie die entsprechende Fluchtgeschwindigkeit.

2 Berechnen Sie die potenzielle Energie des Planeten Merkurs an Perihel und Aphel seiner Umlaufbahn. Erklären Sie damit Keplers Flächensatz aus einem energetischen Gesichtspunkt.

3
  a Stellen Sie Erde, Mond und Sonne wie bei einer Springflut auf der Querachse eines Koordinatensystems dar und skizzieren Sie auf der Hochachse das Summenpotenzial der drei Himmelskörper.
  b Skizzieren Sie in diesem Potenzial die Bewegung des Meteoriten und der Sonde Lunik 1.
  c Skizzieren Sie in diesem Potenzial die Gravitationsfeldstärken an typischen Stellen.

3 Voyager 2

Material

Versuch A • Computerexperimente zu Feldern und Potenzialen

V1 Masse beim Zentrum

Materialien: Computer, Tabellenkalkulationsprogramm

Arbeitsauftrag:
– Im Zentrum der Milchstraße wird ein schwarzes Loch vermutet (▶1). Um dessen Masse M zu bestimmen, betrachten wir den Stern S0-102, der das schwarze Loch SgrA* in $T = 11{,}5$ Jahren umrundet. Bestätigen Sie, dass der mit dem Teleskop beobachtete lange Durchmesser d der Bahn einem Sehwinkel von 0,20 Bogensekunden oder $\frac{0{,}20}{3600}°$ entspricht.
– Das galaktische Zentrum ist 27 000 Lichtjahre entfernt. Ermitteln Sie den Durchmesser d in m.
– Gehen Sie näherungsweise von einer Kreisbahn aus und stellen Sie die Masse M des Objekts abhängig vom Bahnradius des Sterns dar.
– Berechnen Sie diese Masse M.
– Recherchieren Sie, was der Nobelpreisträger Reinhard Genzel und sein Team über dieses schwarze Loch herausgefunden haben.

V2 Potenzial beim Zentrum

Materialien: Computer, Tabellenkalkulationsprogramm

Arbeitsauftrag:
– Stellen Sie das Gravitationspotenzial des Objekts im Zentrum der Milchstraße (▶1) abhängig vom Abstand r dar. Verwenden Sie dabei die Masse aus V1.
– Ermitteln Sie den Wert des Gravitationspotenzials, bei dem die Fluchtgeschwindigkeit ebenso groß wird wie die Lichtgeschwindigkeit $c = 300\,000\,\frac{km}{s}$. Zeichnen Sie diesen Wert als waagerechte Linie in das gleiche Diagramm ein.
– Vergleichen Sie mit dem Bahnradius und beurteilen Sie.
– Der Radius, bei dem das Licht nicht mehr entkommen kann, heißt Schwarzschild-Radius R_S. Ermitteln Sie diesen für das Objekt.
– Bestätigen Sie mit ▶2, dass das schwarze Loch einen Sehwinkel von 20 Mikrobogensekunden hat und vergleichen Sie mit Ihrem ermittelten Wert für R_S. Begründen Sie, dass das Radioteleskop zu ungenau ist.

V3 Gravitationsfeldstärke beim Zentrum

Materialien: Computer, Tabellenkalkulationsprogramm

Arbeitsauftrag:
– Stellen Sie die Gravitationsfeldstärke abhängig vom Abstand in der Nähe des Zentrums dar. Verwenden Sie dabei die Masse aus V1.
– Stellen Sie zum Vergleich den Differenzenquotienten $\frac{\Delta \Phi}{\Delta r}$ abhängig von r im gleichen Diagramm dar.
– Vergleichen Sie und erklären Sie die weitgehende Gleichheit.
– Vergleichen Sie mit der Gravitationsfeldstärke am Erdboden.
– Leiten Sie die Gleichheit her. *Hinweis*: Sie können den Zusammenhang von Energie und Kraft verwenden.
– Das Gravitationspotenzial beim Zentrum der Milchstraße ist als Heatmap (d. h. mithilfe einer Farbcodierung) dargestellt (▶3). Deuten Sie diese und erstellen Sie eine entsprechende Heatmap für die Gravitationsfeldstärke.

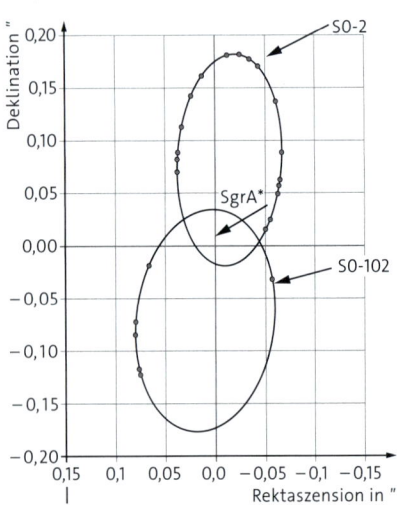

1 Sterne S0-2 und S0-102 beim Zentrum SgrA* der Milchstraße

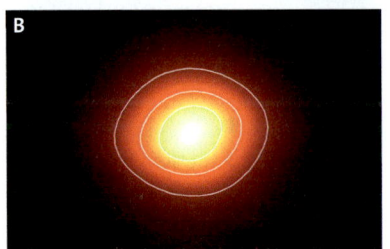

2 Zentrum SgrA*: A Simulation; B beobachtet mit dem Radioteleskop

3 Gravitationspotential $\Phi(x, y)$ beim Zentrum SgrA*

Material A • Korrigiertes Gravitationspotenzial

Der europäische Weltraumbahnhof ist das Raumfahrtzentrum in Kourou in Französisch-Guyana. Dort können Raketen energetisch günstig gestartet werden, wenn sie in östlicher Richtung abheben.

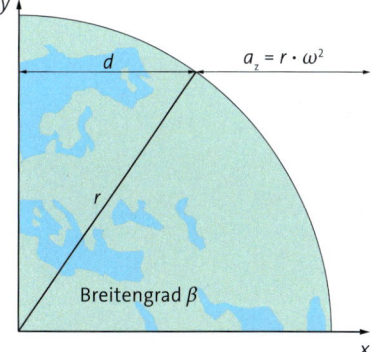

A1 Zur Berechnung der Winkelbeschleunigung

1 Begründen Sie das anhand der Abbildung, warum der Start in Kourou (Lage: 5° nördliche Breite) energetisch günstig ist.

2 Erklären Sie, warum zur Analyse des Standorts die Gravitationsfeldstärke besser geeignet ist, als die Gravitationskraft. Erklären Sie, warum man von der Gravitationsfeldstärke folgenden Korrekturterm subtrahiert: $a_z = d \cdot \omega^2$.

3 Der Term $\Phi_z = -\frac{1}{2} d^2 \cdot \omega^2$ wird als Korrektur zum Gravitationspotenzial beim Erdradius r vorgeschlagen. Stellen Sie grafisch den Differenzenquotienten $\frac{\Delta \Phi}{\Delta r}$ sowie a_z in Abhängigkeit von r dar. Begründen Sie damit das korrigierte Potenzial.

4 Für die beim Start benötigte Energie ist das Potenzial wesentlich.
a Begründen Sie dies.
b Leiten Sie den folgenden Term her: $\Phi_z = -\frac{1}{2} r^2 \cdot \cos^2 \beta \cdot \omega^2$
c Stellen Sie das korrigierte Potenzial abhängig vom Breitengrad β dar.
d Ermitteln Sie die Potenziale Φ_z für Kourou und Köln, Cape Canaveral sowie Baikonur und analysieren Sie die Konsequenzen für den Start einer Rakete mit der Masse der Ariane 5ME von 800 t.

Material B • Gravitationsfeldstärke bei Mond und Erde

Beim Mond wurde die Gravitationsfeldstärke aufgezeichnet und nach dem Prinzip der Weltkarte dargestellt (▶ B1).

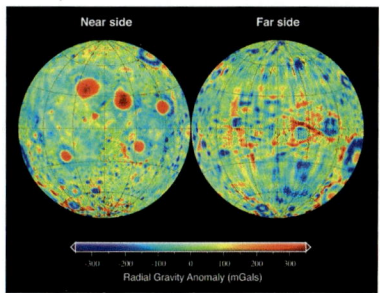

B1 Gravitationsfeldstärke des Mondes

B2 Mondaufnahme

1 Erläutern Sie die Einheit Galileo 1 Gal = $\frac{1 \text{ cm}}{s^2}$. Ermitteln Sie die mittlere Gravitationsfeldstärke für den Mond aus dessen Masse und Radius.

2 Ermitteln Sie die größten prozentualen Abweichungen der Gravitationsfeldstärke.

3 Auf der Karte sind verschiedene Stellen mit Ziffern markiert (▶ B2).
a Vergleichen Sie mit der Karte des Mondes (▶ B2). Ordnen Sie den Maren Imbrium (1), Serenitatis (2) und Crisium (3) die entsprechenden Anomalien der Feldstärke zu.
b Ordnen Sie den Kratern Copernicus (4), Aristarch (5) und Kepler (6) passende Gravitationsanomalien zu.
c Begründen Sie, dass man mit der Gravitationsfeldstärke auch versteckte tief liegende Verdichtungen sichtbar machen und so im Prinzip Erze finden kann.

In der unteren Abbildung sind die Anomalien des Gravitationsfeldes der Erde dargestellt (▶ B3).
d Vergleichen Sie die Gravitationsanomalien der Erde (▶ B3) mit den Schwankungen des Ortsfaktors. Recherchieren Sie zum Thema Referenzellipsoid und erklären Sie damit, dass die Gravitationsanomalien so klein sind.
e Vergleichen Sie die Gravitationsanomalien der Erde mit denen des Mondes. Nennen Sie Vorgänge, die Anomalien auf der Erde verringern, nicht jedoch auf dem Mond.

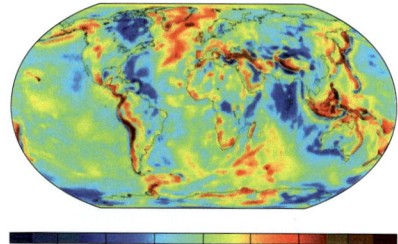

Gravitationsanomalie in mGal
B3 Gravitationsfeldstärke der Erde

2.6 Postulate der Relativität

1 Supernova 1987

Die Fotomitte zeigt den Lichtblitz einer Sternexplosion, die Neutrinos mit der Energie E_{kin} = 2 pJ freisetzte. Mit der beim Betazerfall gemessenen Neutrinomasse von m = 2 · 10^{-38} kg und mit Newtons Mechanik wäre die Geschwindigkeit v = 1,4 · $10^{13}\frac{m}{s}$ und damit das 5 · 10^4-Fache der Lichtgeschwindigkeit. Das ist aber unmöglich!

Eine Obergrenze • Der Neutrinoblitz und der Lichtblitz in ▶1 benötigten im Rahmen der Messgenauigkeit die gleiche Zeit von 1,68 · 10^5 Jahren für die Strecke zur Erde. Da beim Startzeitpunkt der beiden Blitze eine Messunsicherheit von Δt = 2 h möglich ist, beträgt die relative Messungenauigkeit:

$$\frac{\Delta t}{t} = \frac{2\,h}{1{,}68 \cdot 10^5\,a} = 1{,}4 \cdot 10^{-7}\,\%.$$

Die Geschwindigkeit v der Neutrinos weicht also maximal um 1,4 · 10^{-7} % von der Lichtgeschwindigkeit c = 299 792 458 $\frac{m}{s}$ ab. Dahinter steckt offenbar eine Regel. Daher vermuten wir, dass c eine Obergrenze für Geschwindigkeiten ist.

Eine absolute Obergrenze? • Üblicherweise kann man einer Geschwindigkeit eine weitere Geschwindigkeit hinzufügen. Das macht z. B. die Speerwerferin in ▶2: Sie wirft den Speer mit einer Geschwindigkeit v_1 relativ zum Körper. Dabei läuft sie mit einer Geschwindigkeit v_2.

Somit hat der Speer die Geschwindigkeit $v = v_1 + v_2$. Würde das auch bei Licht funktionieren, so gäbe es keine Obergrenze für die Geschwindigkeit des Lichts. Ob diese Geschwindigkeitsaddition bei Licht überhaupt funktioniert, das untersuchten Michelson und Morley 1887.

2 Speerwurf

Versuch von Michelson und Morley • 1887 untersuchten ALBERT MICHELSON und EDWARD MORLEY mit einem **Michelson-Interferometer** für verschiedene Ausbreitungsrichtungen die jeweilige Lichtgeschwindigkeit. Besonders interessant erschien ihnen die Richtung der Bahngeschwindigkeit der Erde im Sonnensystem von immerhin 30 $\frac{km}{s}$. Denn sie gingen von der üblichen Addition von Geschwindigkeiten aus und erwarteten daher unterschiedliche Lichtgeschwindigkeiten parallel und senkrecht zu dieser Bahngeschwindigkeit. Aber sie stellten mit einer Genauigkeit von 8 $\frac{km}{s}$ fest, dass die Lichtgeschwindigkeit unabhängig von der Bewegung der Lichtquelle und damit eine **Invariante** ist.

Die Bedeutung dieses Messergebnisses wurde erst 1905 bei der Entwicklung der **speziellen Relativitätstheorie** (kurz: SRT) von ALBERT EINSTEIN (1879 bis 1955) erkannt: Er postulierte die Lichtgeschwindigkeit als Invariante und leitete daraus grundlegende Konsequenzen her. Diese wurden durch viele Beobachtungen und Messungen sehr genau überprüft und bestätigt.

> Die Vakuumlichtgeschwindigkeit ist von der Bewegung der Lichtquelle oder des Beobachters unabhängig. Sie beträgt immer
> c = 299 792 458 $\frac{m}{s}$.

Gleichzeitigkeit • Bis dahin wurde die Gleichmäßigkeit der Zeitentwicklung als Invariante ungeprüft angenommen. Das bedeutet, dass die Zeit für alle gleich abläuft. Aber diese Gleichmäßigkeit des Zeitablaufs und die Lichtgeschwindigkeit können nicht beide invariant sein.

Dazu analysieren wir einen Stern mit Planetensystem, der sich mit $v = 1{,}5 \cdot 10^8 \frac{m}{s}$ in Richtung Erde bewegt. Auch betrachten wir zwei Planeten des Systems mit dem Bahnradius $r = 3 \cdot 10^8$ km, die wie in ▶3 angeordnet sind. Die Bewohner der beiden Planeten **synchronisieren** ihre Stoppuhren wie folgt: Immer, wenn auf dem Stern der Lichtblitz einer Sonneneruption gesichtet wird (▶4), stellen sie ihre Stoppuhren auf null.
Da die Lichtgeschwindigkeit konstant ist und weil die Bahnradien gleich sind, trifft der Lichtblitz **gleichzeitig** auf den Planeten ein und die Stoppuhren sind perfekt synchronisiert.

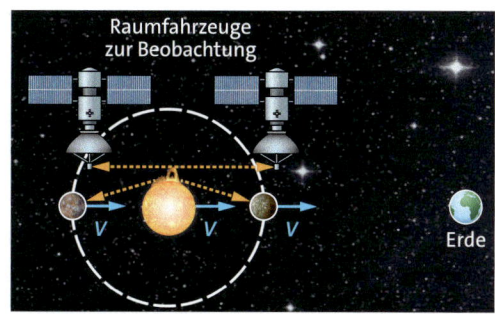

3 Stern mit zwei Planeten

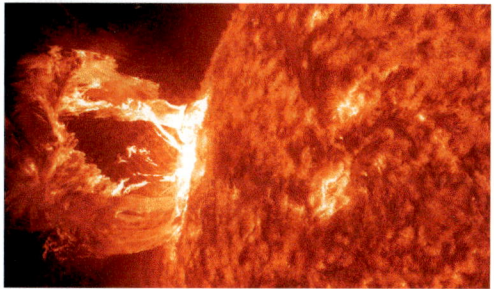

4 Sonneneruption

Ein Beobachter auf der Erde will das Verfahren überprüfen. Er bemerkt, dass der erdferne Planet in ▶3 dem jeweiligen Ort des Lichtblitzes mit $v = 1{,}5 \cdot 10^8 \frac{m}{s}$ entgegeneilt, wogegen der erdnahe Planet sich mit v vom jeweiligen Ort des Lichtblitzes entfernt. Damit folgert er, dass die Lichtblitze nicht gleichzeitig bei den Planeten ankommen. Zur Überprüfung platziert er an den Stellen, an denen die Lichtblitze bei den Planeten ankommen, zwei Raumstationen, die einen festen Abstand zur Erde haben. Die Messungen bestätigen seine Folgerung (▶3).

Bezugssystem • Ein alltägliches Bezugssystem kennen wir vom Radfahren. Ein Radfahrer hat im Bezugssystem seines Fahrrads die Geschwindigkeit null. Wenn er aber einen Zweig streift, dann wird ihm bewusst, dass er relativ zum Bezugssystem des Zweiges eine hohe Geschwindigkeit hat. Man bezeichnet allgemein ein Koordinatensystem, das ein Beobachter mitführt, als Bezugssystem.
Ein besonders ein Bezugssystem ist ein Karussell: Ein Beobachter im Karussell ist beschleunigt und kann die nach außen gerichtete Zentrifugalkraft messen und ihre Auswirkungen spüren. Dagegen stellt ein ruhender Beobachter fest, dass der Mitfahrer im Karussell durch die nach innen gerichtete Zentripetalkraft auf der kreisförmigen Bahn bleibt.

Ein Beispiel für eine Invariante ist die Energie beim Looping
$E = m \cdot g \cdot h - \frac{1}{2} m \cdot v^2$.
Damit können wir zu jeder Höhe h die Geschwindigkeit v ermitteln und prüfen, ob v groß genug ist.

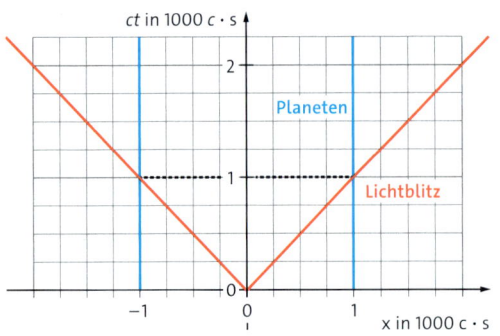

1 Minkowski-Diagramm: Planetensystem

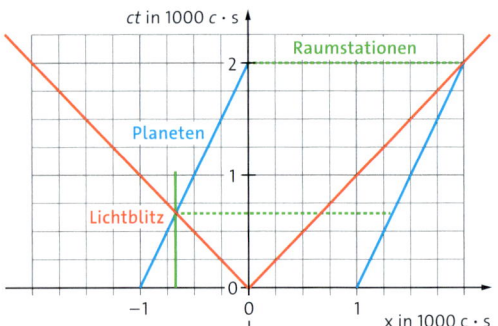

2 Minkowski-Diagramm: Bezugssystem der Erde

Inertialsystem • In beschleunigten Bezugssystemen treten also zusätzliche Kräfte auf, beispielsweise die Zentrifugalkraft, eine Trägheitskraft. Das Planetensystem als Ganzes ist nicht beschleunigt, auch wenn die Planeten einzeln beschleunigt sind. Ein nicht beschleunigtes Bezugssystem heißt **Inertialsystem**.

Allgemein orientiert man sich in der SRT an **Ereignissen**, die Ort und Zeit markieren.

Relativität von Ereignissen • Der Zeitunterschied Δt zwischen zwei Ereignissen ist grundlegend für die Zeitmessung. Im Beispiel der Sonneneruption ist Δt zwischen den Beobachtungen des Lichtblitzes auf den Planeten null. Aber auf den beiden Raumstationen ist der entsprechende Zeitunterschied Δt zwischen den Beobachtungen des Lichtblitzes nicht null, obwohl jede Raumstation beim Eintreffen des Lichtblitzes sich beim jeweiligen Planeten befindet. Also hängen Zeitdifferenzen und somit die Gleichzeitigkeit, $\Delta t = 0$, vom Bezugssystem ab.

> Zwei Ereignisse, die in einem Bezugssystem gleichzeitig stattfinden, können in einem relativ dazu bewegten Bezugssystem ungleichzeitig auftreten.

Spezielle Relativitätstheorie • Unsere bisherigen Ergebnisse sind Beispiele für die spezielle Relativitätstheorie, die ALBERT EINSTEIN 1905 entwickelte. Dabei ist grundlegend, dass in allen Inertialsystemen die Lichtgeschwindigkeit im Vakuum eine Invariante ist und Naturgesetze die gleiche Form haben. Daraus folgern wir, dass die Zeitunterschiede Δt zweier Ereignisse **relativ** sind, also vom Bezugssystem abhängen. Beispielsweise gilt in allen Inertialsystemen für die Strecke Δs, die ein Lichtblitz in einer Zeit Δt zurücklegt:

$\Delta t = \frac{\Delta s}{c}$.

Im System des Sterns sind die beiden Strecken vom Stern zu den Planeten gleich:

$\Delta s_1 = \Delta s_2$.

Da die Lichtgeschwindigkeit eine Invariante ist, sind die entsprechenden Lichtlaufzeiten gleich:

$\Delta t_1 = \frac{\Delta s_1}{c} = \frac{\Delta s_2}{c} = \Delta t_2$.

Der Lichtblitz trifft also gleichzeitig auf beiden Planeten ein.

Aber im Inertialsystem der Erde ist die vom Licht zurückgelegte Strecke $\Delta s_{1,\,\text{Erde}}$ zum erdnahen Planeten länger als die entsprechende Strecke $\Delta s_{2,\,\text{Erde}}$ zum erdfernen Planeten:

$\Delta s_{1,\,\text{Erde}} > \Delta s_{2,\,\text{Erde}}$.

Da die Lichtgeschwindigkeit eine Invariante ist, sind die jeweiligen Lichtlaufzeiten ungleich:

$\Delta t_{1,\text{Erde}} = \frac{\Delta s_{1,\text{Erde}}}{c} > \frac{\Delta s_{2,\text{Erde}}}{c} = \Delta t_{2,\text{Erde}}$

Das Licht trifft in diesem Bezugssystem also nicht gleichzeitig auf beiden Planeten ein.

Minkowski-Diagramm • In der SRT stellt man Ereignisse im **Minkowski-Diagramm** dar: In jedem Bezugssystem gilt für einen Lichtblitz $x = c \cdot t$. Im Beispiel treffen die Lichtblitze im Bezugssystem des Planetensystems (▶1) gleichzeitig bei den Planeten ein, nicht aber im Bezugssystem der Erde (▶2).

1 📝 Erklären Sie mit ▶1 und ▶2 das Eintreffen des Lichtblitzes bei den Planeten sowohl grafisch als auch rechnerisch.

Material

Kreisbewegung, Gravitation und physikalische Weltbilder • Postulate der Relativität

Material A • Relativistischer Dopplereffekt

Eine Polizistin misst mit der Radarpistole die Geschwindigkeit v eines Autos. Dabei nutzt sie den relativistischen Dopplereffekt. Dieser ist im Fall von Licht stets anzuwenden und wird daher auch optischer Dopplereffekt genannt. Hierbei wird die Frequenz f_a der Radarpistole durch v zu einer Frequenz f_0 im Eigensystem des Autos. Wir analysieren diesen Effekt im Minkowski-Diagramm in der unteren Abbildung mithilfe der Periodendauer T_{em} bei der Emission. Wir betrachten dazu ein Fahrzeug, das mit $v = 0{,}8 \cdot c$ fährt und umkehrt, sowie das Radarsignal reflektiert wurde.

1 ■ a Erläutern Sie die vier Weltlinien im Minkowski-Diagramm.
 b Das Radarsignal wird zum Zeitpunkt $t_{em} = 1$ s emittiert und bei $t_{refl} = 5$ s reflektiert. Ermitteln Sie die Zeitpunkte t_{abs} der Absorption und t_{An} der Ankunft des Autos.

2 ■ Wenn bei der Emission die erste Wellenlänge nicht abgesendet wird, dann verzögert sich der Zeitpunkt t_{em} um eine Periodendauer T_{em}.
 a Begründen Sie diese Verzögerung.
 b Erklären Sie, dass sich dann die Reflexion um eine Periodendauer T_{refl} beim Auto verzögert.
 c Ermitteln Sie für die Frequenzen $f_{em} = 10$ GHz die Periodendauer T_{em} und begründen Sie, dass T_{refl} um einen noch unbekannten Faktor k größer ist.
 d Erläutern Sie, warum die Periodendauer T_{abs} bei der Absorption um diesen Faktor k größer ist als T_{refl}.
 e Leiten Sie folgende Gleichung her: $T_{abs} = k^2 \cdot T_{em}$.

3 ■ Um k zu ermitteln, analysieren wir den Ort x_{refl} und die Änderung dieses Ortes Δx_{refl} durch die Verzögerung.
 a Begründen Sie unter Verwendung des Minkowski-Diagramms folgende Gleichungen:
$x_{refl} = \frac{1}{2} \cdot (t_{abs} + t_{em}) \cdot v$,
$x_{refl} = \frac{1}{2} \cdot (t_{abs} - t_{em}) \cdot c$,
$\Delta x_{refl} = \frac{1}{2} \cdot (T_{abs} + T_{em}) \cdot v$,
$\Delta x_{refl} = \frac{1}{2} \cdot (T_{abs} - T_{em}) \cdot c$.
 b Leiten Sie mithilfe der letzten beiden Gleichungen folgende Formel her:
$k = \sqrt{\frac{c+v}{c-v}}$
 c Ermitteln Sie die beim Auto beobachtbare Frequenz f_0.
 d Leiten Sie für f_0 folgende Formel her:
$f_0 = f_{em} \cdot \sqrt{\frac{c-v}{c+v}}$
 e Leiten Sie für die Frequenz f_{abs} der von der Radarpistole erfassten reflektierten Welle einen Term abhängig von f_{em}, c und v her.
 f Leiten Sie einen Term für v abhängig von f_{em}, c und f_{abs} her.
 g Berechnen Sie f_{abs}.
 h Untersuchen Sie, an welchen Stellen Sie die Invarianz der Lichtgeschwindigkeit verwendet haben.

A1 Radarpistole

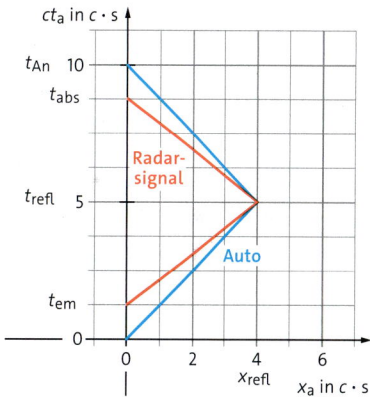

A2 Minkowski-Diagramm

Material B • Zeichnen und Deuten von Minkowski-Diagrammen

Im Minkowski-Diagramm zeichnet man die Achsen des Außensystems orthogonal zueinander. Dabei gibt die Zeitachse die Zeit t_a im Außensystem, also im System eines ruhenden Beobachters, an. Die Ortsachse gibt die Koordinate x_a zur Zeit $t_a = 0$ im Außensystem an.

1 ◪ Erläutern Sie dies mit je einem Beispiel in den auf der Doppelseite abgebildeten Minkowski-Diagrammen.

2 ◪ Geben Sie begründet den Winkel an, den die Weltlinie des Lichts im Minkowski-Diagramm mit der Zeitachse einschließt. Erläutern Sie dies mit je zwei Beispielen in den abgebildeten Minkowski-Diagrammen.

3 ■ Die Weltlinie eines Objekts schließt mit der Hochachse einen Winkel α ein. Begründen Sie, dass die Geschwindigkeit des Objekts gleich $\arctan \alpha$ ist. Untersuchen Sie je zwei Beispiele in den abgebildeten Minkowski-Diagrammen.

2.7 Relativistische Phänomene

1 Laser-Entfernungsmesser

Der Laser-Entfernungsmesser misst die Lichtlaufzeit Δt vom Gerät zum Objekt und zurück, multipliziert mit c und zeigt das Produkt als die Entfernung Δs = 2,505 m an. Was gibt es dabei in verschiedenen Inertialsystemen zu entdecken?

Lichtuhr im Eigensystem • Wir fixieren in 60 cm Entfernung vom Laser-Entfernungsmesser einen Reflektor und erhalten so die Lichtuhr in ▶ **2**. Im **Eigensystem** der Lichtuhr legt der Lichtblitz bis zum Boden 60 cm zurück, wird reflektiert und legt bis zur Erfassung wieder 60 cm zurück. Die gesamte Strecke beträgt Δs = 1,2 m und die entsprechende **Lichtlaufzeit** Δt ist:

$\Delta t = \frac{\Delta s}{c} = 4$ ns.

Das Bezugsystem der Uhr haben wir Eigensystem genannt. Das Eigensystem zeichnet sich dadurch aus, dass das Objekt, z. B. die Lichtuhr, in diesem System ruht (v = 0). Die Lichtlaufzeit im Eigensystem heißt **Eigenzeit** (▶ **2**).

Lichtuhr im Außensystem • Jedes andere Inertialsystem ist im Gegensatz zum Eigensystem (▶ **2**) mit einer Geschwindigkeit v bewegt, wir nennen es **Außensystem** (▶ **3**). Physikalische Größen im Außensystem markieren wir mit einem Index a.

Betrachten wir jetzt das Aussenden des Lichtblitz aus einem Bezugssystem, das sich mit der Geschwindigkeit v relativ zum Eigensystem der Uhr bewegt (▶ **3**). Wegen des Superpositionsprinzips verlängert sich in diesem Bezugssystem die zurückgelegte Strecke des Lichts. Mit dem Satz des Pythagoras kann die Strecke des Lichtblitzes vom Sender bis zum Boden einfach berechnet werden (▶ **3**).

$\frac{\Delta s_a}{2} = \sqrt{(0{,}6^2 + 0{,}45^2)}$ m = 0,75 m.

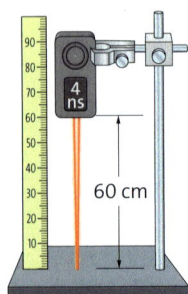

2 Lichtuhr im Eigensystem

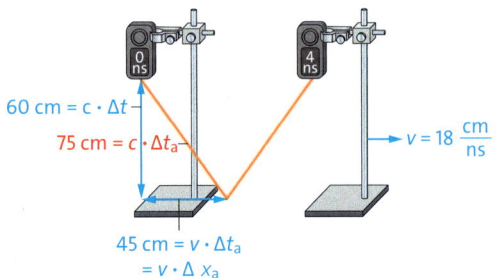

3 Lichtuhr im Außensystem

Da die Lichtgeschwindigkeit in allen Inertialsystemen eine Invariante ist und unabhängig von der Geschwindigkeit zwischen dem Eigensystem der Lichtuhr und unserem Außensystem ist, beträgt die entsprechende Lichtlaufzeit:

$\frac{\Delta t_a}{2} = \frac{0{,}75 \text{ m}}{c} = 2{,}5 \text{ ns}.$

Das passt zu der von der Uhr zurückgelegten Strecke (▶3) bei der angegebenen Geschwindigkeit:

$\Delta x_a = 2{,}5 \text{ ns} \cdot v = 45 \text{ cm}.$

Zeitdilatation • Im Außensystem legt das Licht vom Aussenden bis zum Empfangen insgesamt die Strecke $\Delta s_a = 1{,}5 \text{ m}$ zurück und benötigt dafür die größere Zeit $\Delta t_a = 5 \text{ ns}$. Im Eigensystem dagegen nimmt das Licht die kürzeste Strecke im Raum und durch die Invarianz der Lichtgeschwindigkeit entspricht dieser die kürzeste Lichtlaufzeit, also die kürzeste Zeit.
So legt das Licht nur die Strecke $\Delta s = 1{,}2 \text{ m}$ zurück und benötigt somit auch nur die Eigenzeit $\Delta t = 4 \text{ ns}$, welche die Lichtuhr in ▶3 natürlich auch anzeigt.

> Die zwischen zwei Ereignissen verstreichende Zeit hängt vom Inertialsystem ab und ist im Eigensystem am kürzesten. Dieses Phänomen heißt Zeitdilatation.

Lorentz-Faktor • Im Beispiel ist die Zeit Δt_a im Außensystem um den Faktor $\frac{5}{4}$ größer als die Eigenzeit Δt.
Wir leiten diesen Umrechnungsfaktor allgemein anhand von ▶3 her. Entsprechend dem Satz des Pythagoras gilt:

$(c \cdot \Delta t_a)^2 = (c \cdot \Delta t)^2 + (v \cdot \Delta t_a)^2.$

Wir lösen nach Δt auf:

$\Delta t = \sqrt{1 - \frac{v^2}{c^2}} \cdot \Delta t_a.$

HENDRIK ANTOON LORENTZ leitete 1892 eine Formel zur Umrechnung der Zeitintervalle Δt sowie Δt_a her und verwendete dazu den Kehrwert der Wurzel, den sogenannten **Lorentz-Faktor** γ:

$\gamma = \frac{1}{\sqrt{1 - \frac{v^2}{c^2}}}.$

Damit gilt: $\Delta t_a = \gamma \cdot \Delta t.$

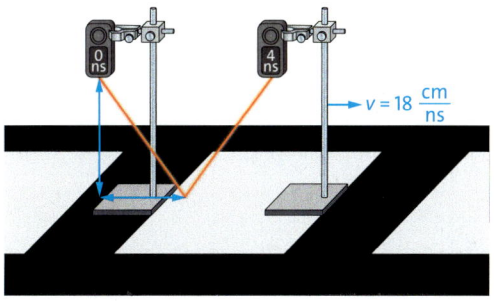

4 Lichtuhr am Zebrastreifen

> Die Zeit Δt_a im Außensystem ist um den Lorentz-Faktor größer als die entsprechende Eigenzeit Δt. Also gilt $\Delta t_a = \gamma \cdot \Delta t$.

Längenkontraktion • Wenn die Lichtuhr in ▶4 einen Zebrastreifen mit einer Streifenbreite von 45 cm überquert, dann bewegen sich das Außensystem mit dem Zebrastreifen und das Eigensystem mit der Lichtuhr relativ zueinander mit der Geschwindigkeit $18 \frac{\text{cm}}{\text{ns}}$. Also ist $v = v_a$. In beiden Systemen wird die zurückgelegte Strecke als Produkt von Geschwindigkeit und Zeit ermittelt. Im Außensystem legt die Lichtuhr während der Zeit $\Delta t_a = 2{,}5 \text{ ns}$ folgende Strecke zurück:

$\Delta x_a = \Delta t_a \cdot v = 45 \text{ cm}.$

Im Eigensystem ist entsprechend:

$\Delta x = \Delta t \cdot v = 36 \text{ cm}.$

Zum Vergleich von Δx und Δx_a bilden wir den Quotienten:

$\frac{\Delta x}{\Delta x_a} = \frac{\Delta t}{\Delta t_a} = \frac{1}{\gamma} \Rightarrow \Delta x = \frac{\Delta x_a}{\gamma}.$

Diese Verkürzung der Strecke heißt **Längenkontraktion**.

> Bewegt sich ein Eigensystem mit einer Geschwindigkeit v entlang einer Strecke $\Delta x = v \cdot \Delta t$, so ist der Messwert Δx kleiner als der entsprechende Wert Δx_a im Außensystem. Für diese Längenkontraktion gilt:
>
> $\Delta x = \frac{\Delta x_a}{\gamma}.$

1 Neles Zeitreise

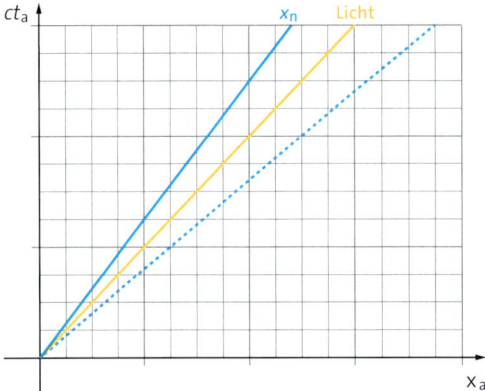

1 Minkowski-Diagramm

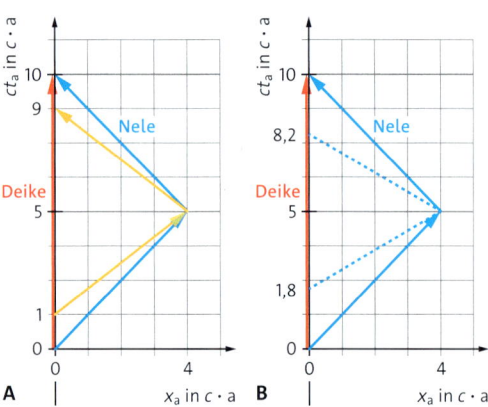

1 A, B: Minkowski-Diagramme zur Zeitreise

Physik der Zeitreise • Die beiden Zwillingsschwestern Nele und Deike in ▶1 feiern ihren 15. Geburtstag. Da beschließt Nele, dass sie in 10 Jahren gerne 4 Jahre jünger sein möchte als Deike. Um das zu erreichen, plant sie eine Zeitreise, also eine besonders kurze Eigenzeit. Dabei legt sie nur 6 Jahre Eigenzeit Δt zurück, während auf der Erde $\Delta t_a = 10$ Jahre vergehen:

$$\frac{10}{6} = \frac{\Delta t_a}{\Delta t} = \gamma = \frac{1}{\sqrt{1 - \frac{v^2}{c^2}}}.$$

Sie löst nach v auf: $v = 0{,}8 \cdot c$.

Sie plant also mit einer Geschwindigkeit von 80 % der Lichtgeschwindigkeit $\Delta t = 3$ Jahre lang von der Erde weg zu fliegen, zu wenden und $\Delta t = 3$ Jahre lang zurück zu fliegen. Bei ihrer Landung ist sie dann 21 Jahre alt, wogegen Deike bereits 25 Jahre alt ist.

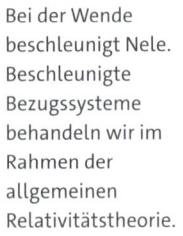

Bei der Wende beschleunigt Nele. Beschleunigte Bezugssysteme behandeln wir im Rahmen der allgemeinen Relativitätstheorie.

Minkowski-Diagramm • Deike analysiert die Reise in ihrem Minkowski-Diagramm in ▶2: Sie trägt den Ort x_a auf der Querachse auf und die mit c multiplizierte Zeit $c \cdot t_a$ auf der Hochachse. Die Koordinaten $(x_a | ct_a)$ eines Objekts stellen seine Weltlinie dar. Die Weltlinie eines Lichtblitzes ist eine Gerade mit der Steigung 1 (gelbe Gerade in ▶2). Deikes Weltlinie ist ihre ct_a-Achse, denn ihr Ort ist stets $x_{D,a} = 0$. Neles Weltlinie besteht zu jeder Zeit t aus $(x_{N,a} | ct_a)$ mit:

$x_{N,a} = v \cdot t_a = 0{,}8c \cdot t_a$ (blaue Gerade in ▶2).

In ▶3 ist auch Neles Weltlinie blau dargestellt, Deikes Weltlinie rot und die des Lichts gelb

Deike sendet einen Lichtblitz zum Sendezeitpunkt 1 a. Das Licht trifft nach 4 Jahren, also zur Zeit 5 a auf Neles Raumschiff, wird reflektiert und trifft zur Zeit 9 a bei Deike ein. In Deikes Außensystem vergeht also die Zeit $\Delta t_a = 8$ a (▶3A), aber im Eigensystem des Lichts gilt:

$$\Delta t = \sqrt{1 - \frac{c^2}{c^2}} \cdot \Delta t_a = 0 \text{ a}.$$

Im Eigensystem des Lichts sind also die Ereignisse auf der gelben Geraden in ▶2 gleichzeitig. In Deikes System sind die Ereignisse auf der x_a-Achse gleichzeitig, denn hier ist $t_a = 0$.

Die Geraden der gleichzeitigen Ereignisse und der Weltlinie liegen anscheinend spiegelsymmetrisch zur Weltlinie des Lichts in ▶2. Analog sind die Punkte auf der gepunkteten Geraden in ▶2 in Neles System gleichzeitig.

> Das Minkowski-Diagramm liefert eine globale Darstellung der Abläufe in zwei Inertialsystemen. Es zeigt, dass im Eigensystem des Lichts gar keine Zeit vergeht, während im Außensystem Zeit verstreicht.

1 📘 Die gepunkteten Geraden in ▶3B zeigen Ereignisse, die in Neles Bezugssystem vor und nach der Wende gleichzeitig sind.
Deuten Sie die Ereignisse auf den gelben bzw. auf den gepunkteten Linien.

Material

Kreisbewegung, Gravitation und physikalische Weltbilder • Relativistische Phänomene

Material A • Transformierte Achsen im Minkowski-Diagramm

1 📝 Die Weltlinie eines Körpers, der sich mit einer Geschwindigkeit v im Außensystem bewegt, ist zugleich die Zeitachse des Körpers. Erläutern Sie das mithilfe von ▶ 2 und der nebenstehenden Abbildung (▶ A1).

2 ◼ Beim Wechsel des Bezugssystems in einem Minkowski-Diagramm ändern sich auch die Einheiten: Um die Einheit e_0 auf der Weltlinie im Eigensystem des Körpers zu ermitteln, gehen wir von der Einheit 1 bei der Zeitkoordinate t_a und der Ortskoordinate x_a im Außensystem des Beobachters in ▶ 2 aus. Die Zeit des Körpers im Punkt A ist somit gleich dem Produkt aus Koordinate und Einheit: $t_0 \cdot e_0$.
  a Erläutern Sie dies mithilfe von ▶ 2.
  b Wir stellen diese Zeit mithilfe des Satzes von Pythagoras dar:
  $(ct_0 \cdot e_0)^2 = (ct_a)^2 + x_a^2$
  Begründen Sie dies mithilfe von ▶ 2.
  c Begründen Sie, dass gilt:
  $x_a = v \cdot t_a$.
  d Leiten Sie folgende Gleichung für die Einheit e_0 her:
  $e_0^2 = \left(1 + \frac{v^2}{c^2}\right) \cdot \gamma^2$.
  e Begründen Sie, dass die Einheit auf der Achse der Eigenzeit eines im Außensystem bewegten Körpers stets größer als 1 ist.

3 ◼ Wir untersuchen die Hypothese, dass die x_0-Achse des Ortes im Eigensystem des Körpers durch Achsenspiegelung der t_0-Achse an der Weltlinie des Lichts entsteht (▶ 2 und nebenstehende Abbildung ▶ A1). Dazu betrachten wir das Ereignis B in der Abbildung rechts mit den Koordinaten x_B und ct_B.
  a Erläutern Sie, dass die Weltlinie des Lichts im System mit den Koordinaten $(x_0|ct_0)$ die Winkelhalbierende darstellt und somit gilt: $x_0 = ct_0$.
  b Zeigen Sie, dass für B die Gleichung $x_B = ct_B$ gilt und dass B somit einem im Ursprung startenden Lichtsignal entspricht. Erklären Sie, warum dies die Hypothese bestätigt.
  c Ermitteln Sie die Geschwindigkeit des Körpers mithilfe der Abbildung rechts.
  d Berechnen Sie mit dem Ergebnis aus a) die Einheit e_0 und bestätigen Sie, dass die Einheiten in der Abbildung rechts maßstabsgerecht gezeichnet sind.

4 ◼ Mithilfe der transformierten Koordinaten untersuchen wir Neles Zeitreise genauer.
  a Erklären Sie, warum Ereignisse auf der x_0-Achse im Eigensystem gleichzeitig sind.
  b Bestätigen Sie, dass die Steigung der x_0-Achse $\frac{4}{5}$ beträgt und erläutern Sie dies in ▶ 2.
  c Begründen Sie, dass die gepunkteten Linien in ▶ 3B Ereignisse darstellen, die in Neles System gleichzeitig sind.
  d Zeigen Sie, dass aus Neles Sicht während der Wende bei Deike 6,6 a verstreichen.

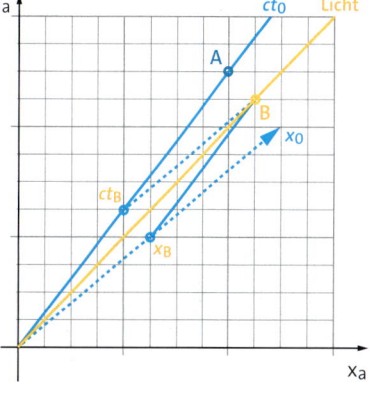

A1 Minkowski-Diagramm

Material B • Myonen

Myonen sind elektrisch geladene Teilchen, ihre Halbwertszeit ist 1,52 µs.

1 📝 In einem Beschleuniger wurden Myonen auf eine Endgeschwindigkeit v beschleunigt. In diesem Zustand wurde eine Halbwertszeit von 48,1 µs gemessen.
  a Erklären Sie das Messergebnis.
  b Ermitteln Sie die Geschwindigkeit v der Myonen im Beschleuniger.

2 ◼ Die auf die Atmosphäre treffende kosmische Strahlung erzeugt in einer Höhe von 10 km ständig Myonen.
  a Ermitteln Sie die Strecke, die diese während ihrer Halbwertszeit maximal in Richtung Erdoberfläche fliegen können.
  b Erörtern Sie, warum man aufgrund dieser Halbwertszeit am Erdboden eintreffende Myonen erwarten kann.
  c Tatsächlich erzeugen die kosmischen Strahlen Myonen mit hoher kinetischer Energie. Realistisch ist eine Geschwindigkeit von $0{,}9996 \cdot c$. Ermitteln Sie Halbwertszeit und durchflogene Strecke der Myonen.
  d In der Tat werden am Erdboden zahlreiche Myonen gemessen. Erläutern Sie, wie diese Teilchen den Erdboden erreichen.

Auf einen Blick

Kreisbewegung, Gravitation und physikalische Weltbilder

Gleichförmige Kreisbewegung	Bewegung eines Körpers mit konstanter Bahngeschwindigkeit auf einer Kreisbahn. Für eine Kreisbewegung muss eine zum Mittelpunkt gerichtete Zentripetalkraft auf den Körper wirken: $$F_Z = \frac{m \cdot v^2}{r}$$ Für Bahngeschwindigkeit v und Winkelgeschwindigkeit ω gelten die Beziehungen: $$v = \frac{2 \cdot \pi \cdot r}{T} = 2 \cdot \pi \cdot r \cdot f \qquad T - \text{Umlaufzeit}; f - \text{Frequenz}\left(f = \frac{1}{T}\right)$$ $$\omega = \frac{\Delta\varphi}{\Delta t} \qquad \Delta\varphi - \text{Änderung des Drehwinkels}$$
Keplersche Gesetze	1. Die Planeten unseres Sonnensystems bewegen sich auf elliptischen Umlaufbahnen um die Sonne, wobei sich diese in einem Brennpunkt der Ellipsen befindet. 2. Der Fahrstrahl zwischen Sonne und Planet überstreicht in gleichen Zeiten jeweils gleiche Flächen: $\frac{\Delta A}{\Delta t}$ = const. 3. Für das Verhältnis der Umlaufzeiten und Längen der großen Halbachsen zweier Planetenbahnen gilt stets: $$\left(\frac{T_1}{T_2}\right)^2 = \left(\frac{a_1}{a_2}\right)^3 \text{ bzw. } \frac{T_1^2}{a_1^3} = \text{const.}$$
Gravitationsgesetz	Zwei Massen ziehen sich aufgrund der Gravitation gegenseitig an: $$F_G = G \cdot \frac{m_1 \cdot m_2}{r^2}.$$
Gravitationsfeld	Eine Masse erzeugt im Raum um sich herum ein Gravitationsfeld. Der Ortsfaktor g beschreibt dabei die lokale Stärke des Gravitationsfeldes, die Gravitationsfeldstärke. Im Gegensatz zur Vorstellung der Gravitationskraft als Fernkraft, ist das im Raum erzeugte Feld das Medium der Kraftübertragung. Gravitationsfeldstärke: $g = \frac{F_G}{m} = G \cdot \frac{M}{r^2}$; M – felderzeugende Zentralmasse
Spezielle Relativitätstheorie	**1. Relativitätsprinzip:** In allen Inertialsystemen gelten alle physikalischen Gesetze in gleicher Form, z. B. treten keine zusätzlichen Kräfte auf, wenn man von einem Inertialsystem in ein anderes wechselt, um eine Bewegung zu beschreiben. **2. Prinzip von der Unabhängigkeit der Lichtgeschwindigkeit:** In allen Inertialsystemen wird die Vakuum-Lichtgeschwindigkeit gleich gemessen. Sie stellt eine universelle Naturkonstante dar. Aus diesen zwei Postulaten folgt, dass kein Objekt schneller als das Licht sein kann sowie weder Raum noch Zeit absolut sind.

Folgen der Relativitätstheorie		
	Relativität der Gleichzeitigkeit	Zwei Ereignisse, die in einem Inertialsystem gleichzeitig stattfinden, finden in einem relativ dazu bewegten Inertialsystem nicht gleichzeitig statt.
	Zeitdilatation	Die zwischen zwei Ereignissen verstreichende Zeit hängt vom Inertialsystem ab und ist im (ruhenden) Eigensystem am kürzesten. Dieses Phänomen heißt Zeitdilatation. Die Zeit Δt_a im relativ dazu bewegten Außensystem ist um den Lorentz-Faktor größer als die entsprechende Eigenzeit Δt: $$\Delta t_a = \Delta t \cdot \frac{1}{\sqrt{1 - \frac{v^2}{c^2}}}$$
	Längenkontraktion	Bewegt sich ein Eigensystem mit einer Geschwindigkeit v entlang einer Strecke $\Delta x = v \cdot \Delta t$, so ist der Messwert Δx kleiner als der entsprechende Wert Δx_a im Außensystem. Für diese Längenkontraktion gilt: $$\Delta x_a = \Delta x \cdot \sqrt{1 - \frac{v^2}{c^2}}$$

Check-up

Kreisbewegung, Gravitation und physikalische Weltbilder

Übungsaufgaben

1 ☐ Vergleichen Sie die geradlinig gleichförmige Bewegung mit einer gleichförmigen Kreisbewegung. Fertigen Sie eine Tabelle mit den relevanten Größen zur Beschreibung an und erläutern Sie die Zusammenhänge.

2 ◪ Beschreiben und begründen Sie die Veränderung der Zentripetalkraft, wenn …
 a bei unverändertem Radius die Bahngeschwindigkeit verdoppelt wird.
 b der Kreisradius bei konstanter Bahngeschwindigkeit halbiert wird.
 c der Kreisradius bei konstanter Winkelgeschwindigkeit halbiert wird.
 d Bahnradius und Winkelgeschwindigkeit halbiert werden.

3 ◪ Die Bewegung von Planeten, z. B. der Venus, werden von der Erde aus als Schleifenbahnen wahrgenommen.
 a Erläutern Sie das Entstehen dieser Bewegungsform.
 b Beschreiben Sie die Bedeutung dieser Beobachtung für die Entwicklung des heliozentrischen Weltbilds.

4 ◪ In einem Gedankenexperiment wird ein Ball am Äquator von der Erdoberfläche so schnell waagerecht abgeworfen, dass er die Erde in einer stabilen Kreisbahn umrundet. Die Luftreibung wird dabei vernachlässigt. Berechnen Sie für die jeweilige Flugrichtung die Abwurfgeschwindigkeit (r_E = 6371 km, m_E = 5,97 · 10^{24}).
 a Abwurf in Nordrichtung
 b Abwurf in Ostrichtung
 c Abwurf in Westrichtung
 d Erläutern Sie, warum die Abwurfrichtung einen Einfluss auf die Abwurfgeschwindigkeit hat.

5 ■ Die Europäische Weltraumagentur (ESA) hat ihren Weltraumbahnhof in Südamerika (Französisch-Guayana) bei 5° nördlicher Breite. Zum Vergleich Sizilien im Süden Europas liegt etwa bei 34° nördlicher Breite. Begründen Sie die günstige Lage des Weltraumbahnhofs. Nutzen Sie gegebenenfalls Ihre Erkenntnisse aus Aufgabe 4.

6 Ein Kommunikationssatellit aus dem Starlink-Netzwerk hat eine Masse von 227 kg und umrundet die Erde in etwa 550 km Höhe (r_E = 6371 km, m_E = 5,97 · 10^{24}).
 a ☐ Berechnen Sie die Gravitationskraft zwischen Erde und Satellit.
 b ◪ Erklären Sie, dass die Gravitationskraft auch in dieser Höhe nicht null ist.
 c ◪ Bestimmen Sie die Umlaufzeit des Satelliten für eine Kreisbahn in 550 km Höhe.

7 Für eine interstellare Mission ist eine Rakete mit 0,8 c zum nächstgelegenen Stern Alpha Centauri unterwegs (Entfernung: 4,3 Lichtjahre). Nach Ankunft im Sternensystem schickt die Crew ein Radiosignal, das sich mit Lichtgeschwindigkeit ausbreitet, zur Erde.
 a ☐ Berechnen Sie, wann die Bodenstation auf der Erde nach dem Start der Rakete mit dem Signal rechnen kann. Zur Vereinfachung vernachlässigen Sie die Beschleunigung der Rakete. Sie fliegt direkt mit ihrer Endgeschwindigkeit.
 b ◪ Für die Hinreise nimmt die Crew Proviant für etwa 3,5 a mit. Zeigen Sie rechnerisch, dass diese Menge ausreicht, und erläutern Sie das Ergebnis ihrer Rechnung.

Mithilfe des Kapitels können Sie:	Aufgabe	Hilfe
✓ Kreisbewegungen mithilfe charakteristischer Größen beschreiben und die Abhängigkeit der Zentripetalkraft von diesen Größen erläutern.	1, 2, 4	S. 92–95
✓ die Abhängigkeiten der Massenanziehungskraft zweier Körper mithilfe des Gravitationsgesetzes von Newton erläutern.	4, 5, 6	S. 108–111
✓ die Entwicklung verschiedener Weltbilder zur Beschreibung von Bewegung der Himmelskörper aufgrund astronomischer Beobachtungen beschreiben.	3	S. 102–103
✓ das Relativitätsprinzip für Bewegungen erläutern und daran die Bedeutung von Bezugssystemen erkennen.	7a	S. 120–122
✓ die grundlegenden Prinzipien der speziellen Relativitätstheorie (Invarianz der Vakuum-Lichtgeschwindigkeit, Zeitdilation, Längenkontraktion) erläutern.	7b	S. 124–126

▶ Die Lösungen zu den Übungsaufgaben finden Sie im Anhang.

Klausurtraining

Musteraufgabe mit Lösung

Aufgabe • Geostationärer Satellit

Das Europäische Daten-Relais-System EDRS betreibt mehrere Satelliten in je einem geostationären Orbit (GEO). Das System ermöglicht einen dauerhaften Datenaustausch von erdnahen Satelliten untereinander und mit der Erde. Hierzu wurde am 6. 8. 2019 der Satellit EDRS-C mit der Masse 3,2 t von einer Ariane-5-Trägerrakete innerhalb von 29 min ins Perigäum eines geostationären Transferorbits gebracht (GTO). Das ist eine Umlaufbahn mit einem Perigäum von etwa 600 km Höhe und einem Apogäum von 35 858 km Höhe (Hohmann-Orbit).

a Erläutern Sie anhand eines Satelliten aus dem EDRS Newtons Gravitationsgesetz. Nutzen Sie dabei auch das Konzept des Gravitationsfeldes für Ihre Erläuterung.
b Nennen Sie die wesentlichen Merkmale eines geostationären Orbits (GEO).
c Begründen Sie den Vorteil eines GEOs gegenüber anderen Umlaufbahnen für die Kommunikation mit einer Bodenstation auf der Erde.
d Leiten Sie den Radius und die Flughöhe eines GEOs her (Erdradius am Äquator: r_E = 6378 km).
e Vergleichen Sie den geostationären Transferorbit (GTO) mit seiner endgültigen Umlaufbahn auf einem geostationären Orbit (GEO). Berücksichtigen Sie auch energetische Unterschiede der beiden Umlaufbahnen.

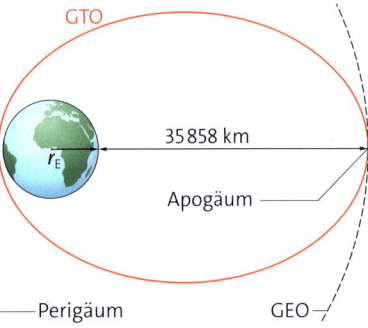

f Ermitteln Sie die große Halbachse des obigen GTOs.
g Berechnen Sie für den GTO die Umlaufdauer und die Flugdauer, nach welcher der Satellit erstmals die Flughöhe des GEOs erreicht.
h Um vom Transferorbit in den geostationären Orbit zu wechseln, wird am Apogäum des GTOs der Satellit mit einem Triebwerk beschleunigt. Begründen Sie diese Maßnahme (Hohmann-Transfer).

Lösung

a Die Erde erzeugt aufgrund ihrer Masse um sich herum ein Gravitationsfeld, das die Gravitationskraft zwischen Erde und Satellit vermittelt. Die Stärke des Gravitationsfelds nimmt dabei mit dem Abstand zum Erdmittelpunkt ab ($\sim r^{-2}$). Die Gravitationskraft wird dabei nach dem von Newton formulierten Gravitationsgesetz berechnet: Masse der Erde m_E, Masse des Satelliten m_S, Abstand zwischen den beiden Massenschwerpunkten r. Beide ziehen sich aufgrund des Wechselwirkungsprinzips mit $F_G = G \cdot \frac{m_S \cdot m_E}{r^2}$ an. Die Richtung der Kraft ist parallel zur Verbindungsstrecke.

b Bei einem geostationären Orbit beträgt die Umlaufdauer T = 24 h und die Umlaufbahn entspricht einer Kreisbahn (Exzentrizität ε = 0).

c Durch den geostationären Orbit steht der Satellit immer über der gleichen Stelle der Erdoberfläche, Satellitenschüsseln können konstant ausgerichtet werden. Bei einem erdnahen Orbit (Umlaufzeit etwa 1,5 h) kann ein Satellit nur für eine kurze Zeitspanne mit der Bodenstation kommunizieren.

d Für einen GEO mit Kreisbahn gilt, dass die Zentripetalkraft der Gravitationskraft ($F_G = F_Z$) entspricht:

$$G \cdot \frac{m_E \cdot m_S}{r^2} = m_S \cdot \omega^2 \cdot r$$

$$\Rightarrow r = \sqrt[3]{\frac{G \cdot m_E \cdot T^2}{4\pi^2}} = 42\,236 \text{ km}$$

Höhe:
h = 42 236 km – r_E = 35 858 km.

e GTO und GEO sind stabile Umlaufbahnen um die Erde. Beim GTO ist die Form eine starke Ellipse. GTO und GEO berühren sich am Apogäum des GTOs. Ein Satellit hat auf dem GTO eine geringere Energie als auf dem GEO.

f Der Abstand zwischen Apogäum und Perigäum entspricht der doppelten großen Halbachse (2a):

$a = \frac{600 \text{ km} + 2 \cdot 6378 \text{ km} + 35\,858 \text{ km}}{2}$
= 49 214 km

g Keplers 3. Gesetz: $\frac{T_{GTO}^2}{a_{GTO}^3} = \frac{T_{GEO}^2}{r_{GEO}^3}$.
$\Rightarrow T$ = 10 h 40 min
Der Satellit ist also nach 5 h 49 min erstmals auf seiner Flughöhe.

h Am Apogäum haben GEO und GTO einen gemeinsamen Punkt, aber nach dem ersten Keplerschen Gesetz (Flächensatz) ist die Geschwindigkeit des Satelliten am Apogäum der GTA am geringsten. Um die für die Kreisbahn notwendige Bahngeschwindigkeit zu erreichen, muss dieser beschleunigt werden.

Übungsaufgaben mit Hinweisen

Aufgabe 1 • Gewichtskraft und Gravitation

Bei Fallbewegungen wie dem freien Fall oder Schwingungsvorgängen wie beim Fadenpendel nutzt man in den Berechnungen die Formel für die Gewichtskraft: $F_g = m \cdot g$. Wie das Gravitationsgesetz beschreibt es die Kraft, die ein Körper aufgrund der Massenanziehung zwischen der Erde und dem Köper erfährt. Die Gleichung für die Gewichtskraft F_g ist dabei nur eine Näherung der Gravitationskraft für die Erdoberfläche der Erde (r_E = 6371 km, m_E = 5,972 · 10^{24} kg).

a Zeigen Sie, dass die Formel der Gewichtskraft nur ein Spezialfall der Gravitationskraft ist. Ordnen Sie die Größe Ortsfaktor (Fallbeschleunigung) einer passenden Größe im Gravitationsfeld zu und begründen Sie kurz Ihre Wahl.

b Erläutern Sie anhand ihres Ergebnisses bzw. den Gleichungen für die Gewichts- und Gravitationskraft die wesentliche Annahme, die bei der Nutzung der Gewichtskraft gemacht wird.

c Zeigen Sie durch eine Rechnung, bis zu welcher Höhe die Abweichung vom Gravitationsgesetz kleiner als zwei Prozent ist. Berechnen Sie auch die Abweichung für eine Höhe von 26 km (Höhenrekord für ein Düsenflugzeug).

d Beurteilen Sie anhand Ihrer Ergebnisse aus Teilaufgabe c die Näherung für die Gewichtskraft und ihrer Gültigkeit für Berechnungen auf der Erde.

Aufgabe 2 • Maryland-Experiment

Für viele technische Anwendungen wie der satellitengestützten Navigation (GPS) benötigt man hochpräzise Atomuhren, deren Zählwerk bestimmte Schwingungszustände von Atomen sind. Sie sind so genau, dass sie nicht nur Messungen von Zeitspannen im Nanosekundenbereich ermöglichen, sondern in einer Million Jahren nicht mal eine Sekunde nachgehen. Mithilfe von Atomuhren konnte so auch die Gültigkeit der Relativitätstheorie getestet werden. Hierzu absolvierte ein Flugzeug mit einer Atomuhr an Bord in den Jahren 1975/76 Flüge von je 15 h Dauer in einer mittleren Höhe von h = 9,144 km mit einer Geschwindigkeit von v = 500 $\frac{km}{h}$.
Bei der Landung zeigte die Uhr an Bord des Flugzeugs eine längere Flugdauer an als eine Referenzuhr am Boden.

a Erläutern Sie anhand des Gangunterschieds zwischen den beiden Atomuhren die spezielle Relativitätstheorie.

b Berechnen Sie den Lorentzfaktor und geben Sie die daraus entstehende Zeitdilatation für den Flug an.

c Begründen Sie die Notwendigkeit die relativistischen Effekte bei der Satellitennavigation zu berücksichtigen.

Hinweise

Aufgabe 1

a Zum Beleg wird die Gravitationskraft für einen Körper, z. B. mit m = 1 kg, auf der Erdoberfläche bestimmt und mit dem Wert der Gewichtskraft verglichen:

$F_G = G \cdot \frac{m \cdot m_E}{r_E^2} = 9{,}820$ N

$\approx F_g = m \cdot g = 9{,}81$ N.

Ein Vergleich beider Formeln zeigt:
$g = G \cdot \frac{m_E}{r_E^2}$.

Der Ortsfaktor entspricht also der Gravitationsfeldstärke des Gravitationsfeldes der Erde auf seiner Oberfläche.

b Die Annahme lautet, dass die Gewichtskraft ortsunabhängig ist (insbesondere unabhängig vom Abstand zum Erdmittelpunkt).

c Ansatz: $0{,}98\, g(r_E) = g(r)$.

$0{,}98 \cdot G \cdot \frac{m_E}{r_E^2} = G \cdot \frac{m_E}{r^2}$

$r = r_E \frac{\sqrt{0{,}98}}{0{,}98} \approx 6436$ km; $h \approx 65$ km

$g(r_E + 26\text{ km}) \approx 9{,}740\, \frac{m}{s^2}$ entspricht ungefähr 99,2 % von $9{,}810\, \frac{m}{s^2}$.

d Für viele Rechnungen reicht die Näherung vollkommen aus.

Aufgabe 2

a Nach der speziellen Relativitätstheorie sind Raum und Zeit nicht absolut. Im bewegten Bezugssystem gehen Uhren deshalb langsamer.

b $\gamma = \frac{1}{\sqrt{1 - \frac{v^2}{c^2}}} = 1 + 1{,}07 \cdot 10^{-13}$

Δt_a = 15 h = 54 000 s

$\Delta t = \frac{\Delta t_a}{\gamma} = \Delta t_a - 5{,}79$ ns

$\Delta t_a - \Delta t = 5{,}79$ ns

Die Zeitdilatation beträgt 5,79 ns. Hinweis: Im Experiment wurde ein Zeitunterschied von etwa 47 ns aufgrund zusätzlicher relativistischer Effekte (ART) gemessen.

c Navigationssatelliten fliegen höher und länger als das Flugzeug. Ohne eine Korrektur würde das GPS mit der Zeit immer ungenauer.

Klausurtraining

Training I • Gravitation und Kreisbewegung

Aufgabe 1 • Internationale Raumstation

Die Internationale Raumstation (kurz ISS) ist eine seit dem Jahr 2000 dauerhaft betriebene Einrichtung im Weltall. Sie befindet sich in einer Höhe von etwa 400 km Höhe auf einer niedrigen Umlaufbahn um die Erde. Durch ihre Lage im Weltall können auf ihr Experimente und Studien unter Bedingungen durchgeführt werden, die auf der Erde nicht hergestellt werden können.

Vom 6. Juni bis zum 20. Dezember 2018 befand sich der deutsche Astronaut Alexander Gerst in einer Langzeitmission für 196 Tage in „Schwerelosigkeit" auf der ISS. Neben den Herausforderungen, die eine Schwerelosigkeit für z. B. die Aufnahme von Getränken oder die Benutzung der Toilette hat, passt sich der Körper in der Schwerelosigkeit an, z. B. schwinden seine Muskeln und es kann sogar zum Abbau von Knochensubstanz kommen.

M1 Internationale Raumstation (ISS) vor der Erde

a Die Umlaufbahn der ISS kann als kreisförmig angenommen werden. Berechnen Sie aus der angegebenen Flughöhe die Umlaufzeit und die Bahngeschwindigkeit der Raumstation.

b Ermitteln Sie die Zentripetalbeschleunigung, die notwendig ist, um die ISS auf ihrer Kreisbahn zu halten.

c Vergleichen Sie den Wert mit der Zentripetalbeschleunigung, die ein Wassertropfen auf der Innenseite einer Waschtrommel (d = 50 cm) im Schleudergang mit 1000 Umdrehungen pro Minute erfährt.

d Ein Astronaut wie Alexander Gerst wiegt etwa 85 kg. Berechnen Sie wie stark die Gravitationskraft ist, die auf den Astronauten in der ISS wirkt.

e Erklären Sie dieses scheinbar widersprüchliche Ergebnis, obwohl sich ein Astronaut doch in der Raumstation „schwerelos" fühlt.

f Erklären Sie, warum eine Waage auf der ISS nicht funktionieren kann. Entwickeln Sie eine Möglichkeit, wie die Astronauten dennoch ihr Gewicht kontrollieren könnten. Erläutern Sie auf welchem physikalischen Prinzip Ihre Idee basiert.

Aufgabe 2 • Weltraumstation am abarischen Punkt

Ein sogenannter abarischer Punkt ist ein Ort, z. B. zwischen Erde und Mond, an dem sich die Gravitationskräfte der beiden Himmelskörper auf ein Objekt der Masse m_A gegenseitig aufheben. Er wird als mögliche Position für eine Weltraumstation diskutiert.

Die Masse der Erde beträgt m_E = 5,972 · 10^{24} kg, die des Mondes m_M = 7,349 · 10^{22} kg. Für den Abstand von Erde und Mond können Sie mit d = 384 400 km rechnen.

a Fertigen Sie eine Skizze der beschriebenen physikalischen Situation an. Zeichnen Sie in diese Skizze die an das Objekt A angreifenden Gravitationskräfte ein. Markieren Sie zudem in der Skizze den Abstand zwischen Erdmittelpunkt und Mondmittelpunkt als Abstand d, den Abstand zwischen Erdmittelpunkt und abarischen Punkt als Strecke r_{EA} und den Abstand zwischen Mondmittelpunkt und abarischen Punkt als Strecke r_{MA}.

b Begründen Sie, dass der abarische Punkt nur auf der direkten Verbindungslinie der beiden Mittelpunkte von Erde und Mond liegen kann. Zeichnen Sie hierzu die (gleichgroßen) angreifenden Gravitationskräfte von Erde und Mond an ein Objekt, das sich nicht auf dieser Verbindungslinie befindet.

c Stellen Sie eine Hypothese auf, was mit einem solchen Objekt passiert, das sich etwas außerhalb dieser Verbindungslinie befindet.

d Berechnen Sie den Abstand r_{EA} des abarischen Punktes vom Erdmittelpunkt.
Hinweis: Um den Abstand r_{EA} zu berechnen, müssen Sie die Abstand r_{MA} mithilfe der Entfernung d ersetzen.

e Begründen Sie, warum die Masse m_A des Objekts für die Ermittlung des abarischen Punkts nicht bekannt sein muss.

Training II • Kreisbewegungen

Aufgabe 1 • Drehrestaurant

Ein Wahrzeichen Berlins ist sicherlich der 368 m hohe Fernsehturm, von dessen Aussichtsplattform man bei gutem Wetter Berlin und sein Umland überblicken kann.
In der Turmkugel befindet sich auch ein sogenanntes Drehrestaurant. Das Drehrestaurant befindet sich in fast 208 m Höhe und hat einen Durchmesser von 29 m. Nur der äußere Teil, der aus einem 4,5 m breiten Ring besteht, ist dabei drehbar, während der innere Teil feststehend ist. Innerhalb von 60 min können Restaurantgäste das komplette Panorama Berlins genießen, ohne sich selbst bewegen zu müssen.

a Fertigen Sie eine Skizze des Drehrestaurants, in der Sie die für die Drehbewegung relevanten Größen mit einzeichnen.

b Charakterisieren Sie die Bewegung des Drehrestaurants. Geben Sie die Drehfrequenz und die Winkelgeschwindigkeit an.

c Berechnen Sie jeweils die Bahngeschwindigkeit eines Punkts, der sich auf dem äußeren bzw. inneren Rand des drehbaren Rings befindet. Erläutern Sie, was ein Gast spürt, wenn er vom inneren Teil auf den Ring steigt und sich zum äußeren Rand bewegt.

d Das Drehrestaurant kann so betrieben werden, dass es sich innerhalb von 30 min vollständig um die eigene Achse dreht. Geben Sie an, wie sich jeweils die Winkelgeschwindigkeit, die Bahngeschwindigkeit und die Zentripetalkraft eines Punkts auf dem Ring verändert, wenn das Restaurant nur noch 30 min für eine Drehung benötigt.

Aufgabe 2 • Kugel am Faden

Eine Metallkugel (m = 100 g) wird an einem Faden so herumgeschleudert, dass die Metallkugel eine gleichförmige Kreisbewegung ausführt. Dabei wurden die in der Tabelle erfassten Messwerte aufgenommen.

a Geben Sie für die drei Messungen jeweils die Drehfrequenz, Umlaufzeit und Bahngeschwindigkeit der Metallkugel sowie die auf die Kugel wirkende Zentripetalkraft an.

b Erläutern Sie, warum man an den Fingern, mit denen man den Faden hält, beim Herumschleudern eine Kraft spürt. Begründen Sie, in welche Richtung diese Kraft zeigt.

Der Hersteller des Fadens gibt eine Reißfestigkeit von 5 kg an.

c Interpretieren Sie diese Angabe. Geben Sie die Reißfestigkeit in Newton an.

d Berechnen Sie die maximale Drehfrequenz der Kugel bei einer Fadenlänge von 20 cm, bis der Faden reißt.

e Erläutern Sie, welche Bewegung die Kugel ausführt, wenn der Faden reißt.

Umdrehungen n	5	5	5
Zeit t in s	7,56	3,84	4,29
Fadenlänge l in cm	20	15	10

M2 Messwerte

Aufgabe 3 • Umlaufbahn der Erde

Der Planet Erde umrundet die Sonne auf einer fast kreisförmigen Bahn in einem mittleren Abstand von etwa 149,6 Millionen Kilometern.

a Berechnen Sie aus den Angaben die mittlere Bahngeschwindigkeit der Erde auf seiner Umlaufbahn. Geben Sie an, welche Distanz Sie in Ihrem bisherigen Leben aufgrund dieser Bahngeschwindigkeit zurückgelegt haben.

b Berechnen Sie die mittlere Zentripetalbeschleunigung dieser Kreisbewegung. Interpretieren Sie das Ergebnis.

c Leiten Sie mithilfe des 2. Keplerschen Gesetz (Flächensatz) die Bahngeschwindigkeit der Erde im Perihel (147,1 Mio. km) und Aphel (152,1 Mio. km) her. Geben Sie die jeweilige Bahngeschwindigkeit an.

d Berechnen Sie die Zeitdilatation, die im Vergleich zu einem im Sonnensystem ruhenden Beobachter innerhalb eines Menschenlebens auftritt (80 Jahre).

Lösungen der Check-up-Aufgaben

Grundlagen der Mechanik (Seite 84-85)

1 a *t-s*-Diagramm

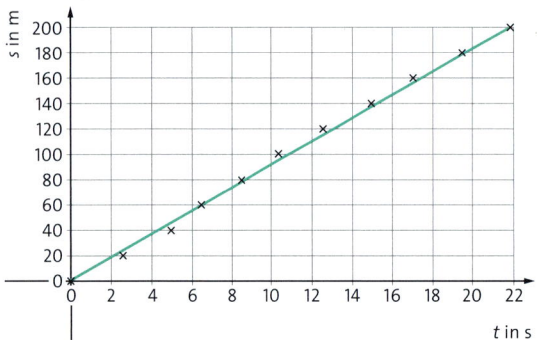

b Durchschnittsgeschwindigkeit
gegeben: $\Delta s = 200$ m
$\Delta t = 21{,}9$ s
gesucht: $\bar{v}$
Lösung: $\bar{v} = \frac{\Delta s}{\Delta t} = \frac{200\,\text{m}}{21{,}9\,\text{s}} = 9{,}13\,\frac{\text{m}}{\text{s}} = 32{,}9\,\frac{\text{km}}{\text{h}}$

Antwort: Die Durchschnittsgeschwindigkeit auf der gesamten Strecke von 200 m beträgt 32,9 $\frac{\text{km}}{\text{h}}$.

c *t-v*-Diagramm

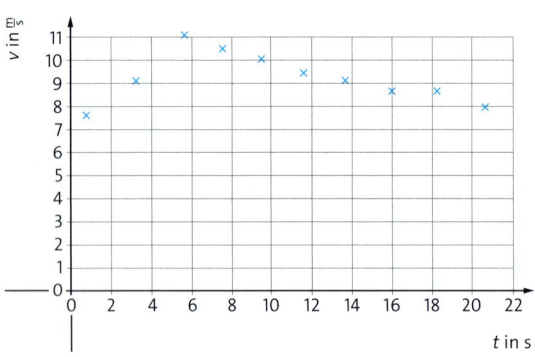

Die größte Durchschnittsgeschwindigkeit liegt zwischen 40 m und 60 m.

2 a Die Beobachtung lässt sich mit dem freien Fall erklären. Auf der Erde ist der freie Fall eine idealisierte Fallbewegung, bei der die Luftreibung vernachlässigt wird. Der Mond jedoch besitzt keine Atmosphäre, sodass dort auch keine Luftreibung existiert, d. h. Hammer und Feder fallen hier im Vakuum. Da die Fallgeschwindigkeit unabhängig von der Masse eines Körpers ist, fallen Hammer und Feder auf dem Mond gleich schnell. Auf der Erde würde der Fall durch die Luftreibung abgebremst werden, wobei die Feder eine größere Reibung erfährt und dadurch später als der Hammer auf dem Boden aufkommen würde.

b Fallbeschleunigung auf dem Mond
gegeben: $h_0 = 1{,}20$ m
$t = 1{,}2$ s
gesucht: g_{Mond}
Lösung:
$h_0 = \frac{g_{\text{Mond}}}{2} \cdot t^2 \Rightarrow g_{\text{Mond}} = \frac{2 \cdot h_0}{t^2}$
$g_{\text{Mond}} = \frac{2 \cdot 1{,}2\,\text{m}}{(1{,}2\,\text{s})^2} = 1{,}67\,\frac{\text{m}}{\text{s}^2}$

Antwort: Die Fallbeschleunigung auf dem Mond beträgt 1,67 $\frac{\text{m}}{\text{s}^2}$.

Bewegungsgleichung: $h(t) = h_0 - \frac{g_{\text{Mond}}}{2} \cdot t^2 = 1{,}2\,\text{m} - \frac{1{,}67\,\frac{\text{m}}{\text{s}^2}}{2} \cdot t^2$

t in s	0,0	0,2	0,4	0,6	0,8	1,0	1,2
h in m	1,20	1,17	1,07	0,90	0,67	0,37	0,0

3 a *t-s*-Diagramm

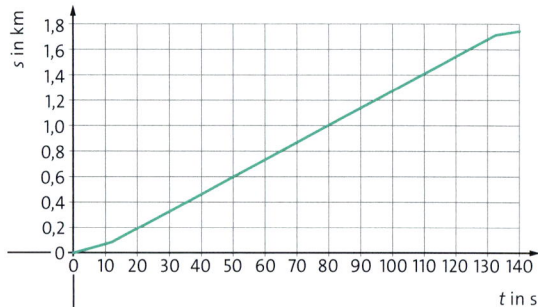

t-v-Diagramm

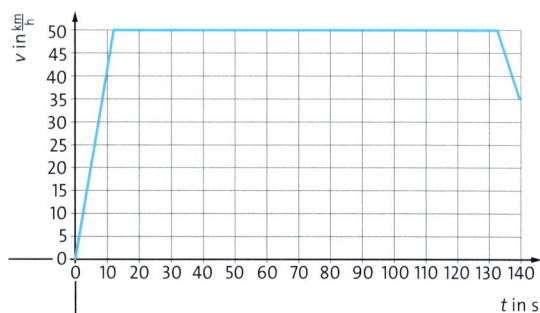

t-a-Diagramm

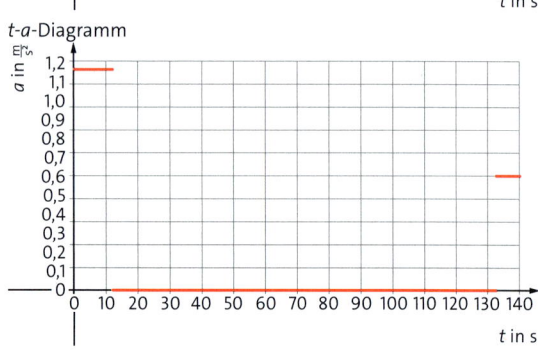

b Die Gesamtstrecke kann mithilfe der Fläche unter der Kurve im *t-v*-Diagramm ermittelt werden. Der Flächeninhalt setzt sich aus zwei rechtwinkligen Dreiecken ($A = 0{,}5 \cdot \Delta v \cdot \Delta t$) und einem Rechteck ($A = \Delta v \cdot \Delta t$) zusammen. Daraus ergibt sich eine Gesamtstrecke von rund 1,76 km.

4 a Gegeben: $t = 0{,}004$ s
Damit ist $s(t = 0{,}004\,\text{s}) = 0{,}151646645$ m

Δt in s	$t + \Delta t$ in s	$s(t + \Delta t)$ in m	Δs in m
0,004	0,008	0,514599761	0,362953116
0,001	0,005	0,229848847	0,078202202
0,0001	0,0041	0,158889396	0,007242751
0,00001	0,00401	0,152364698	0,000718052
0,000001	0,004001	0,151718388	0,000071742
0,0000001	0,0040001	0,151653819	0,000071736

b Momentane Geschwindigkeit

Δt in s	$\bar{v}$ in $\frac{m}{s}$	v in $\frac{m}{s}$
0,004	90,73827896	71,73
0,001	78,20220174	71,73
0,0001	72,42751030	71,73
0,00001	71,80523191	71,73
0,000001	71,74257568	71,73
0,0000001	71,73630579	71,73

c Die mittlere Geschwindigkeit nähert sich für immer kleinere Zeitintervalle Δt regelmäßig und ohne abrupte Besonderheiten immer mehr einem Wert an. Dieser Wert wird ergänzt. Man sagt dazu, dieser Wert wird stetig ergänzt.

5 Aufstellen des Differenzenquotienten:

$$v(0{,}5\,s) = \frac{\Delta s}{\Delta t} = \frac{s(0{,}5\,s + \Delta t) - s(0{,}5\,s)}{\Delta t} = \frac{2\frac{m}{s^2} \cdot (0{,}5\,s + \Delta t)^2 - 2\frac{m}{s^2} \cdot (0{,}5\,s)^2}{\Delta t}$$

$$= \frac{2\frac{m}{s^2} \cdot (0{,}25\,s^2 + 1\,s \cdot \Delta t + \Delta t^2) - 2\frac{m}{s^2} \cdot 0{,}25\,s^2}{\Delta t} = 2\frac{m}{s} + 2\frac{m}{s^2} \cdot \Delta t$$

Um die momentane Geschwindigkeit zu bestimmen, kann Δt = 0 gewählt werden, da Δt nicht mehr im Nenner steht.
$v(0{,}5\,s) = 2\frac{m}{s}$
Antwort: Die Geschwindigkeit zu t = 0,5 s beträgt $2\frac{m}{s}$.

6 a Die Bahnkurve des Wasserstrahls entspricht einem nach unten geöffneten Parabelast und folgt somit den Bewegungsgesetzen des waagerechten Wurfs.

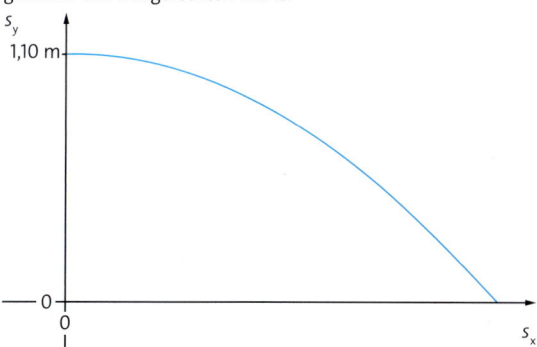

b Geschwindigkeit des Wassers
gegeben: $h_0 = 1{,}10\,m$
$s_x = 3{,}30\,m$

gesucht: v_0
Lösung: Mithilfe der Wurfparabel für $s_y = 0$ m kann die Abwurfgeschwindigkeit direkt berechnet werden:

$$0 = h_0 - \frac{g}{2} \cdot \frac{s_x^2}{v_0^2} \Rightarrow v_0 = \sqrt{\frac{g}{2 \cdot h_0} \cdot s_x^2} = 6{,}97\,\frac{m}{s}$$

Antwort: Die Geschwindigkeit des Wassers beträgt $6{,}97\,\frac{m}{s}$.

7 a Mittlere Beschleunigung
gegeben: Δt = 3 s
$\Delta v = 100\,\frac{km}{h}$
gesucht: a
Lösung: $a = \frac{\Delta v}{\Delta t} = \frac{27{,}8\,\frac{m}{s}}{3\,s} = 9{,}3\,\frac{m}{s^2}$

Antwort: Die Beschleunigung eines Geparden ist etwa 1,2-mal höher als die eines Ferraris.
b Kraft zur Beschleunigung
Lösung: $F = m \cdot a = 50\,kg \cdot 9{,}3\,\frac{m}{s^2} = 465\,N$
Antwort: Die beschleunigende Kraft beträgt etwa 465 N.

8 Das unterschiedliche Verhalten beruht auf der Trägheit der Toilettenpapierrolle. Rollt man die Blätter langsam ab, wird die Kraft auf die Rolle übertragen und sie wird in Bewegung gesetzt. Zieht man hingegen schnell an den Blättern, überträgt sich die Zugkraft in der kurzen Zeit nicht auf die Rolle, sodass die Blätter abreißen.

9 a
gegeben: $s_A = 50\,m$ (Anhalteweg)
gesucht: v

Lösung: $s_A = s_R + s_B = \frac{3v}{10} + \left(\frac{v}{10}\right)^2$

Der Lösungsansatz hat die Form einer quadratischen Gleichung $ax^2 + bx + c = 0$ mit der Lösung:

$x_{1/2} = \frac{-b \pm \sqrt{b^2 - 4ac}}{2a}$, mit $a = \frac{1}{100}$, $b = \frac{3}{10}$, $c = -s_A = -50$, x = v folgt:

$v_{1/2} = \frac{-0{,}3 \pm \sqrt{(0{,}3)^2 + 2}}{0{,}02}$

$v_1 \approx 57\,\frac{km}{h}$

$v_2 \approx -87\,\frac{km}{h}$

Antwort: Da nur v_1 eine physikalisch sinnvolle Lösung darstellt, beträgt die Geschwindigkeit bei einem Anhalteweg von 50 m etwa $57\,\frac{km}{h}$.

b Die Begrenzung der Geschwindigkeit auf $50\,\frac{km}{h}$ ergibt nach den Faustformeln einen Anhalteweg von 40 m. Diese Vorschrift sorgt also nur bei einer Sichtweite von über 40 m für die Einhaltung der Faustformeln, bei Sichtweiten unter 40 m dagegen nicht.
c Die Faustregel „halber Tachostand" für den Sicherheitsabstand würde bei einer Sichtweite von 50 m eine Geschwindigkeit von $100\,\frac{km}{h}$ erlauben. Damit überschritte man aber die in der Straßenverkehrsordnung vorgeschriebene Höchstgeschwindigkeit von $50\,\frac{km}{h}$. Zudem ist der so eingehaltene Sicherheitsabstand von 50 m geringer als der Anhalteweg, berechnet nach den Faustformeln für Reaktionsweg und Bremsweg. Diese Formel bezieht sich aber auch nur auf den Reaktionsweg und dieser beträgt entsprechend der Faustformel bei $100\,\frac{km}{h}$ nur 30 m und liegt somit unter der Sichtweite von 50 m.

10 Je größer die Masse eines Fahrzeugs ist, desto geringer ist die Beschleunigung, wenn eine konstante Kraft ausgeübt wird bzw. je größer die Masse des Fahrzeugs ist, desto mehr Kraft muss aufgewendet werden, um die gleiche Beschleunigung zu erreichen.

11 a Das Gepäck ist hochgestapelt und nicht gesichert. Es kann während der Fahrt leicht im Auto umherfallen.
b Da die Flechtkiste nicht gesichert ist, würde sie bei einer Vollbremsung nach dem Trägheitsprinzip nach vorne geschleudert werden.
c Ein Sicherheitsgurt verhindert, dass man beim Bremsen aufgrund der Trägheit nach vorne geschleudert wird. Dazu besitzt der Gurt eine Stoppfunktion, die bei ruckartigen Bewegungen automatisch verhindert, dass der Gurt ausgerollt wird.

12 Die Aufprallenergie ergibt sich aus der kinetischen Energie des Pkws direkt vor dem Aufprall. Da das Fahrzeug vollständig zum Stillstand kommt, wurde diese Energie vollständig umgewandelt.

$E_{kin} = \frac{1}{2} \cdot m \cdot v^2 \Rightarrow v = \sqrt{\frac{2 \cdot E_{kin}}{m}} = \sqrt{\frac{2 \cdot 531000\,J}{1600\,kg}} = 25{,}8\,\frac{m}{s} = 92{,}7\,\frac{km}{h}$

13 a Oben am Startpunkt besitzt der Skater Höhenenergie gegenüber dem tiefsten Punkt (Nullniveau). Auf dem Weg nach unten wird Höhenenergie in kinetische Energie umgewandelt. Im tiefsten Punkt ist die Höhenenergie vollständig in kinetische Energie umgewandelt worden. Auf dem Weg nach oben kehrt sich der Vorgang um. Da die Gesamtenergie erhalten bleibt, erreicht der Skater (ohne Berücksichtigung der Reibung) maximal genau dieselbe Höhe wie zu Beginn.

b Geschwindigkeit des Skaters
gegeben: $h = 4{,}0\,\text{m}$
gesucht: v
Lösung: $E_{kin} = E_H$

$v = \sqrt{2 \cdot g \cdot h} = \sqrt{2 \cdot 9{,}81\,\tfrac{m}{s^2} \cdot 4{,}0\,\text{m}} = 8{,}9\,\tfrac{m}{s} = 31{,}9\,\tfrac{km}{h}$

Antwort: Die Geschwindigkeit des Skaters im tiefsten Punkt beträgt etwa $32\,\tfrac{km}{h}$

c Der Skater treibt die Bewegung durch Betätigung seiner Muskulatur an. Dabei wird die Energie seines Körpers in Bewegungsenergie umgewandelt. Im System muss also auch die Energie des Skaters berücksichtigt werden.

Kreisbewegung, Gravitation und physikalische Weltbilder (Seite 129)

1

gleichförmige Bewegung	gleichförmige Kreisbewegung	Zusammenhang
Strecke s	Winkel φ	$\Delta s = \Delta \varphi \cdot r$
Geschwindigkeit v	Winkelgeschwindigkeit ω	$v = \varphi \cdot \omega$
–	Umlaufzeit T; Frequenz f	$T = \tfrac{2\pi}{\omega}$ $f = 2\pi\omega$

Die gleichförmige Kreisbewegung kann durch den zurückgelegten Winkel und die dazugehörige Winkelgeschwindigkeit beschrieben werden. Diese Größen sind unabhängig vom Abstand des kreisenden Körpers vom Kreismittelpunkt. Berücksichtigt man diesen Abstand (Bahnradius r), ergeben sich die Zusammenhänge zur gleichförmigen Bewegung. Die zurückgelegte Strecke entspricht dann dem Kreisbogen und die Geschwindigkeit ist die Bahngeschwindigkeit auf dem entsprechenden Kreis. Bei der Kreisbewegung gibt es mit der Umlaufzeit T für eine vollständige Umkreisung eine besondere Zeitdauer. Für diese Größe gibt es keine Entsprechung, da bei einer geradlinigen Bewegung der Körper nicht mehr an seinen Ausgangspunkt zurückkehren kann.

2 Die Zentripetalkraft ist die Kraft, die notwendig ist, um einen Körper auf einer Kreisbahn zu halten. Sie ist proportional zur Masse des Körpers und zur Bahngeschwindigkeit des Körpers und entgegengesetzt zur Richtung der Bewegung.

$F_Z = m \cdot \tfrac{v^2}{r}$

a Wenn die Bahngeschwindigkeit verdoppelt wird, während der Radius unverändert bleibt, dann wird die Zentripetalkraft vervierfacht, da die Zentripetalkraft direkt proportional zum Quadrat der Bahngeschwindigkeit ist.
b Wenn der Radius einer Kreisbahn bei konstanter Bahngeschwindigkeit halbiert wird, dann wird die Zentripetalkraft verdoppelt. Das liegt daran, dass die Zentripetalkraft umgekehrt proportional zum Radius ist.
c Wenn der Radius der Kreisbahn bei konstanter Winkelgeschwindigkeit halbiert wird, dann halbiert sich auch die Zentripetalkraft, da Zentripetalkraft und Radius direkt proportional zueinander sind.
d Wenn sowohl der Radius als auch die Winkelgeschwindigkeit halbiert werden, dann verringert sich Zentripetalkraft auf ein Achtel des ursprünglichen Werts, da sie sowohl direkt proportional zum Radius als auch zum Quadrat der Winkelgeschwindigkeit ist.
e Wenn nur die Masse verdoppelt wird, dann wird die Zentripetalkraft ebenfalls verdoppelt, da die Zentripetalkraft direkt proportional zur Masse ist.

3 a Bei der Schleifenbewegung beobachtet man nicht nur, dass sich ein Planet in einer einfachen Bahn über den Himmel bewegt, sondern dass es Zeitpunkte gibt, in denen sich der Planet scheinbar rückwärts bewegt. Die Bahn hat dann die Form einer einfachen Schleife. Diese Schleifenbewegung entsteht durch die unterschiedlichen Positionen der Erde und der Planeten untereinander und die unterschiedlichen Umlaufzeiten der Planeten um die Sonne. Auf ihren Kreisbahnen können sich die Planeten so gegenseitig „überholen". Da wir von der Erde aus betrachtet die Eigenbewegung nicht als solche wahrnehmen, entsteht die Beobachtung einer Schleifenbewegung.
b Beim heliozentrischen Weltbild umkreisen alle Planeten die Sonne als Fixstern. Durch die unterschiedlichen Umlaufzeiten und Kreisbahnen der Planeten kann man die Entstehung der Schleifenbewegung einfach erklären. Im geozentrischen Weltbild, bei dem die Erde im Mittelpunkt des Universums steht und alle Himmelskörper diese umkreisen, kann es solche Schleifenbahnen nicht geben, da von der Erde aus betrachtet die Veränderung der Position eines Planeten entlang einer Geraden passieren müsste. Obwohl es Versuche gab, die Schleifenbahn im geozentrischen Weltbild durch komplizierte Modifikationen der Planetenbahnen zu erklären, konnten immer wieder neue Widersprüche diese Vorstellung nicht mehr aufrechterhalten.

4 a Für eine stabile Kreisbahn gilt, dass die dafür notwendige Zentripetalkraft gerade genauso groß ist, wie die auf den Ball wirkende Gravitationskraft. Für den Abwurf in Nordrichtung gilt dann:

$F_G = F_Z$

$G \cdot \tfrac{m_B \cdot m_E}{r_E^2} = \tfrac{m_B \cdot v^2}{r_E}$

$v = \sqrt{G \cdot \tfrac{m_E}{r_E}} = \sqrt{6{,}67 \cdot 10^{-11}\,\tfrac{m^3}{kg \cdot s^2} \cdot \tfrac{5{,}97 \cdot 10^{24}\,kg}{6371000\,m}} = 7910\,\tfrac{m}{s}$

b und **c** Für den Abwurf in Richtung Ost bzw. West muss die Geschwindigkeit der Erdrotation berücksichtigt werden:

$v_B = \tfrac{2\pi}{T} \cdot r_E = \tfrac{2\pi}{24 \cdot 60 \cdot 60\,s} \cdot 6371000\,m = 463\,\tfrac{m}{s}$.

In Ostrichtung kann diese von der Abwurfrichtung abgezogen werden, da sich die Erde von West nach Ost dreht. Für den Abwurf in Westrichtung muss diese Geschwindigkeit addiert werden:

Ost: $v_{Abwurf} = v - v_B = 7910\,\tfrac{m}{s} - 463\,\tfrac{m}{s} = 7447\,\tfrac{m}{s}$

West: $v_{Abwurf} = v + v_B = 7910\,\tfrac{m}{s} + 463\,\tfrac{m}{s} = 8373\,\tfrac{m}{s}$

d Die Erde dreht sich innerhalb von 24 h einmal um ihre eigene Achse. Diese Rotation verursacht eine Bahngeschwindigkeit auf der Erdoberfläche, die sich mit der Abwurfgeschwindigkeit zu einer gemeinsamen Geschwindigkeit überlagert (Superposition der Bewegung). Da die Erdrotation von West nach Ost verläuft, bestimmt die Abwurfrichtung die Art der Überlagerung. In z. B. Nordrichtung stehen Abwurfgeschwindigkeit und Bahngeschwindigkeit der Rotation senkrecht zueinander, sodass die Rotation keinen Beitrag zur Abwurfgeschwindigkeit liefert. In Ostrichtung zeigen beide Geschwindigkeiten in die gleiche Richtung, sodass sich die Beträge addieren. Da für eine stabile Kreisbahn unter den geforderten Bedingungen eine Geschwindigkeit von 7910 $\frac{m}{s}$ notwendig ist, muss die Abwurfgeschwindigkeit also um die Bahngeschwindigkeit verringert sein. Umgekehrt subtrahieren sich die Beträge in Westrichtung, sodass die Abwurfgeschwindigkeit um den Betrag der Bahngeschwindigkeit erhöht sein muss.

5 Die Erde dreht sich innerhalb von 24 h einmal um ihre eigene Achse. Diese Rotation verursacht eine Bahngeschwindigkeit auf der Erdoberfläche. Beim Raketenstart hat damit die Rakete schon eine Anfangsgeschwindigkeit (in Ostrichtung), die sich aufgrund der Superposition von Bewegungen zur Geschwindigkeit der Rakete addiert. Für eine stabile Kreisbahn um die Erde ist es nicht nur notwendig, die Rakete (mit ihrer Nutzlast) auf die richtige Höhe zu bringen, sondern sie benötigt auch eine (von der Höhe abhängige) Kreisbahngeschwindigkeit. Die Richtung dieser Kreisbahngeschwindigkeit liegt tangential an dieser an und zeigt damit genau in Richtung der Erdrotation, d. h., die Rotationsgeschwindigkeit der Erde kann genutzt werden, um die notwendige Kreisbahngeschwindigkeit aufzubauen. Obwohl für alle Punkte auf der Erde die Winkelgeschwindigkeit gleich ist ($\omega = \frac{2\pi}{24\,h}$), hängt die Bahngeschwindigkeit vom Breitengrad β ab.
Am Äquator ist diese am größten, nimmt noch Norden und Süden jeweils ab und ist an den Polen der Drehachse null: $v_B = \omega \cdot r_E \cdot \cos\beta$. Für die Lage eines Weltraumbahnhofs ist also die Nähe zum Äquator entscheidend, da die Bahngeschwindigkeit auf dem 34. Breitengrad nur rund 83 % von v_B entspricht (für 5° sind es über 99 %). Zusammenfassend bedeutet das, dass eine Rakete, die in Äquatornähe startet für die gleiche Nutzlast weniger Treibstoff benötigt, als eine Rakete, die z. B. auf 34° nördlicher Breite startet.

6 gegeben: $m_S = 227$ kg, $m_E = 5{,}97 \cdot 10^{24}$ kg; $r_E = 6371$ km; $h = 550$ km; $G = 6{,}67 \cdot 10^{-11} \frac{m^3}{kg \cdot s^2}$

a
gesucht: F_G
Lösung:
$F_G = G \frac{m_S \cdot m_E}{(r_E + h)^2} = 6{,}67 \cdot 10^{-11} \frac{m^3}{kg \cdot s^2} \cdot \frac{227\,kg \cdot 5{,}97 \cdot 10^{24}\,kg}{(6371000\,m + 550000\,m)^2}$
$= 1887$ N

Antwort: Die Gravitationskraft auf den Satelliten beträgt 1887 Newton.

b Die Erde erzeugt aufgrund ihrer Masse ein Gravitationsfeld, das die Anziehung zwischen dem Satelliten und der Erde vermittelt. Dieses Feld hat keine begrenzte Ausdehnung und wirkt deshalb auch in einer Höhe von 550 km. Vergleicht man die Gravitationskraft in dieser Höhe mit der auf der Erdoberfläche, unterscheiden sich beide um nicht einmal 15 %. Der Satellit stürzt deshalb nicht auf die Erde, weil er mit einer ausreichenden Geschwindigkeit um die Erde kreist.

c
gesucht: T
Lösung:
$F_G = F_Z$
$G \cdot \frac{m_S \cdot m_E}{r^2} = m_S \cdot \omega^2 \cdot r$
$G \cdot \frac{m_S \cdot m_E}{r^2} = m_S \cdot \left(\frac{2\pi}{T}\right)^2 \cdot r$
$T = 2\pi \cdot \sqrt{\frac{r^3}{m_E \cdot G}} = 2\pi \cdot \sqrt{\frac{(6921000\,m)^3}{5{,}97 \cdot 10^{24}\,kg \cdot 6{,}67 \cdot 10^{-11} \frac{m^3}{kg \cdot s^2}}} = 5733\,s$

Antwort: Die Umlaufzeit des Satelliten beträgt etwa 96 min.

7 a Die Zeitspanne setzt sich aus der Reisezeit der Rakete und der Laufzeit des Signals von Alpha Centauri zurück zur Erde zusammen. Für die Reisezeit gilt:
$\Delta t = \frac{\Delta s}{v_R} = \frac{4{,}3\,c \cdot a}{0{,}8\,c} \approx 5{,}4\,a$.

Die Laufzeit des Signals beträgt 4,3 a, da es sich mit Lichtgeschwindigkeit bewegt. Die Bodenstation kann also nach $t = 5{,}4\,a + 4{,}3\,a = 9{,}7\,a$ mit dem Signal rechnen.

b Im Bezugsystem der Rakete (Eigensystem) vergeht die Zeit langsamer. Es gilt:
$\Delta t_e = \Delta t \cdot \sqrt{1 - \frac{v^2}{c^2}} = 5{,}4\,a \cdot \sqrt{1 - \frac{(0{,}8c)^2}{c^2}} = 5{,}4\,a \cdot 0{,}6 \approx 3{,}2\,a$.

Der Proviant reicht aus, da die Hinreise aufgrund der Zeitdilatation für die Crew nur 3,2 a dauert. Das Phänomen der Zeitdilatation ist eine Folge der speziellen Relativitätstheorie. Da die Lichtgeschwindigkeit unabhängig vom Bezugsystem (Rakete oder Erde) mit c gemessen wird, verlaufen im bewegten Bezugsystem alle Vorgänge langsamer.

Physikalische Größen

Größe	Symbol	Einheit	Gleichung oder Definition
Amplitude	s_{max}	m (Meter)	Maximale Auslenkung
Arbeit	W	J	$W = \Delta\Phi \cdot m$
Auslenkung	s	m	$s(t) = s_{max} \cdot \sin(\omega t + \Delta\varphi)$
Beschleunigung	a	$\frac{m}{s^2}$	$a = \frac{\Delta v}{\Delta t}$ für $\Delta t \to 0$
Drehwinkel	φ	rad (Radiant)	Bogenlänge pro Radius
Drehzahl	n	$\frac{1}{s}$ (Anzahl Umdrehungen pro Sekunde)	$n = \frac{1}{T}$
Energie	E	$J = N \cdot m$ (Joule)	
Federkonstante	D, k	$\frac{N}{m}$	$D = \frac{F}{s}$
Fallbeschleunigung	g	$\frac{m}{s^2}$	$g = \frac{F_G}{m}$
Fläche, Flächeninhalt	A	m^2	
Frequenz	f	Hz (Hertz)	$f = \frac{1}{T}$
Geschwindigkeit	v	$\frac{m}{s}$	$v = \frac{\Delta s}{\Delta t}$ für $\Delta t \to 0$
Gewichtskraft	F_G	N (Newton)	$F_G = m \cdot g$
Gleitreibungskraft	F_{GR}	N	$F_{GR} = \mu_{GR} \cdot F_N$ (F_N = Normalkraft)
Gravitationskraft	F_G	N	$F_G = G \cdot \frac{m \cdot M}{r^2}$
Haftreibungskraft	F_{HR}	N	$F_{HR} = \mu_{HR} \cdot F_N$ (F_N = Normalkraft)
Gravitationsfeldstärke	g	$\frac{m}{s^2}$	$g = G \cdot \frac{M}{r^2}$
Höhenenergie	E_H	J	$E_H = m \cdot g \cdot h$
Impuls	P	$\frac{kg \cdot m}{s}$	$p = m \cdot v$
kinetische Energie	E_{kin}	J	$E_{kin} = \frac{1}{2} \cdot m \cdot v^2$
Kraft	F	N	$F = m \cdot a$
Kreisfrequenz	ω	$\frac{rad}{s}, \frac{1}{s}$	$\omega = \frac{\Delta\varphi}{\Delta t}$ $\omega = \frac{2\pi}{T} = 2\pi f$
Länge	l	m	
Leistung	P	$W = \frac{J}{s}$	$P = \frac{E}{t}$
Luftreibungskraft	F_{LR}	N	$F_{LR} = \frac{1}{2} \cdot c_W \cdot A \cdot \rho \cdot v^2$
Masse	m	kg	$m = \frac{F}{A}$
Periodendauer	T	s	
Gravitationspotential	Φ	$\frac{J}{kg}$	$\Phi = -\frac{m \cdot G}{r}$
Rollreibungskraft	F_{RR}	N	$F_{RR} = \mu_{RR} \cdot F_N$ (F_N = Normalkraft)

Größe	Symbol	Einheit	Gleichung oder Definition
Rückstellkraft	$F_{rück}$	N	$F_{rück} = -D \cdot y$
Temperatur	T	K (Kelvin)	$T = \left(\frac{\vartheta}{1°C} + 273{,}15 K\right)$ ϑ = Temperatur in Grad Celsius
Volumen	V	m^3	
Weg	s	m	
Wellenlänge	λ	m	
Winkelbeschleunigung	a	$\frac{rad}{s^2}$	$a = \frac{\Delta\omega}{\Delta t}$
Winkelgeschwindigkeit	ω	$\frac{rad}{s}$	$\omega = \frac{\Delta\varphi}{\Delta t}$
Zeit	t	s	
Zentripetalbeschleunigung	a_z	$\frac{m}{s^2}$	$a_z = \frac{v^2}{r}$
Zentripetalkraft	F_z	N	$F_z = m \cdot \frac{v^2}{r}$
Lorentzfaktor	γ	–	$\gamma = \frac{1}{\sqrt{1-\frac{v^2}{c^2}}}$

Physikalische Konstanten

Konstante	Symbol	Wert
Gravitationskonstante	G	$6{,}6741 \cdot 10^{-11} \frac{m^3}{kg \cdot s^2}$
Kepler-Konstante (für das Sonnensystem)	K	$2{,}97 \cdot 10^{-19} \frac{s^2}{m^3}$
Lichtgeschwindigkeit (im Vakuum)	c	$299\,792\,458 \frac{m}{s}$

Physikalische Konstanten auf der Erde unter Standardbedingungen

Standardbedingungen: Temperatur: T_0 = 273,15 K, Luftdruck: p_0 = 1013,25 hPa

Konstante	Symbol	Wert
Dichte der Luft	ϱ_L	$1{,}293 \frac{kg}{m^3}$
mittlere Fallbeschleunigung	g	$9{,}81 \frac{m}{s^2}$
Schallgeschwindigkeit in Luft	c_L	$331 \frac{m}{s}$
mittlerer Erdradius	r_E	$6{,}371 \cdot 10^6$ m
Erdmasse	m_E	$5{,}97 \cdot 10^{24}$ kg

Physikalische Gesetze

Name	Bedeutung	Gleichung
Bahngleichung	Die Bahnen eines Himmelskörpers im Gravitationsfeld einer Masse lassen sich über den Bahnradius parametrisieren	$r(\varphi) = \frac{p}{1 + \varepsilon \cos \varphi}$
Freier Fall	In der Zeit t zurückgelegte Strecke s	$s = \frac{1}{2} g \cdot t^2$
Geradlinige Bewegung: Weg	In der Zeit t erreichte Strecke s	$s = \frac{1}{2} a \cdot t^2 + v_0 \cdot t + s_0$
Geradlinige Bewegung: Geschwindigkeit	In der Zeit t erreichte Geschwindigkeit v	$v = a \cdot t + v_0$
Wurfparabel beim waagerechten Wurf	Beim waagerechten Wurf überlagern sich eine gleichförmige Bewegung in x-Richtung und der freie Fall in y-Richtung	$s_y(s_x) = h_0 - \frac{g}{2} \cdot \frac{s_x^2}{v_0^2}$
Gravitationsgesetz	Anziehungskraft zweier Massen m und M im Abstand r zueinander	$F_G = G \cdot \frac{m \cdot M}{r^2}$
Durchschnittliche Geschwindigkeit	Mittelwert der Momentangeschwindigkeit während Δt	$\bar{v} = \frac{\Delta s}{\Delta t} = \frac{s_2 - s_1}{t_2 - t_1}$
Durchschnittliche Beschleunigung	Mittelwert der Momentanbeschleunigung während Δt	$\bar{a} = \frac{\Delta v}{\Delta t} = \frac{v_2 - v_1}{t_2 - t_1}$
1. Keplersches Gesetz	Die Planeten unseres Sonnensystems bewegen sich auf elliptischen Umlaufbahnen um die Sonne, wobei sich diese in einem Brennpunkt der Ellipsen befindet.	
2. Keplersches Gesetz	Der Fahrstrahl zwischen Sonne und Planet überstreicht in gleichen Zeiten jeweils gleiche Flächen.	$\frac{\Delta A}{\Delta t}$ = const.
3. Keplersches Gesetz	Beschreibt das Verhältnis der Umlaufzeiten und Längen der großen Halbachsen zweier Planetenbahnen	$\left(\frac{T_1}{T_2}\right)^2 = \left(\frac{a_1}{a_2}\right)^3$
1. Newtonsches Axiom	**Trägheitsprinzip:** Ein Körper verharrt in Ruhe oder einer gleichförmig geradlinigen Bewegung, solange keine resultierende Kraft auf ihn wirkt.	
2. Newtonsches Axiom	**Grundgleichung der Mechanik:** Ein ruhender Beobachter stellt fest, dass eine Kraft F bei einer Masse m die Beschleunigung $a = \frac{F}{m}$ hervorruft.	$\vec{F} = m \cdot \vec{a}$
3. Newtonsches Axiom	**Wechselwirkungsprinzip:** Übt ein Körper A auf einen Körper B eine Kraft aus, so übt Körper B eine gleich große, aber ent gegengesetzt gerichtete Kraft auf Körper A aus.	$\vec{F}_{AB} = -\vec{F}_{BA}$
Zeitdilatation	Die zwischen zwei Ereignissen verstreichende Zeit hängt vom Inertialsystem ab und ist im (ruhenden) Eigensystem am kürzesten.	$\Delta t_a = \Delta t \cdot \gamma$, mit $\gamma = \frac{1}{\sqrt{1 - \frac{v^2}{c^2}}}$
Längenkontraktion	Bewegt sich ein Eigensystem mit einer Geschwindigkeit v entlang einer Strecke $\Delta x = v \cdot \Delta t$, so ist der Messwert Δx kleiner als der entsprechende Wert Δx_a im Außensystem.	$\Delta x_a = \Delta x \cdot \frac{1}{\gamma}$, mit $\gamma = \frac{1}{\sqrt{1 - \frac{v^2}{c^2}}}$

Die Erläuterung der Größen und Konstanten finden Sie in den vorhergehenden Tabellen.

Vorsilben für dezimale Vielfache und Teile von Einheiten

Vorsilbe	Deka (da)	Hekto (h)	Kilo (k)	Mega (M)	Giga (G)	Tera (T)	Peta (P)
Zahlenwert	10	100	1000	1 000 000	1 000 000 000	1 000 000 000 000	1 000 000 000 000 000
Potenz	10^1	10^2	10^3	10^6	10^9	10^{12}	10^{15}

Vorsilbe	Dezi (d)	Zenti (c)	Milli (m)	Mikro (µ)	Nano (n)
Zahlenwert	0,1	0,01	0,001	0,000 001	0,000 000 001
Potenz	10^{-1}	10^{-2}	10^{-3}	10^{-6}	10^{-9}

Reibungszahlen (Werte für trockene Flächen)

Haftreibungszahlen		Gleitreibungszahlen		Rollreibungszahlen*	
für Autoreifen auf:					
Asphalt	0,4–1,0	Asphalt	0,4–0,6	Asphalt	0,010
Beton	0,6–1	Beton	0,35–0,7	Beton	0,015

* Rollreibungszahlen sind geschwindigkeitsabhängig – je höher die Geschwindigkeit, desto geringer die Rollreibungszahl.

Fallbeschleunigungen

Hamburg	$9{,}814\,\frac{m}{s^2}$	Nordpol	$9{,}832\,\frac{m}{s^2}$	Mondoberfläche	$1{,}62\,\frac{m}{s^2}$
Berlin	$9{,}813\,\frac{m}{s^2}$	Äquator	$9{,}780\,\frac{m}{s^2}$	Marsoberfläche	$3{,}71\,\frac{m}{s^2}$
Frankfurt	$9{,}811\,\frac{m}{s^2}$	100 km oberhalb der Erdoberfläche	$9{,}52\,\frac{m}{s^2}$	Sonnenoberfläche	$274\,\frac{m}{s^2}$
München	$9{,}807\,\frac{m}{s^2}$	1000 km oberhalb der Erdoberfläche	$7{,}33\,\frac{m}{s^2}$		

Stichwortverzeichnis

A
Arbeit 116
Anfangshöhe
–, beim Wurf 58
Anhalteweg 36
ARISTOTELES 48, 102
Auftreffgeschwindigkeit 54
Auftreffwinkel 54
Ausgleichsgerade 9
Ausgleichskurve 9
Außensystem 123 ff.

B
Bahnen 102 ff., 106 f., 110 f., 117 f.
–, Ellipse 104, 111
–, Gleichung 110
–, Himmelskörper 110 f., 117 f.
–, Planeten 102 ff., 107
–, Parameter 110
Bahngeschwindigkeit 92 ff., 121
Beschleunigung 14 ff., 25
–, mittlere 14, 64
–, momentane 15
–, negative 17, 34
Brennpunkt 103 f.
Bewegung
–, gleichförmig 10
–, gleichmäßig beschleunigt 15
–, kreisförmig 92 f.
Bewegungsenergie (kinetische Energie) 40, 66, 68 f., 70, 74 f., 76
Bezugssystem 27, 99, 121 f.
Bogenmaß 93
Bremsweg 36 f.
Bungee-Sprung 68 f.

C
Crashtest 19, 27
c_W-Wert 40, 47

D
dezentraler Stoß 71
Differenzenquotient 8 f., 11
Drehfrequenz 92 f.
Drehwaage 109
dynamischer Kraftbegriff 27

E
Eigensystem 124 ff.
Eigenzeit 124
Energiebilanz 75
Energieerhaltung 68 ff., 75, 76 f.
Energiekontenmodell 74, 76
Energieumwandlung 74 ff.
Ereignis (spezielle Relativitätstheorie) 122
Erhaltungsgröße
–, Impuls 65
–, Energie 68
Erhaltungssatz
–, der Energie 68 ff.
–, des Impulses 70 ff.
Ellipse 103 f.
Ellipsenbahn 104, 111
Exzentrizität 103, 111

F
Fallbewegungen 44 ff.
–, freier Fall 44
–, mit Reibung 46 f.
Fallgeschwindigkeit 44 f.
–, messen 50
Fallversuche von Galilei 48
Faustformeln Straßenverkehr 36 f.
Fehlerbetrachtung 43
Fehlerfortpflanzung 43
Fliehkraft 99
Fluchtgeschwindigkeit 117
Formel-1-Rennen (Modellierung) 78
freier Fall 44

G
GALILEO GALILEI 31, 48, 103, 105
Geschwindigkeit 8 ff.
–, mittlere 8
–, momentane 9, 11
Gewichtskraft 24, 38 f, 42, 46, 62, 100
Gezeiten 115
Gleichzeitigkeit 121 f.
Gravitationsanomalie 119
Gravitationsfeld 114 ff.
Gravitationsfeldstärke 114
Gravitationsgesetz 108 ff.
Gravitationskraft 108
Gravitationspotenzial 116 f.
Grundgleichung der Mechanik 26 f., 60, 64
Gyroskopsensor 33

H
Hangabtriebskraft 28, 38, 42
Haftreibung 38 ff.
Haftreibungskoeffizient 39
Haftreibungskraft 38 ff.
Halbachse 103 f.
Höhenenergie (Lageenergie) 68 f., 74 f., 76

I
Impuls 64 ff.
Impulserhaltung 66 ff., 70 f.
inelastischer Stoß 70
Inertialsystem 122
Invariante 121

K
Kepler-Konstante 104 f.
KEPLER, JOHANNES 103 ff.
1. Keplersches Gesetz 103
2. Keplersches Gesetz 104
3. Keplersches Gesetz 105
Kettenkarussell 100
kinetische Energie (Bewegungsenergie) 40, 66, 68 f., 70, 74 f., 76
Knautschzone 66
Komet
–, periodisch 110
–, aperiodisch 110
Komponentenzerlegung 53
Kraft 24 ff.
–, Beschleunigung 25
–, Gegenkraft 61 f.
–, Gewichtskraft 24, 38 f, 42, 46, 62, 100
–, Gravitationskraft 108
–, Hangabtriebskraft 28, 38, 42
–, Normalkraft 38 f., 42, 79, 99
–, Reibung 30 ff.
–, Trägheit 27, 32
–, Zentripetalkraft 91 f.
–, Zerlegen von ... 42
Kräftegleichgewicht 27, 46, 62
Kraftstoß 32, 65
Kreisbahn 92 ff., 103
Kreisbewegungen 92 ff.
Kurvenfahrt 98 ff., 86
Kurvenüberhöhung 98 f.

L
Lageenergie (Höhenenergie) 68 f., 74 f., 76
Längenkontraktion 125
Laser-Entfernungsmesser 124
Lichtblitz 121, 126
Lichtgeschwindigkeit 120 ff.
Lichtlaufzeit 124 f.
Luftreibung 40, 46 f.
LORENTZ, HENDRIK ANTOON 125
Lorentz-Faktor 125

M

Masse
–, (Bedeutung beim Impuls) 66
Messabweichung 43
–, systematisch 43
–, zufällig 43
MICHELSON, ALBERT 121
Michelson-Interferometer 121
Minkowski-Diagramm 122, 126
Missionskontrolle 111
Modellierung 78 ff.
Mondmeteorit 117
MORLEY, EDWARD 121
Myonen 127

N

Neutrino 120
Neutrinoblitz 120
NEWTON, ISAAC
–, 1. NEWTON`sches Axiom 31
–, 2. NEWTON`sches Axiom 26
–, 3. NEWTON`sches Axiom 61
–, NEWTON`sches Gravitationsgesetz 108 ff.
Normalkraft 38 f., 42, 79, 99
normierte Länge 54

O

Orbit 111
Ortsdiagramm 53, 57
Ortsfaktor 45, 109, 114

P

Protuberanz 108

R

Radarpistole 122
Raketenflug
–, (Modellierung) 80
Reaktionsprinzip 61
Reaktionsweg 36
Regression 9, 51
–, quadratisch 51
–, exponentiell 51
–, linear 51
Regressionsgleichung 51
Reibung 30 ff.
Reibungskraft 30 ff., 38 ff., 62
Relativitätstheorie, spezielle 121 ff.
Rollreibung 40
Rollreibungskoeffizient 40
Rollreibungskraft 40

S

Satellit 107, 111
Sehwinkel
–, Radioteleskop 118
schiefer Wurf 56 ff.
Schubkraft 24, 80
Sicherheitsabstand im Straßenverkehr 36
Soundkarte
–, (Experimente mit) 45, 50
Spannenergie 68 f., 74, 76
spezielle Relativitätstheorie 121 ff.
Standardabweichung 43
statischer Kraftbegriff 27
Steigung 9
stetige Ergänzung 11
Stoßprozesse 70
–, Geschwindigkeiten bei 72
Superpositionsprinzip 20 f., 53

T

Tauziehen 38 f.
Trägheitskraft 27, 61
Trägheitsprinzip 31 f., 61
–, in der Technik 33

U

Überholstrecke 37
Umlaufzeit 92, 94, 100, 104

V

Vektoren 21, 71
–, Addition 22
–, am Kreis 93
–, Betrag 21, 22
–, Darstellung 22
–, Geschwindigkeit 21, 54, 57
–, Gravitationsfeldstärke 116
–, Komponenten 21
–, Kraft 27, 42
–, Stoß 71
–, Subtraktion 22
–, Vielfache 22
–, Zerlegung von Kräften 42
Vektorrechnung 22
Vollbremsung 16

W

waagerechter Wurf 52 ff.
Wechselwirkungsprinzip 60 ff.
Weltbild 102 ff.
–, geozentrisch 102
–, heliozentrisch 103
Weltlinie 126 f.
Winkelgeschwindigkeit 33, 92 f., 94

Wurf
–, waagerechter 52 ff.
–, schiefer 56 ff.
Wurfhöhe 57
Wurfweite 57 f.

Z

Zeitdilatation 125
Zeitreise 126
zentraler Stoß 71
Zentrifugalkraft 99, 121 f.
Zentripetalbeschleunigung 95
Zentripetalkraft 93 ff., 98 f., 108 f.
Zerlegung
–, Anfangsgeschwindigkeit 57, 75
–, Bewegung 57
–, Fläche 15
–, Komponenten 21, 53
–, Rennstrecke 79
–, von Kräften 38, 42

Bildnachweis

Foto

Titel: Montage: Cornelsen/Grafik: Cornelsen/Hannes von Goessel, Foto: stock.adobe.com/sportpoint; akg-images GmbH/DRK: 115/3; blickwinkel/McPHOTO/Insadco: 70/2; Hans-Otto Carmesin: 34/2, 88/M1, 110/1; Cornelsen/Oliver Meibert: 32/1, 32/2, 33/6, 44/1; /Volker Döring: 62/2; dpa Picture-Alliance/blickwinkel/R. Linke: 3/li, 7/Mi; /augenklick/firo sportphoto: 27/2; Gravitational anomaly von Mark A. Wieczorek aus https://commons.wikimedia.org/wiki/File:MoonLP150Q_grav_150.jpg - lizenziert unter CC-BY SA 3.0. Lizenz, https://creativecommons.org/licenses/by-sa/3.0/: 119/B1; Imago Sportfotodienst GmbH/Thomas Zimmermann: 8/1; Komet2I/Borisov von NASA, ESA, D. Jewitt (UCLA) aus https://esahubble.org/images/heic1918a/ - lizenziert unter CC-BY-Lizenz 4.0. (https://creativecommons.org/licenses/by/4.0/): 110/3; Ulf Konrad: 46/2, 49/3, 56/1, 94/1, 96/3, 98/1; mauritius images/Lourens Smak: 95/6, /PR images: 80/1, /Oskar Eyb: 19/C1, /Mito Images: 32/3, /Science Source: 74/1; Montage: Cornelsen/Elefanten: Shutterstock.com/Claudia Paulussen, Smartphones: Shutterstock.com/Chaay_Tee: 33/4; NASA/GSFC: 120/1, /GSFC/Goddard: 121/4, /JPL: 117/3, /JSC: 114/1, 132/M1, /SDO, AIA: 108/1; Panther Media GmbH/Melinda Nagy: 68/1, /StockbrokerXtra by Monkeybusiness: 38/1; S. Issaoun, Radboud-Universität: 118/2u.; Wiebke Salzmann: 23/A1A, 52/3, 96/1,2; sciencephotolibrary/US Department of Agriculture/US Department/Wergin, William: 63/A1; Shutterstock.com/Artur Didyk: 42/1, /Christian Mueller: 20/1, /Dan POTOR: 30/1, /godrick: 119/B2, /Jarek Kilian: 40/2, /Jiaye Liu: 87/re., /Lukas Gojda: 60/1, /Michael715: 70/1, /Molotok289: 27/3, /motive56: 24/1, /natthi phaocharoen: 66/1, /Peter Gudella: 13/C1, /Robert Crum: 64/1, /Simon Mayer: 41/A1, /SSKH-Pictures: 73/A1, /Tatiana Vorona: 12/1, /wavebreakmedia: 92/1, /wavebreakmedia: 120/2; stock.adobe.com/Aleksei: 75/3, /Andrea Danti: 111/4, /Andrey Armyagov: 130/li.; /Claudio Divizia: 4/li., 91/Mi, /EvrenKalinbacak: 10/1li, /ginton: 35/B1, /hykoe: 36/1, /Jaroslav Uher: 101/B1, /konradbak: 19/B1, /Liubov Levytska: 126/1, /Orlando Florin Rosu: 102/1, /Robert Kneschke: 124/1, /S.Kobold: 85/Mi, /sergbob: 46/1, /Shariff Che'Lah: 78/1, /tlovely: 123/A1, /Vatcharachai: 89/M4, /Vitor Miranda: 14/1, /Yulia: 88/M2; VISUM creative/Kai Remmers: 110/2, /Franziska Moeck: 52/1; yourphototoday/VWPICS/Zincone_/Visual_Written/Zincone_/Visual_Written: 35/C1

Grafik

Cornelsen/Karin Mall: 95/7; /newVision! GmbH, Bernhard A. Peter: 5/li.o., 8/2, 9/3, 9/4, 10/2, 10/3, 10/1r, 11/4, 11/5, 12/2, 12/A1, 13/C2, 15/3, 15/4, 15/6, 16/1, 16/2, 16/3, 16/4, 18/A1, 19/B2, 20/2, 20/3, 21/4, 21/5, 21/6, 22/1, 23/2, 23/A1B, 23/B1, 24/2, 24/3, 25/4, 25/5, 25/6, 28/1, 28/2, 28/A1, 29/B1, 29/B2, 29/C1, 30/2, 31/3, 33/5, 33/7, 34/1, 34/3, 35/A1, 37/2, 37/3, 38/4, 39/5, 39/6, 40/3, 41/4, 41/5, 41/6, 45/3, 45/4, 45/5, 46/4, 47/5, 47/6, 47/8, 48/1, 48/2, 49/A1, 50/1, 50/2, 50/3, 51/4, 51/5, 51/6, 51/7, 52/2, 53/4, 53/5, 54/1, 55/2, 55/3, 55/A1, 56/2, 56/3, 57/4, 58/1, 59/2, 59/A1, 60/2, 61/3, 62/1, 62/3, 63/4, 63/5, 63/6, 64/2, 66/2, 67/4, 67/5, 67/6, 69/3, 71/3, 71/4, 71/5, 73/1, 73/B1, 74/2, 75/4, 76/1, 77/A1, 77/B1, 78/2, 79/3, 79/4, 79/5, 80/3, 81/A1, 81/B1, 81/B2, 82/Mi, 82/o, 82/u, 83/Mi, 88/M3, 89/M6, 93/2, 93/3, 93/4, 94/2, 94/3, 94/4, 95/5, 96/4, 97/A1, 97/A3, 99/2, 100/1, 100/3, 101/A1, 102/2, 103/3, 103/4, 103/5, 104/1, 104/2, 106/1, 106/2, 106/3, 107/B1, 107/C1, 108/2, 109/3, 110/2, 111/5, 112/1, 112/2, 112/3, 113/A1, 113/A2, 113/B1, 114/2, 115/4, 116/1, 116/2, 118/3, 119/A1, 119/B3, 134/alle, 135/Mi; /Tom Menzel: 69/2; /Tom Menzel; bearbeitet durch newVision!GmbH, Bernhard A. Peter: 44/2; /Werner Wildermuth: 38/2, 38/3, 42/2, 42/3, 86/li., 86/re., 86/u., 118/1, 121/3, 122/1, 122/2, 123/A2, 124/2, 124/3, 125/4, 126/2, 126/3, 127/A1, 130/re.

Gefahrenzeichen: Cornelsen/Atelier G/Marina Goldberg